四川省矿产资源潜力评价项目系列丛书(9)

四川省锰矿成矿规律及资源评价

杨先光　李仕荣
杨永鹏　陈东国　等 编著

科学出版社

北　京

内 容 简 介

本书以四川省锰矿资源潜力评价成果为基础，补充了近年来的新勘查成果，综合整理并介绍了四川省锰矿类型，划分了矿床式，在全省锰矿床中，选择了5个典型矿床式进行重点研究，突出重要成矿地质条件、矿床地质特征、控矿因素的归纳总结和成矿模式的表达，对我省锰矿成矿规律作了较全面、系统的总结。在此基础上，对我省锰矿的资源潜力进行了较科学、客观的评价。

本书对从事矿床地质学研究的地质科研人员和地质找矿勘查工作者具有较重要的参考价值。

图书在版编目(CIP)数据

四川省锰矿成矿规律及资源评价 / 杨先光等编著. —北京：科学出版社，2016.9

（四川省矿产资源潜力评价项目系列丛书）

ISBN 978-7-03-049744-4

Ⅰ.①四… Ⅱ.①杨… Ⅲ.①锰矿床–成矿规律–四川②锰矿床–矿产资源–资源评价–四川 Ⅳ.①P618.32

中国版本图书馆 CIP 数据核字 (2016) 第 208006 号

责任编辑：张 展 罗 莉 / 责任校对：王 翔
责任印制：余少力 / 封面设计：墨创文化

科学出版社 出版
北京东黄城根北街16号
邮政编码：100717
http://www.sciencep.com

四川煤田地质制图印刷厂印刷
科学出版社发行 各地新华书店经销
*

2016年9月第 一 版 开本：787×1092 1/16
2016年9月第一次印刷 印张：13.75
字数：330 千字

定价：99.00 元

"四川省矿产资源潜力评价"是"全国矿产资源潜力评价"的工作项目之一。

　　按照国土资源部统一部署，项目由中国地质调查局和四川省国土资源厅领导，并提供国土资源大调查和四川省财政专项经费支持。

　　项目成果是全省地质行业集体劳动的结晶！谨以此书献给耕耘在地质勘查、科学研究岗位上的广大地质工作者！

"四川省矿产资源潜力评价项目"系列丛书编委会

四川省矿产预测评价工作领导小组

组　　长：宋光齐

副组长：刘永湘　张　玲　王　平

成　　员：范崇荣　刘　荣　李茂竹

李庆阳　陈东辉　邓国芳

伍昌弟　姚大国　王　浩

领导小组办公室

办公室主任：王　平

副　主　任：陈东辉　岳昌桐　贾志强

成　　员：赖贤友　李仕荣　徐锡惠

巫小兵　王丰平　胡世华

四川省锰矿成矿规律及资源评价

杨先光　李仕荣　杨永鹏

陈东国　曲红军　郭　萍

任东昌　晏子贵　龚志大

姚　倩　周三楗　李　刚

何　刚　田喜朴　杨露云

高　琴　甘国明

前　　言

　　"四川省矿产资源潜力评价"是隶属于"全国重要矿产资源潜力评价"的工作项目之一。其主要任务是：在现有地质工作基础上，充分利用我国基础地质调查和矿产勘查工作成果和资料，充分应用现代矿产资源预测评价的理论方法和GIS评价技术，开展本省铁、锰、煤、铜、铅、锌、镍、锡、铝、钼、稀有、稀土、金、银、钾盐、硼、硫、铂、磷、芒硝、石墨等21个重点矿种的资源潜力评价，基本摸清矿产资源潜力及其空间分布。按照四川省国土资源厅的统一部署，四川省冶金地质勘查局负责锰矿资源潜力评价的单矿种汇总工作。本书是在四川省锰矿成矿规律研究和资源潜力评价汇总成果的基础上，补充其他资料，进一步凝练而成。

　　四川省锰矿虽位于全国第六位(据《四川省矿产资源2014年年报》)，但总体勘查工作程度比较低，有较好的找矿前景。

　　本书在四川省锰矿床中，选择5个典型矿床式进行研究和总结，其中包括潜力评价的4个矿床式。通过典型矿床研究，重点突出各类型锰矿床的共同特征、关键成矿地质条件的表达，编绘各类型典型矿床的成矿模式图，进而对我省锰矿区域成矿规律进行较全面、系统的总结。由于沉积变质锰矿床在四川处于次要位置，未选典型矿床。四川省的氧化锰矿规模很小，也没有单列介绍。

　　全书共分五章。第一章，以四川省国土资源厅编《四川省矿产资源年报2012》为基础，并参照"四川省矿产资源潜力评价数据库"和2011年四川省开展的"全国矿产资源利用现状调查"资料，总结全省锰矿床的数量和规模，查明资源量的数量和结构以及资源禀赋特点。

　　第二章，对四川省锰矿床的成因类型进行划分。将四川省锰矿划分为海相沉积型、沉积变质型两大类。根据本次矿产资源潜力评价的要求，把四川省锰矿划分为海相沉积型、(火山)沉积-变质型两个预测类型，海相沉积型进一步划分为虎牙式、轿顶山式、东巴湾式、石坎式、大竹河式等五个亚类型(矿床式)，并以列表方式对各矿床式的简要特征分别进行说明。

　　第三章，按矿床式分别叙述了虎牙式海相沉积(变质)型锰矿、轿顶山式海相沉积型锰矿、东巴湾式海相沉积型锰矿、石坎式海相沉积型锰矿、大竹河式海相沉积型锰矿，并就7个典型锰矿床的矿床特征进行总结；在分析典型矿床特征的基础上，总结区域成矿规律，编制成矿模式示意图，为寻找同类锰矿床提供理论基础。对近年新发现的木里黄泥巴锰矿也进行简单介绍。

　　第四章，阐述前震旦纪至中生代的锰矿，将四川主要锰矿划分为三个大的成矿旋回。

总结锰矿与大地构造相、地质构造运动、地层及岩石建造、火山活动、变质作用的关系，进而总结四川省锰矿的时空分布规律。

第五章，概略介绍省内主要锰矿的成矿远景、锰矿资源潜力，对锰矿找矿方向进行简要分析。

该专著是在四川省锰矿成矿规律研究和资源潜力评价汇总成果的基础上总结提炼而成的，是集体劳动成果的结晶。四川省矿产资源潜力评价整个研究过程耗时七年，参加工作的有四川省各地勘单位先后 300 余名地质工作者。四川省矿产资源潜力评价先后编写了"四川省锰矿资源潜力评价成果报告"、"四川省重要矿种区域成矿规律研究成果报告"和"四川省矿产资源潜力评价成果报告"等，本书是在上述各类成果报告基础之上，特别是有关锰矿的研究成果，如"四川省矿产资源潜力评价成果报告"中的有关内容，并补充部分资料，经过进一步提炼总结而成的。参加"四川省锰矿资源潜力评价成果报告"编写的有杨先光、李仕荣、郭萍、杨永鹏、陈东国、周三槐、姚倩、李刚、何刚、田喜朴、甘国明、高武烨、陈庚户、杨露云、高琴、王建奎、柏万灵、赖贤友、马红熳、张大春、卢珍松、黎文甫、张笑兰、胡世华、黄与能、任东昌、龚志大、晏子贵、刘应平、李明雄、张建东、孙渝江、徐涛等。

参加"四川省重要矿种区域成矿规律矿产预测课题成果报告"编写的有胡世华、马红熳、杨先光、曾云、郭强、王茜、晏子贵、文锦明、胡朝云、赖贤友、陈东国、王秀京、李斌斌、卢珍松、黎文甫、廖阮颖子、肖懿；参加"四川省矿产资源潜力评价成果报告"编写的有胡世华、胡朝云、杨先光、郭强、陈忠恕、曾云、马红熳、张建东、赖贤友、李仕荣、徐锡惠、阚泽忠、刘应平、李明雄、孙渝江、徐韬、文辉、陈东国、梁万林、杨荣、杨发伦、贺洋、王显峰。

本书第一章、第二章由杨先光、李仕荣、陈东国等编写，第三章由杨先光、杨永鹏、陈东国、曲红军、任东昌、晏子贵、姚倩、周三槐、李刚、龚志大、田喜朴、杨露云、高琴、甘国明等编写，第四章、第五章由杨先光、陈东国、郭萍等编写，全书由杨先光编纂统稿。

项目得到国土资源部、中国地质调查局、全国矿产资源潜力评价项目办公室、西南矿产资源潜力评价项目办公室、四川省国土资源厅、四川省冶金地质勘查局、四川省地质矿产勘查开发局、四川省煤田地质局、四川省化工地质勘查院的领导和同仁的大力支持和帮助，胡世华、薛友智教授级高工审阅了本书初稿，提出了宝贵的修改意见，在此表示衷心的感谢！本书为"四川省矿产资源潜力评价项目系列丛书"之一，笔者虽然力求全面、系统地总结四川省锰矿的成矿规律，但由于时间和水平所限，难免存在谬误之处，有的认识还很肤浅，有些问题还有待深入研究，敬请各位专家和同仁批评指正！

目　　录

第一章 四川省锰矿资源概况

锰是冶金工业的基本原料。锰及其化合物应用范围较广，特别是炼钢炼铁过程中用于脱氧脱硫及用于作各种合金，还可应用于化工、建材、医药等行业。早在新石器时代，古人就利用锰矿物为陶器着色。17 世纪后期，美国、印度等开始开采锰矿，我国最早有记载的是于 1890 年发现并开采的湖北阳新锰矿。世界锰矿资源比较丰富，主要分布在南非、乌克兰、澳大利亚、印度、巴西、中国等国家。我国锰矿资源居世界前列，位列世界第五位，但富锰矿较少。全国 23 个省(市、自治区)有锰矿产出，其中以广西、湖南为最丰富，其次有云南、贵州、辽宁、重庆和四川等省(市)。

第一节 四川省锰矿床的地理分布

一、已知锰矿床(点)的数量及规模

锰矿是四川省比较重要的矿产之一，据《四川省矿产资源 2014 年年报》，四川查明的锰矿资源储量在全国排第六位。

根据四川省矿产资源潜力评价数据库和四川省矿产资源储量数据库，2011 年四川省开展的"全国矿产资源利用现状调查"资料，以及 2011~2012 年的锰矿最新勘查成果等进行统计，截至 2012 年年底，全省共有探获资源量的锰矿产地 35 个(另有矿点、矿化点 29 个)，主要矿床点基本情况见表 1-1。

表 1-1 四川省主要锰矿床(点)一览表

序号	矿床名称	矿种	勘查程度	规模	资源量(万吨)	矿床类型	利用现状
1	青川县董家沟	锰	普查	小型	22.30	海相沉积型	未采
2	青川县石坝	锰	预查	矿点	2.50	海相沉积型	未采
3	青川县马公	锰	预查	矿点	6.97	海相沉积型	未采
4	平武县箭竹垭	锰	普查	小型	76.80	海相沉积型	已开采
5	平武县平溪	锰	普查	小型	181.80	海相沉积型	已开采
6	平武县马家山	锰	普查	小型	137.80	海相沉积型	已开采
7	平武县石坎	锰	普查	小型	97.00	海相沉积型	已开采

续表

序号	矿床名称	矿种	勘查程度	规模	资源量(万吨)	矿床类型	利用现状
8	平武县高庄坝	锰	普查	小型	23.19	海相沉积型	未采
9	平武县三尖石	锰	普查	小型	28.00	海相沉积(变质)型	未采
10	平武县磨河坝	锰	普查	中型	213.00	海相沉积(变质)型	未采
11	平武县大坪	锰	普查	中型	1759.26	海相沉积(变质)型	未采
12	平武县老队部	锰	详查	中型	558.00	海相沉积(变质)型	已开采
13	松潘县火烧桥	锰	详查	中型	387.40	海相沉积(变质)型	已开采
14	松潘县四望堡	锰	普查	小型	125.54	海相沉积(变质)型	未采
15	松潘县西沟	锰	普查	小型	28.80	海相沉积(变质)型	未采
16	松潘县黄龙寺	锰	预查	矿点	5.99	海相沉积(变质)型	未采
17	九寨沟县隆康	锰	预查	矿点	5.00	海相沉积(变质)型	未采
18	黑水县瓦布梁子	锰(钴)	普查	小型	44.51	海相沉积(变质)型	未采
19	黑水县徐古	锰(钴)	普查	小型	75.00	海相沉积(变质)型	未采
20	黑水县三支沟	锰(钴)	详查	小型	184.24	海相沉积(变质)型	已开采
21	黑水县下口	锰(钴)	普查	中型	494.58	海相沉积(变质)型	未采
22	金口河区大瓦山	锰(钴)	详查	小型	47.55	海相沉积型	已闭坑
23	汉源县轿顶山	锰(钴)	勘探	小型	159.23	海相沉积型	已闭坑
24	洪雅县刘坪大岗	锰(钴)	普查	中型	253.05	海相沉积型	未采
25	汉源县窝子卡摩	锰(钴)	预查	矿点	0.41	海相沉积型	未采
26	荥经县小矿山	锰	详查	矿点	15.59	海相沉积型	已开采
27	荥经县野牛山	锰	普查	矿点	8.95	海相沉积型	已开采
28	万源市田坝	锰	普查	小型	35.15	海相沉积型	未采
29	万源市大竹河	锰	详查	小型	87.22	海相沉积型	未采
30	盐源县庄子沟	锰	普查	小型	59.36	海相沉积型	未采
31	盐边县盐水河	锰	详查	小型	21.70	海相沉积型	已开采
32	盐边县东巴湾	锰	详查	小型	32.14	海相沉积型	已闭坑
33	金口河区大白岩	锰	普查	小型	42.38	沉积变质型	未采
34	盐边县茨竹箐	锰	详查	矿点	8.88	沉积变质型	已开采
35	木里县黄泥巴	锰	普查	中型	203.91	海相沉积型	未采

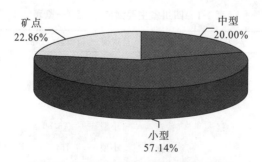

图 1-1　四川省主要锰矿规模分布比例图

从表 1-1 看,锰矿床规模为中、小型的共计 27 个。在全部有查明资源量的矿床(点)中,200 万吨~2000 万吨的中型锰矿床 7 个(平武大坪、老队部、磨河坝,松潘火烧桥,黑水下口,洪雅刘坪大岗,木里黄泥巴),占 20.00%;20 万吨~200 万吨的小型锰矿床 20 个,占 57.14%;小于 20 万吨的锰矿点 8 个,占 22.86%(图 1-1)。

二、已知锰矿床(点)的地理分布

四川省锰矿在空间上分布很不均匀,已探获资源/储量的锰矿床(点)大部分集中于少数地区。从地理位置看,主要分布于四川西北部地区和西南部地区(图 1-2),其中集中度最高的为川西北地区。按行政区划,主要集中于绵阳市(平武县)、阿坝州(松潘县、黑水县)所辖范围。除上述地区外,在汉源县、金口河区、洪雅县、峨边县、青川县、万源市、盐边县、木里县等地还有少量锰矿分布。

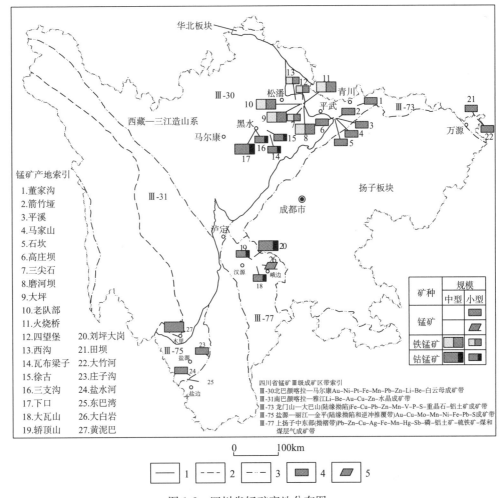

图 1-2 四川省锰矿产地分布图

1. Ⅰ级成矿域界线;2. Ⅱ级成矿省界线;3. Ⅲ级矿区带线;4. 沉积型锰矿;5. 变质型锰矿

三、四川省已探获锰矿资源储量

全省共探获锰矿石资源储量 5433.20 万吨，其中绵阳市探获资源储量为 3074.85 万吨、排名第一，阿坝州探获 1351.06 万吨、位居第二，其余探获资源储量较少。各市（州）探获资源储量及所占比例见表 1-2、图 1-3。从行政区划看，探获资源储量主要集中在绵阳市、阿坝州，占全省探获资源储量的 81.46%；眉山市、雅安市、达州市、乐山市、攀枝花市、凉山州、广元市也有分布，占 18.56%，且主要为小型矿床。

表 1-2　各市（州）锰矿资源储量分布情况一览表

地区	矿床数（个）	资源储量（万吨）	资源储量所占比例（%）	省内排位
绵阳市	9	3074.85	56.59	1
阿坝州	9	1351.06	24.87	2
眉山市	1	253.05	4.66	4
雅安市	4	184.18	3.39	5
达州市	2	122.37	2.25	6
乐山市	2	89.93	1.66	7
攀枝花市	3	62.72	1.15	8
凉山州	2	263.27	4.85	3
广元市	3	31.77	0.58	9
合计	35	5433.20	100	

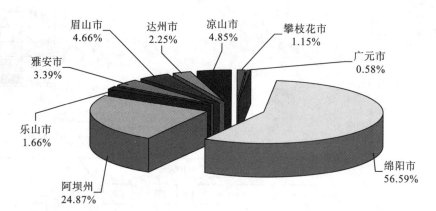

图 1-3　全省锰矿资源量行政区分布比例图

第二节　四川省锰矿勘查开发情况

一、勘查概况

20 世纪 30~40 年代，我国老一辈地质学家就对四川包括锰矿在内的金属和非金属矿产进行过调查或介绍，系统的地质工作始于 50 年代。我省自 1954 年在轿顶山首次发现锰矿以来，通过地矿、冶金系统广大地质工作者的艰苦努力，锰矿地质找矿勘查工作取得了显著进展，先后发现了轿顶山、大瓦山等优质富锰矿床，以及平武大坪、磨河坝、老队部、火烧桥、下口、石坎、马家山、平溪、箭竹垭、黑水三支沟等中小型普通锰矿矿床。四川省的锰矿勘查大体可分为三个阶段。

(1)20 世纪五六十年代为锰矿发现、勘查工作广泛开展的时期，先后发现了汉源轿顶山，平武石坎地区的石坎、马家山、平溪及青川箭竹垭，平武虎牙地区的老队部、大坪等，松潘县火烧桥矿产地；1959 年开始对轿顶山锰矿进行系统的勘探，1970 年组建汉源锰矿，汉源锰矿成为我省第一个锰矿开发基地；该时期还对平武县老队部、大坪、松潘县火烧桥等锰矿床进行了普查，对平武县石坎、马家山、平溪、青川箭竹垭等锰矿床进行了初步普查。

(2)20 世纪 70 年代对石坎、马家山锰矿进行了普查。80 年代因冶金工业发展急需，开始新一轮寻找优质锰矿的工作，1985 年发现金口河区大瓦山锰矿，并进行详查，1989 年提交了详查报告，又为我省提供了一个锰矿开发基地，1988 年开始矿山基建并进行采矿；在黑水地区首次发现具有寻找优质锰矿的前景，并对三支沟矿床进行普查、详查，供地方开发利用。

(3)21 世纪以来，在城口锰矿勘查的基础上，冶金系统重新对平武大坪锰矿、黑水下口锰矿进行普查，取得了较大进展。从探获的资源量(包括 334)来看，两个矿床的规模已经达大型，展示出较大的找矿潜力。近年冶金系统在木里新发现了黄泥巴锰矿(产于木里长枪穹窿西翼的晚二叠世)。

二、工作程度

从勘查工作程度看，矿石质量好的矿床勘查程度较高，多数达到勘探、详查，如汉源轿顶山锰矿达勘探，金口河大瓦山、盐边东巴湾和盐水河等优质富锰矿床达到详查；而矿石质量相对较差的则勘查程度较低，平武老队部、大坪、石坎、马家山、平溪、青川箭竹垭、松潘火烧桥、四望堡、黑水下口、三支沟等矿床，仅少数达到详查或部分详查，多数为普查，甚至为预查。从表 1-1 中可见，四川省锰矿勘查程度总体偏低，至今达到勘探程度的矿床仅有 1 个，详查矿床 9 个，普查及以下的 25 个。

三、开发利用现状

汉源县轿顶山是我省锰矿开发利用最早的矿区。因其矿石质量好、属优质富锰矿石，20 世纪 50 年代末即被地方政府组织群众小规模开采，1970 年由四川省冶金厅组建矿山企业——汉源锰矿，正式开采。1986 年，地方政府成立乐山市金口河区锰矿，对大瓦山锰矿进行开采。现上述两个矿山因矿床资源储量被开采结束，已经闭坑。

平武石坎锰矿是我省现在正在被利用的主要矿区，1988 年开始开发利用，主要生产富锰渣、电解锰及硅锰合金等。该矿区最初主要是地方民采、规模小，2000 年组建了四川省平武锰业(集团)有限公司，现已经成为四川省内重要的锰产业基地。

20 世纪 90 年代中期，黑水三支沟矿床被地方企业利用，21 世纪初平武火烧桥、老队部、大坪等矿床的部分地段已经被企业开发利用。

第三节　四川省锰矿资源的特点

一、分布相对集中

我省锰矿矿产地分布相对集中，具有成带集中产出的特征。全省 9 个市州均探获有锰矿资源量，但锰矿探获资源储量主要集中于川西北地区，约占全省总量的 84.29%；其次为川西南地区，约占全省总量的 15.71%。川西南地区盐边、汉源、金口河等地锰矿石质量好，是我省锰矿开发利用最早的地区。省内已探获的中型锰矿床主要集中在川西北地区，其中平武是我省现在主要的锰矿生产基地。

二、以碳酸锰矿为主

我省锰矿探获资源量以碳酸锰矿石最重要，占绝大多数，如汉源县轿顶山、盐边县东巴湾、万源市大竹河等锰矿，平武县石坎锰矿深部，以及平武县大坪锰矿的主要部分也为此类矿石。我省无单独的氧化锰矿床，氧化矿仅在部分矿床的地表部分有分布，其中石坎式锰矿的地表氧化锰矿数量相对较多。硅酸锰矿仅在黑水一带的碳酸锰矿中有分布，但无独立矿床。

按矿石成分划分，平武大坪以铁锰矿为主(占 71.95%)，汉源县轿顶山和金口河区大瓦山为锰（钴）矿。

三、矿石品位偏低

　　我省锰矿矿石品位一般较低。通过对 35 个矿床（点）统计（图 1-4），已探获资源储量 Mn 品位<25% 者居多（26 个），占 74.29%；Mn 品位≥25% 者比例小，仅占 25.71%。

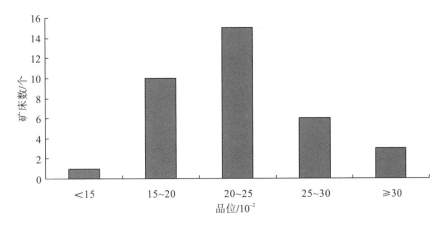

图 1-4　全省已探获锰矿资源储量的 Mn 品位直方图

　　从图 1-5 中可见，我省锰矿资源以 Mn 品位 20%～25% 的普通锰矿累计探获资源储量最多，Mn 品位 10%～20% 的贫锰矿累计探获资源储量居次位，Mn 品位≥25% 的富矿数量总体少，反映了我省以普通锰矿、贫锰矿为主的特点。

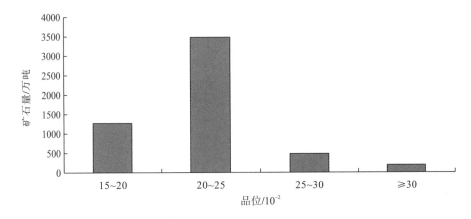

图 1-5　不同品位区间的累计探获资源储量直方图

　　根据主要矿区统计，汉源轿顶山锰矿、盐边东巴湾锰矿不仅品位高，而且有害杂质 P、SiO_2 含量低；万源大竹河锰矿有害杂质 P 含量较高，平武石坎锰矿有害杂质 P、SiO_2 含量较高，平武大坪锰矿 P、SiO_2、Fe 含量较高。通过传统选矿方法难以实现主要有害杂质 P 与锰精矿的分离,但通过"二步法"流程,生产富锰渣及副产品高磷生铁,或通过电解锰生产金属锰粉,可以开发利用。

四、锰矿床共伴生组分较多

省内锰矿石中不同程度地含有 Co、Fe、V 等有用元素。轿顶山锰矿石中伴生有 Co,锰矿层顶底板有异体共生的钴矿层。平武县虎牙乡大坪锰矿异体共生有赤(磁)铁矿,具一定规模,选矿试验证实具有利用价值;黑水地段锰矿中尚伴生有 Co 元素,也具有一定价值。石坎式中可能含有 Co、V 等有用元素。

五、部分优质矿石可以直接入炉

汉源轿顶山、金口河大瓦山、盐边东巴湾和盐水河等锰矿床中,含 Mn 品位>25% 的矿石杂质含量低,为优质(富)锰矿石,不需要选矿,大多可以直接被冶金工业使用。

第二章　四川省锰矿类型

第一节　锰矿类型

一、成因类型

我国地质工作者在长期的研究中，不同程度地对锰矿成因类型进行了划分，但目前尚无统一的划分方案。叶连俊(1955)按锰矿成因分为沉积矿床(包括海成矿床、湖成矿床)、风化矿床(包括锰帽型矿床、淋滤型矿床)两大类；赵家骧、刘佑馨(1956)分为沉积矿床(包括海相沉积矿床、湖相沉积矿床)、风化矿床(锰帽型矿床、残积堆积型矿床)和内生矿床三类；吴蔚钰(1985)分为沉积型、沉积变质型、风化型和热液型矿床四类；张九龄(1982年)分为沉积型锰矿(湘潭、瓦房子、斗南、遵义、下雷和龙头锰矿)、与火山有关的沉积锰矿(莫托沙拉)、热液型锰矿(玛瑙山锰矿)、受变质型锰矿(棠甘山锰矿)、风化型锰矿(木圭、三里、东湘桥锰矿)五类。

黄世坤、宋雄(1985)按形成锰矿的主要地质作用来分类，依此原则将我国锰矿划分成六种成因类型。①沉积矿床(是我国锰矿床的主要成因类型，以海相沉积为主，从上元古界到中生界都有发育，如瓦房子、高燕、湘潭、民乐、大塘坡、下雷、斗南、白显等矿床；湖相锰矿虽有发现，但矿床少见)；②喷发-沉积矿床(指那些生成作用与海底火山喷气或热液有关的矿床，围岩是一套海相火山-沉积岩系，如陕西宁强黎家营、新疆莫托沙拉等锰矿床)；③风化矿床(古老含锰地层在第四纪风化过程中形成的锰矿床，如广西木圭、二塘、荔浦等)；④沉积受变质矿床(原来的沉积或喷发-沉积锰矿床受到区域变质作用而形成的锰矿床，世界上一些主要产锰国家差不多都以此种类型为主，我国则极少见，还有一种中生代酸性侵入岩侵入到含锰地层中，使之受热变质而部分地改造了原来的矿床，如湖南棠甘山锰矿)；⑤热液改造矿床(在我国较少发育，典型的如湖南郴州玛瑙山锰矿)；⑥海洋中的锰结核。

姚培慧等(1995)根据我国已知锰矿床的形成、含矿岩系的岩石特征，以及锰矿石特征，将锰矿床划分为四大类11亚类：①海相沉积锰矿床(产于硅质岩、泥质灰岩和硅质灰岩中的碳酸锰矿床，产于黑色页岩中的碳酸锰矿床，产于细碎屑岩中的氧化锰、碳酸锰矿床，产于白云岩、白云质灰岩中的氧化锰、碳酸锰矿床；产于火山-沉积岩系中的氧化锰、碳酸锰矿床）；②沉积受变质锰矿床（产于热变质或区域变质岩系中的氧化锰矿床，产于热变质或区域变质岩系中的硫锰矿、碳酸锰矿床）；③层控铅锌铁锰矿床；④风化锰矿床（沉积含锰岩层的锰帽矿床、热液或层控锰矿形成的锰帽、淋滤锰矿床、第四系中的堆积锰矿床）。

陈毓川、王登红等（2015）在《中国重要矿产和区域成矿规律》一书中，综合前人划分方案，以锰矿床的形成作用划分为 7 大类：①海相沉积型锰矿床（包括黑色页岩中沉积型碳酸锰矿床、硅-泥-灰岩中沉积型碳酸锰矿床、碳酸盐岩中沉积型氧化锰-碳酸锰矿床、细碎屑岩中沉积型氧化锰-碳酸锰矿床 4 个亚类）；②海相火山-沉积型氧化锰、碳酸锰矿床；③热液改造或"层控"型铁锰铅锌矿床；④陆相（湖泊）沉积型锰矿床；⑤沉积受变质型锰矿床（包括受区域变质锰矿床、受接触变质锰矿床 2 个亚类）；⑥表生矿床（包括碳酸锰矿层或风化壳、多金属硫化物矿床或矽卡岩之锰帽 2 个亚类）；⑦与岩浆作用有关的热液型锰（银）矿床。其中海相沉积型锰矿床储量占比为 71.4%。

二、地质勘查规范的类型划分

国土资源部 2003 年 3 月实施的《铁、锰、铬矿地质勘查规范》（中华人民共和国地质矿产行业标准 DZ/T0200—2002）及 1982 年地质矿产部和冶金工业部联合颁布的《锰矿地质普查勘探规范（试行）》，将我国锰矿床分为四个类型——海相沉积锰矿床、沉积变质锰矿床、层控铅锌铁锰矿床、风化锰矿床。其中海相沉积是我国锰矿床中最重要的类型。按照该类型划分方案，四川锰矿主要为海相沉积型，少量为沉积变质型。现将上述四个类型主要特征简述如下。

（1）海相沉积锰矿床是锰矿床中最重要的类型，全国中新元古界、震旦系、寒武系、泥盆系、二叠系、三叠系等层位中均有产出。按含矿岩系和锰矿层特征，分为五个亚类，包括：①产于硅质岩、泥质灰岩、硅质灰岩中的碳酸锰矿床；②产于黑色岩系中的碳酸锰矿床；③产于细碎屑岩中的氧化锰、碳酸锰矿床；④产于白云岩、白云质灰岩中的氧化锰、碳酸锰矿床；⑤产于火山-沉积岩系中的氧化锰、碳酸锰矿床。

（2）沉积变质锰矿床分为：①产于热变质或区域变质岩系中的氧化锰矿床，为海相沉积矿床经受变质作用而成；②产于热变质或区域变质岩系中的硫锰矿、碳酸锰矿床，为海相沉积矿床受接触变质或其他变质作用而成。

（3）层控铅锌铁锰矿床，常产于某些比较固定的层位内，明显受到后期改造作用，其矿石组分复杂，含铁铅锌等多种元素。

（4）风化锰矿床，分为①沉积含锰岩层的锰帽矿床；②热液或层控锰矿形成的锰帽矿床；③与热液贵金属、多金属矿床有关的铁锰帽矿床；④淋滤锰矿床；⑤第四系中的堆积锰矿。

三、预测类型和预测方法类型

四川省锰矿资源潜力评价采用全国矿产资源潜力评价项目提出的预测类型和预测方法类型，现简单介绍于下。

1. 预测类型

《重要矿产预测类型划分方案》（陈毓川、王登红等，2010c），把矿产预测类型定义为"从预测角度对矿产资源的一种分类"，并综合全国锰矿资料分为6类：①（火山）沉积-变质型锰矿床；②火山岩型海相锰矿床；③火山岩型陆相锰矿床；④沉积型海相锰矿床；⑤沉积型陆相锰矿床；⑥风化（壳）型锰矿床。该分类实际上是从成因角度对锰矿的分类，我省锰矿可归入海相沉积型和（火山）沉积-变质型两个预测类型。

2. 预测方法类型

预测方法类型主要是根据矿床共性的地质条件与矿产预测要素进行归类划分，是为了更好地服务于矿产资源潜力评价编图工作而采取的分类方法，分为沉积型、侵入岩体型、变质型、火山岩型、层控"内生"型、复合"内生"型等六大类。按照该类型划分方案，四川锰矿可归入沉积型和变质型两大类。

第二节　四川锰矿类型划分

1. 类型划分

从第一节的简要介绍可以看出，对锰矿类型划分方案比较多，各家不一。《四川省区域矿产总结》（四川省地质矿产局，1990）认为四川锰矿"热液型、沉积型、沉积变质型及风化淋滤型皆有。成矿时代计有中元古代、震旦纪、寒武纪、奥陶纪、三叠纪及第四纪，具工业意义者为晚震旦世、晚奥陶世及中三叠世滨-浅海相沉积型及沉积变质型锰矿。"

四川省锰矿主要为与海相沉积岩有关，少部分与变质岩有关，少量氧化锰矿均是锰矿地表氧化物，尚未发现独立矿床。按照《铁、锰、铬矿地质勘查规范》（国土资源部，2003）的方案，四川省内的锰矿主要为海相沉积型，结合矿石矿物组成，可将海相沉积型锰矿进一步分为沉积型锰矿、沉积（变质）型铁锰矿、沉积型钴锰矿等三个亚类型。

《四川省区域矿产总结》（四川省地质矿产局，1990）把荥经县大矿山称为热液型锰矿，本书未采用，根据其产出特征，矿物组合可能仍属海相沉积型；该总结把川西北地区的锰矿划分为沉积变质型，但区域变质作用与锰矿的形成富集无直接关系，本书以海相沉积（变质）型表示。此外，四川有少量氧化锰矿，属风化锰矿床，但目前仅有矿化线索，尚不能构成单独类型。

近年在四川省西部木里境内新发现的黄泥巴锰矿产于二叠系浅变质岩系中，暂归入海相沉积型；在元古代峨边群柳担桥组和盐边群渔门组变质岩系中发现的锰矿可能属沉积变质型，但其分布范围有限，矿产地规模较小。

2. 矿床式

矿床式是一定区域内有成因联系的同类矿床类型的矿床代表（陈毓川等，2010b）。《四川省区域矿产总结》（四川省地质矿产局，1990）曾经把我省锰矿划分为轿顶山式、平溪式、平武式、大矿山式，及城口式（重庆）等五个矿床式。《重要矿产预测类型划分方案》（陈毓川、王登红等，2010c）将全国锰矿总结出 28 个矿床式，其中包括四川的虎牙式和轿顶山式，以及川东北与邻省交界的大巴山式。

《四川省区域矿产总结》（四川省地质矿产局，1990）把平溪式、平武式划为沉积变质型，这两个类型锰矿围岩虽然为浅变质岩，属后期区域变质形成，与锰矿的成矿和富集无明显的关系，故本书分别归入海相沉积型和海相沉积（变质）型，改称石坎式和虎牙式。

陈毓川、王登红等（2015）在《中国重要矿产和区域成矿规律》一书中把轿顶山式划分为海相沉积型（黑色页岩中沉积型碳酸锰矿床），把虎牙式划分为沉积受变质型（受区域变质锰矿床），把城口式称为高燕式锰矿。

根据我省锰矿特征，考虑不同矿床形成的特定地质环境和成矿作用以及控矿因素，结合不同的成矿地质背景和成矿作用，通过对全省的锰矿床进行整理、对比，把四川省锰矿归纳为五个矿床式（表 2-1）：①海相沉积（变质）型虎牙式铁锰矿；②海相沉积型轿顶山式锰矿；③海相沉积型石坎式锰矿；④海相沉积型大竹河式锰矿；⑤海相沉积型东巴湾式锰矿。

表 2-1　四川省主要（重要）锰矿类型及矿床式

重要性	类型	矿床式	主要矿产地	共伴生组分	与其他方案对比	
					陈毓川等（2010c、2015）	四川省地质矿产局（1990）
主要	海相沉积（变质）型	虎牙式	平武县大坪铁锰矿、老队部铁锰矿、磨针坝锰矿，松潘县火烧桥锰矿、四望堡锰矿，黑水县下口锰矿、三支沟锰矿	铁、钴	虎牙式	平武式
重要	海相沉积型	轿顶山式	汉源县轿顶山锰矿、峨边县大瓦山锰矿、洪雅县刘坪大岗锰矿	钴	轿顶山式	轿顶山式
重要	海相沉积型	石坎式	平武县马家山锰矿、石坎锰矿、平溪锰矿，青川县箭竹垭锰矿	—	天台山式	平溪式
次要	海相沉积型	大竹河式	万源市大竹河锰矿、田坝锰矿	磷	大巴山式、高燕式	城口式
次要	海相沉积型	东巴湾式	盐边县东巴湾锰矿、盐水河锰矿，盐源县庄子沟锰矿	（钴）	响源涛式？	

重要性	类型	矿床式	主要矿产地	共伴生组分	与其他方案对比	
					陈毓川等 (2010c、2015)	四川省地质 矿产局(1990)
次要	(火山)沉积-变质型	"大白岩式"	金口河区大白岩锰矿，盐边县茨竹箐锰矿	—		
	海相沉积型	"黄泥巴式"	木里县黄泥巴锰矿			遵义式

　　另外，近年新发现产于木里长枪穹窿西翼的晚二叠世地层中的黄泥巴锰矿，根据现有资料笔者暂将其归为海相沉积型，暂用"黄泥巴式"锰矿表达；在乐山金口河地区中元古代峨边群柽担桥组变质岩中发现的大白岩锰矿，以及盐边县中元古代盐边群渔门组变质岩中的茨竹箐锰矿暂划为沉积变质型，暂用"大白岩式"锰矿表达。

　　四川锰矿床类型主要为海相沉积型，仅有少量为沉积变质型；从矿床式分类看，虎牙式、石坎式、大竹河式、轿顶山式、东巴湾式均为海相沉积型，仅大白岩等锰矿为沉积变质型。从矿床数统计看，海相沉积型 33 个、占 94.29％，沉积变质型仅 2 个、占 5.71％(图 2-1)。

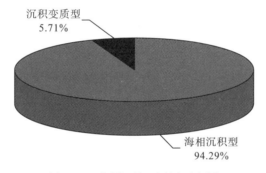

图 2-1　不同类型锰矿所占比例图

　　五个比较典型的矿床式中以虎牙式锰矿已发现的矿产地及查明的资源量最多。探获资源量及所占比例见图 2-2 及表 2-2(注：新发现的木里"黄泥巴式"锰矿及分布范围十分有限的"大白岩式"锰矿未参与统计，下同)。

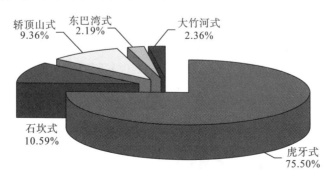

图 2-2　全省锰矿各矿床式资源量分布比例图

表 2-2　四川省锰矿各矿床式探获资源量统计表

矿床式	矿床数(个)	查明锰资源量(万吨)	比例(%)	资源量的位次	产出时代
虎牙式	13	3909.32	75.50	1	早三叠世
石坎式	8	548.36	10.59	2	早寒武世
轿顶山式	6	484.78	9.36	3	晚奥陶世
大竹河式	2	122.37	2.36	4	早震旦世
东巴湾式	3	113.20	2.19	5	中奥陶世
合　计	32	5178.03			

* "黄泥巴式"、"大白岩式"未参与统计

3. 各类型锰矿基本特征

虎牙式锰矿主要分布在川西北的阿坝州黑水—绵阳市平武地区，是四川分布面积最大，查明资源量最多的类型。含矿岩系为下三叠统菠茨沟组，锰与铁伴生，为铁锰矿。其分布范围的地理坐标为东经 $102°30'00''\sim104°40'00''$，北纬 $31°52'00''\sim33°30'00''$，面积约 27700km²。

石坎式锰矿分布于四川盆地西北部边缘的青川县、平武县、北川县、茂县等地，最早发现于四川省平武县石坎境内，含矿岩系为下寒武统邱家河组。《四川省区域矿产总结》(四川省地质矿产局，1990)将其定为平溪式。陈毓川等(2010c)把与我省相邻的南秦岭赋存下寒武统的锰矿称为天台山式。该类型省内分布范围地理坐标为东经 $103°30'\sim106°00'$，北纬 $31°25'\sim32°55'$，面积约 5200km²。

轿顶山式锰矿是我省的优质富锰矿类型，已发现的矿产地主要分布在四川盆地西部天全—汉源—峨边一带。含矿岩系为上奥陶统五峰组。其分布范围地理坐标为，东经 $102°17'00''\sim103°15'00''$，北纬 $29°10'00''\sim30°00'00''$，面积约 6500km²。该类型中的轿顶山锰矿床是我省发现最早、勘查程度最高的锰矿床。

大竹河式锰矿分布于四川东北部大巴山地区，是跨陕西、重庆的大巴山锰矿带的一部分，《四川省区域矿产总结》(四川省地质矿产局，1990)将其定为城口式，陈毓川等(2010c)将其称为大巴山式，重庆矿产资源潜力评价(2012)划为高燕式。省内分布范围的地理坐标为东经 $108°11'00''\sim108°27'00''$，北纬 $32°03'00''\sim32°18'00''$，面积约 500km²。

东巴湾式锰矿分布于四川省南部地区的盐源县、盐边县等。该类型锰矿质量好，主要为优质富锰矿；该类型可能相当于陈毓川等(2010c)所称的响源涛式，但二者相距较远(后者分布在湖南湘中地区)，且现有资料显示二者含锰岩系时代不同。四川省内东巴湾式锰矿分布范围的地理坐标为东经 $101°10'\sim101°52'$，北纬 $27°00'\sim27°35'$，面积约 2000km²。

各类型的分布范围及代表性矿产地见图 2-3。

全省各类型锰矿及其矿床式的基本特征见表 2-3。

表 2-3 四川省锰矿床类型及矿床式的基本特征

成因类型	海相沉积型					沉积变质型
预测类型	海相沉积型					(火山)沉积变质型
矿床式	轿顶山式	东巴湾式	石坎式	大竹河式	虎牙式	"大白岩式"
地层层位	上奥陶统五峰组下段	中奥陶统巧家组中段	下寒武统邱家河组	下震旦统陡山沱组上段	下三叠统菠茨沟组上段	峨边群栲担桥组、盐边群渔门组
含矿层岩性	碳酸盐岩、硅质岩、黑色笔石页岩夹生物灰岩、砂岩	燧石条带状白云质灰岩、瘤状灰岩、生物碎屑灰岩、泥质灰岩	含炭质板岩、硅质板岩、含锰炭硅质板岩夹硅质岩、白云质灰岩	含黄铁矿黑色页岩及炭质页岩(板岩)、黑色含钙泥质页岩夹含锰白云质灰岩	硅化千枚岩、钙质绿泥千枚岩、锰质千枚岩、磁铁矿或铁质岩	大理岩、白云质大理岩夹板岩、千枚岩、钠长绿泥片岩、绿泥阳起片岩、炭化片岩、变砂岩
控矿构造	同生古断裂及褶皱	古断裂和褶皱	同生古断裂及褶皱构造	区域同生古断裂及褶皱	区域同生古断裂和褶皱	古弧后沉积盆地
矿体形态	似层状、"透镜状"	似层状、"透镜状"	层状、似层状、"透镜状"	层状、似层状	层状、似层状	似层状、透镜状
矿石类型	原生矿石,地表有氧化矿石	原生锰矿石为主,地表为氧化锰矿	地表氧化矿、深部原生矿	地表氧化矿、深部原生矿	原生矿石,少量氧化矿石	氧化锰矿为主
主要金属矿物	菱锰矿、钙菱锰矿、锰方解石、锰白云石、含锰白云石	菱锰矿、钙菱锰矿、钙铁菱锰矿,次生软锰矿、硬锰矿	钙菱锰矿、菱锰矿、锰白云石、锰方解石、软锰矿、硬锰矿	菱锰矿、锰白云石、锰方解石、硬锰矿、软锰矿	菱锰矿、锰铝榴石、赤铁矿及少量氧化锰、蔷薇辉石	软锰矿、硬锰矿、菱(铁)锰矿
主要脉石矿物	方解石、白云石、重晶石、绿泥石、绢云母、玉髓	方解石、白云石、石英、燧石、高岭石、绿泥石	方解石、白云石、石英、黄铁矿、炭质和磷质物	方解石、白云石、石英、高岭石、海绿石、磷灰石、黄铁矿、炭质	石英、辉石、碳酸盐、绿泥石和绢云母	石英、玉髓、白云石、白云母、褐铁矿
结构	致密隐晶质结构、他形不等粒镶嵌结构、鲕状(球粒)结构、放射纤维状结构、残余球粒结构	他形粒状结构、隐晶质结构、显晶质-隐晶质结构、半自形-自形晶粒镶嵌结构	自形-半自形粒状、显微粒状、隐晶质结构	自形-半自形粒状、球粒、豆粒、鲕状、隐晶结构	粒状至细粒粒状结构,微晶、隐晶质结构	隐晶质、不规则粒状及他形变晶结构等
构造	块状、层纹状、砾屑状、条带状、结核状、斑块状构造	条带状、块状、胶状、角砾状及蜂窝状、网脉状构造	条带状、致密块状、层纹状及土状、蜂窝状构造	块状、条带状、层状、纹层状、叠层状及皮壳状、土状、蜂窝状构造	致密块状、条带状构造	条纹状、条带状、块状、葡萄状、蜂窝状、角砾状构造
伴生组分	Co	Co(分布不均)	Co、P		Fe	Co
围岩蚀变	黄铁矿化、硅化、碳酸盐化、大理岩化、重晶石化、绿泥石化	硅化、白云石化、碳酸盐化、大理岩化、黄铁化	重结晶、白云石化、硅化及方解石化	硅化、碳酸盐化、白云石化、黄铁矿化	硅化、碳酸盐化、黄铁矿化、大理岩化	大理岩化、硅化
代表产地	汉源县轿顶山,金口河区大瓦山,洪雅县刘坪大岗	盐边县东巴湾、盐水河,盐源县庄子沟	平武县石坎、马家山、平溪,青川县箭竹垭	万源市大竹河、万源市田坝	平武县大坪、老队部、磨河坝,松潘县火烧桥,黑水县下口	金口河区大白岩,盐边县茨竹箐

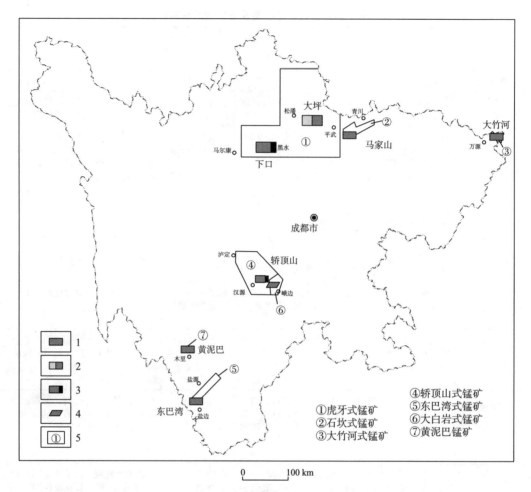

图 2-3　四川省各类型锰矿分布图

1. 沉积型锰矿；2. 沉积（变质）型铁锰矿；3. 沉积型钴锰矿；4. 沉积变质型锰矿；5. 各类型分布范围及索引编号

第三章 典型矿床及成矿模式

第一节 虎牙式锰矿

一、概况

1. 分布及探获资源量

四川省内虎牙式锰矿分布范围大，在川西北地区的平武县、松潘县、黑水县、九寨沟县等均有分布。该类型锰矿相当于《四川省区域矿产总结》（四川省地质矿产局，1990）划分的平武式（沉积变质型），《四川省矿产资源潜力评价成果报告》（胡世华等，2013）认为以沉积作用为主，改为海相沉积型，本书沿用之。

按该类型已知矿床的分布，可分为 3 个区——虎牙成锰区、黑水成锰区、漳扎—漳腊成锰区。据已经探获的资源储量看，分布于平武县、松潘县交界地段的虎牙成锰区是该类型锰矿最主要分布区，其次为黑水县境内的黑水成锰区，而分布于岷江断裂带东侧、荷叶断裂南侧的漳扎—漳腊成锰区仅有少量矿点、矿化点。

该类型锰矿已发现的矿产地共 24 个，其中已经探获有资源量的产地 13 个，包括中型矿床 5 个（大坪、老队部、火烧桥、磨河坝、下口），小型矿床 6 个，矿点 2 个；另有进行过踏勘或预查的矿点 11 个（表 3-1）。

表 3-1 四川省虎牙式锰矿床（点）一览表

序号	名称	矿种	勘查程度	规模	Mn ($W_B/10^{-2}$)	含矿建造	成矿时代
1	平武县大坪	锰	普查	中型	20.92	碳酸盐岩＋碎屑岩建造	早三叠世
2	平武县老队部	锰	详查	中型	23.32	碳酸盐岩＋碎屑岩建造	早三叠世
3	平武县磨河坝	锰	普查	中型	17.55	碳酸盐岩＋碎屑岩建造	早三叠世
4	黑水县下口	锰（钴）	普查	中型	18.41	碳酸盐岩＋（含火山）碎屑岩建造	早三叠世
5	松潘县火烧桥	锰	详查	中型	23.67	碳酸盐岩＋碎屑岩建造	早三叠世
6	平武县三尖石	锰	普查	小型	15.44	碳酸盐岩＋碎屑岩建造	早三叠世

序号	名称	矿种	勘查程度	规模	Mn ($W_B/10^{-2}$)	含矿建造	成矿时代
7	松潘县西沟	锰	普查	小型	20.39	碳酸盐岩+碎屑岩建造	早三叠世
8	松潘县四望堡	锰	普查	小型	21.20	碳酸盐岩+碎屑岩建造	早三叠世
9	黑水县瓦布梁子	锰(钴)	普查	小型	20.12	碳酸盐岩+(含火山)碎屑岩建造	早三叠世
10	黑水县徐古	锰(钴)	普查	小型	17.53	碳酸盐岩+(含火山)碎屑岩建造	早三叠世
11	黑水县三支沟	锰(钴)	详查	小型	19.76	碳酸盐岩+(含火山)碎屑岩建造	早三叠世
12	松潘县黄龙寺	锰	预查	矿点	21.94	碳酸盐岩+碎屑岩建造	早三叠世
13	九寨沟县隆康	锰	预查	矿点	15.22	碳酸盐岩+碎屑岩建造	早三叠世
14	平武县大草地	锰	踏勘	矿点	17.68	碳酸盐岩+碎屑岩建造	早三叠世
15	平武县药地梁	锰	踏勘	矿点		碳酸盐岩+碎屑岩建造	早三叠世
16	平武县青羊包	锰	踏勘	矿点		碳酸盐岩+碎屑岩建造	早三叠世
17	平武县三道坪	锰	踏勘	矿点		碳酸盐岩+碎屑岩建造	早三叠世
18	平武县二宝山	锰	踏勘	矿点		碳酸盐岩+碎屑岩建造	早三叠世
19	松潘县箭安塘南	锰	踏勘	矿点	20.07	碳酸盐岩+碎屑岩建造	早三叠世
20	松潘县葫芦沟	锰	踏勘	矿点	20.01	碳酸盐岩+碎屑岩建造	早三叠世
21	黑水县姑俄夸	锰(钴)	预查	矿点	21.09	碳酸盐岩+(含火山)碎屑岩建造	早三叠世
22	黑水县四美沟	锰(钴)	预查	矿点	19.90	碳酸盐岩+(含火山)碎屑岩建造	早三叠世
23	黑水县巴阿泽	锰(钴)	预查	矿点	19.07	碳酸盐岩+(含火山)碎屑岩建造	早三叠世
24	黑水县卡尔寺	锰(钴)	预查	矿点	20.31	碳酸盐岩+(含火山)碎屑岩建造	早三叠世

　　已探获332+333类别锰矿石量约3909.32万吨,其中虎牙成锰区3105.99万吨,占79.45%;黑水成锰区约798.33万吨,占20.42%;漳扎—漳腊成锰区仅有几万吨。

　　虎牙成锰区锰矿主要分布于磨子坪—纳米同斜倒转复向斜、浑水沟倒转复向斜、黄蜡坪—花海子同斜倒转复背斜,其中磨子坪向斜构造探获资源量最多(2859.00万吨,占总量的73%),矿石类型有铁锰矿和铁矿等;黑水成锰区的锰矿分布于瓦布梁子复背斜,属沉积(变质)型复式铁、锰矿床,还伴生有钴矿。

2. 主要特征

　　虎牙式锰矿的赋矿地层为下三叠系统菠茨沟组。区域上菠茨沟组存在三个类型:灰岩夹板岩型(分布在松潘黄龙、西沟至平武虎牙一带),板岩夹灰岩型(分布在松潘卓尼及黑水—石大关等地),灰岩至板岩型(分布较零星)。前两者分布范围最广,后者仅局限于松潘岷江地段。菠茨沟组岩性垂向上有所变化,自下而上灰岩渐次减少、板岩渐次增多,上部出现砂岩或粉砂岩的夹层;厚度由沉积盆地的边缘向腹心地带有渐次变薄的趋势。一般来说,沉积厚度较大的灰岩夹板岩型沉积相区内,所见锰矿层层数较多,矿质较好,常构成工业矿床。

含矿层(菠茨沟组上段)由磁铁矿、赤铁矿、铁锰矿、菱锰矿、含铁锰或不含铁锰质的绿泥石片岩、灰岩及薄层大理岩组成,从下而上可划分18个岩(矿)层。在纵向和横向上这些岩(矿)层交替出现,并有相变。依据矿体排列规律,可分为上、中、下三个含矿层(图3-1)。下含矿层(1~3层)所夹铁锰矿的厚度极不稳定,品位低而无工业价值(在大坪铁锰矿区未发现此含矿层);中含矿层(4~7层)一般由铁矿、铁锰矿组成,层位稳定,厚度及品位较佳,具有工业利用价值(为主要含矿层);上含矿层(8~11层)所夹锰矿或铁锰矿,因厚度小,相变大,延伸不稳定,而不具工业价值。

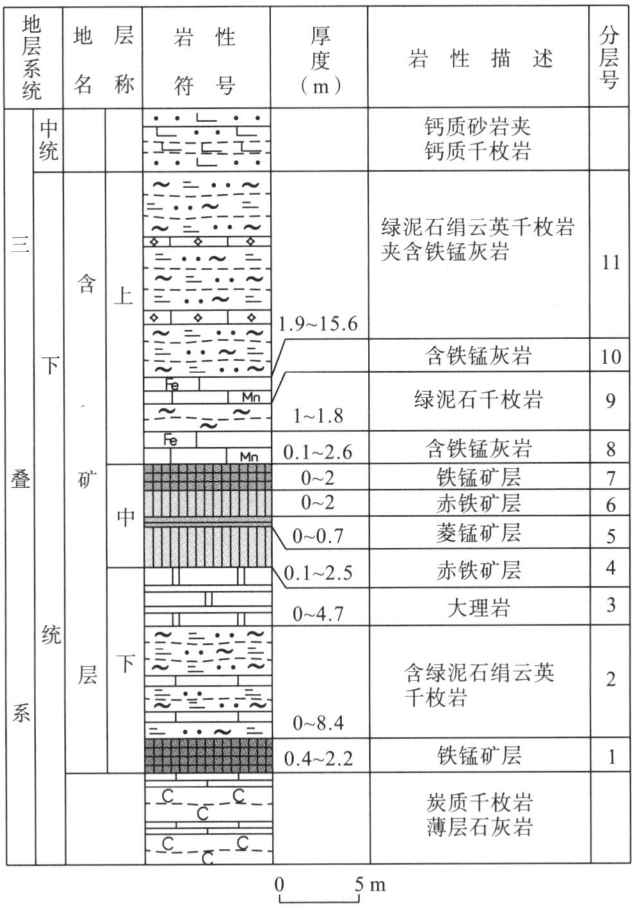

地层系统	地层名称	岩性符号	厚度(m)	岩性描述	分层号
中统				钙质砂岩夹钙质千枚岩	
三叠系	含矿层 上			绿泥石绢云英千枚岩夹含铁锰灰岩	11
	下		1.9~15.6	含铁锰灰岩	10
			1~1.8	绿泥石千枚岩	9
	矿 中		0.1~2.6	含铁锰灰岩	8
			0~2	铁锰矿层	7
			0~2	赤铁矿层	6
			0~0.7	菱锰矿层	5
下统			0.1~2.5	赤铁矿层	4
	层 下		0~4.7	大理岩	3
				含绿泥石绢云英千枚岩	2
			0~8.4		
			0.4~2.2	铁锰矿层	1
				炭质千枚岩薄层石灰岩	

0   5 m

图3-1 虎牙式锰矿含矿层柱状图

二、大坪锰矿床

大坪锰矿床位于平武县城289°方位平距49.5km处,行政区划隶属于四川省平武县虎牙乡所辖,中心地理坐标:东经104°01′26″,北纬32°33′00″。虎牙乡有公路约68km至平武县城，经县城南行 125km 至宝(鸡)—成(都)铁路江油站，交通比较方便。

(一)工作程度

1955 年重庆地质勘探公司到川西北进行调查，在虎牙乡境内发现了大坪、老队部锰矿。

1956～1957 年，冶金工业部川鄂分局(四川省冶金地勘局前身)606 队，对虎牙矿区老队部矿床进行详查，对大坪锰矿床作过概略工作，提交了《四川平武松潘铁锰矿虎牙矿区详查地质总结报告书》(其工作程度相当于现在的预查)。

1960 年，四川省地质局 101 队在大坪矿床进行简测评价，1961 年 6 月提交了《四川省平武县虎牙乡铁锰矿区大坪矿段初勘地质报告》，1995 年 9 月四川省矿产储量委员会复审核实为普查报告；深部稀疏钻探工程主要集中在矿床东段的牛鼻子垭口附近地段，矿床西段仅有极稀疏的地表工程控制，深部无工程验证，控制程度低(仅相当于预查)。

2002～2008 年，四川省冶金地质勘查局 604 队采用槽探、坑道、岩心钻探等手段对矿床西段(牛鼻子垭口—紫柏杉沟)进行普查，提交了《四川省平武县虎牙乡铁锰矿区大坪矿床普查地质报告》。

2004 年，四川省平武县金平矿冶有限公司申报了矿床东段采矿许可证，矿山近年来采用坑道对矿床的浅部进行控制，其控制程度达到详查。

(二)矿区地质

大坪锰矿区大地构造位置处于扬子板块北西侧，松潘—甘孜造山带巴颜喀喇褶皱带茂汶—丹巴背斜与秦岭构造带西秦岭褶皱带摩天岭背斜的结合部位。

1. 地层

本区属华南地层大区巴颜喀拉地层区，以虎牙断裂为界，东为摩天岭分区九寨沟小区，西为玛多—马尔康分区金川小区。九寨沟小区出露前震旦系及震旦系活动型变质火山岩-碎屑岩-碳酸盐岩建造、下古生界(仅志留系)的有机碎屑岩建造及上古生界的碳酸盐岩建造；金川小区出露地层普遍变质，具造山带沉积建造的特征。区内三叠系下统菠茨沟组为"虎牙式"锰矿赋存层位，由老至新简述如下。

1)中下泥盆统危关组($D_{1-2}w$)

为一套厚大的活动型变质碎屑岩沉积，根据其岩性、沉积韵律，可分三个岩性段。下段由薄-中层状石英砂岩、深灰色绢云英千枚岩、灰黑色含炭质绢云英千枚岩之不等厚韵律互层组成厚约 492m；中段以深灰色绢云英千枚岩、灰黑色含炭质硬绿泥石千枚岩含绢云炭质千枚岩为主，间夹灰色薄-中厚层状石英岩状砂岩，薄层钙质石英砂岩，结晶灰岩及透镜状生物灰岩等，厚 169m；上段灰色薄-中厚层石英岩状砂岩、深灰色绢云英千枚岩、黑色含炭质绢云千枚岩、炭硅质千枚岩，薄-中厚层状砂质结晶灰岩组成韵律层，底部石英岩状砂岩，厚 336～678m；中段化石丰富，产有珊瑚及牙形石、笔石、腕足类、古藻化石，其中珊瑚化石最多，有 *Squameofavosites* sp. (鳞巢珊瑚)，*Thamanopora* sp. （通孔珊瑚），*Hexagonoria simplex*（简单六方珊瑚），*Cariapora* sp. （巢孔珊瑚），*Digonophyllum sp.* （壁锥珊瑚），*Chaetetes* sp. （剌毛珊瑚），*Favosites* sp. （蜂巢珊瑚），*Alveolites* sp. （槽珊瑚）等。分布于磨子坪复向斜北翼、黄蜡坪复背斜核部，与上覆石炭系为整合接触。

2）石炭系

呈条带状分布于磨子坪复向斜至黄蜡坪复背斜的两翼，根据岩性组合特征，可划分为下统雪宝顶组、上统西沟组。

雪宝顶组（C_1x）：为浅海相泥质-碳酸盐岩建造，上部以泥质结晶灰岩为主，间夹千枚岩、含炭绢云母千枚岩；下部为泥质结晶灰岩与灰黑色含炭绢云千枚岩的不等厚互层；厚 46～373.8m，产 *Yuanophyllum*、*Arachnolasma*、*Caninia* 等化石，与下伏泥盆系为整合接触。

西沟组（C_2xg）：为浅海至半深海相碳酸盐岩，上部为灰黑色厚层-块状白云化含泥质结晶灰岩，下部以灰黑色厚层-块状结晶灰岩为主，产 *Profusulinella* 等蜓类化石。厚 26～91m，与下伏雪宝顶组为整合接触，与上覆二叠系为平行不整合接触。

3）二叠系

区内缺失二叠系上统、下统，仅出露有中统地层，呈条带状分布于磨子坪复向斜至黄蜡坪复背斜的两翼。

中二叠统三道桥组（P_2s）：按岩性组合特征可分为上、下两段，下段（相当于原东大河组）是以炭质板岩为主的板岩与泥质结晶灰岩的不等厚韵律式互层，产有化石，以蜓科化石为主，次为珊瑚类、腕足类等，蜓类有 *Parafusulina* sp. （拟纺锤蜓），*Pamirina evolta sheng*（外旋帕米尔蜓），*Pisolina* aff. Solida（希瓦格蜓），*Pseudofusulina* sp. （假纺锤蜓），*Monitiparus* sp. （大旋脊蜓），*Paraschwagerina* sp. （拟希瓦格蜓），*Schubertella* sp. （苏伯特蜓）等；上段以灰色、白色中层状、厚层状、块状结晶白云岩、灰岩为主，以蜓科为主，含有少量螺类化石，有 *Neoschwagerina haydeni*（海登希瓦格蜓），*Verbeekina* sp. （费伯克蜓），*Schwagerina* sp. ，*Parafusulina* sp. 等蜓科化石。为一套浅海至滨海相碳酸盐岩至砂泥质岩建造，厚 161.2～451.0m，与上覆、下伏地层均为平行不整合接触。

4）三叠系

三叠系主要出露于磨子坪复向斜、浑水沟向斜的核部及黄蜡坪复背斜等的两翼（图 3-2），根据岩性组合特征可分为下统菠茨沟组、中统扎尕山组和杂谷脑组、上统侏倭组。

菠茨沟组（T_1b）：按岩性特征，分为上段、下段；下段（T_1b^1）为薄层结晶灰岩与（含绿泥）绢云、砂质千枚岩互层的碳酸盐岩建造，总体看由下而上岩石颜色由深逐渐变浅，由深灰色→灰白色→灰绿色（含绿泥石）；其结晶程度也依次增高，局部为白色大理岩。上段（T_1b^2）以硅化千枚岩为主的含铁、锰碎屑岩建造，上部为钙质绿泥千枚岩，中部为锰矿层或锰质千枚岩，下部为磁铁矿或铁质岩石，系浅海陆棚相沉积；为"虎牙式"铁锰矿赋存层位，厚117m；与下伏地层为平行不整合接触，与上覆地层为整合接触。从区域对比看分布于平武虎牙—松潘黄龙一带的属灰岩夹板岩型，自下而上的垂向变化特征：灰岩渐次减少、板岩渐次增多，上部出现砂岩或粉砂岩的夹层，整体显示为海进式沉积旋回。大坪矿区该组地层倒转，南倾，倾角20°～30°。

扎尕山组(T_2zg)：为一套粗碎屑岩建造，以灰黑色绢云母千枚岩与深灰色、薄层至中厚层钙质石英变砂岩互层，中部夹一层厚约20m的灰色薄层状结晶灰岩，厚度约1000m，与上覆、下伏地层均为整合接触。

杂谷脑组(T_2z)：岩性单调，主要为中厚层-块状变质砂岩，间夹粉砂质板岩，厚度约400m，与上覆、下伏地层均为整合接触。

侏倭组(T_3zh)：仅见于磨子坪复向斜核部，为灰黑色绢云母千枚岩夹灰黑色中厚层石英变砂岩，厚度大于800m。

2. 构造

矿区位于两大地层分区断裂交截部位之南西侧，北为东西走向的雪山断裂，东为近南北走向的虎牙断裂。区域上构造线以东西走向为主，靠近虎牙断裂有牵引显现，构造形变以塑性应变之褶曲为主，而断裂构造不发育。

1)褶皱

褶皱为区内主要构造形迹之一，控制了区内三叠系中"虎牙式"铁锰矿层（带）之空间分布（见图3-2），其构造形态简单，以同斜或倒转褶曲为主。区域上由北而南，分别为磨子坪—纳米倒转复向斜、虎牙倒转背斜、浑水倒转向斜等。就其规模而言，以磨子坪—纳米倒转复向斜为最大，大坪矿床即位于该向斜中部之倒转南翼。

磨子坪—纳米同斜倒转复向斜：向斜核部为三叠系上统侏倭组，两翼依次为三叠系中统扎尕山组、杂谷脑组和三叠系下统菠茨沟组以及二叠系、石炭系地层组成；长度约28km，宽4～10km不等，向斜轴面总体走向东西，北翼地层正常南倾，倾角20°～40°，南翼则向北倒转，倾角一般14°～39°；翼部发育着很多次一级的尖棱状或倒转状褶曲；往东因受虎牙断裂的干扰则明显圈闭仰起。大坪矿床位于其倒转的南翼。

虎牙倒转背斜：东起叶塘虎牙关附近，向西经虎牙而倾伏于大草地附近。其核部地层为石炭系，两翼则分布二叠系、三叠系的地层。长度约20km，总体轴线走向近东西，两翼均倾向南（北翼倒转），倾角一般30°～40°。

浑水沟倒转复向斜：核部以三叠系上统侏倭组为主，两翼为三叠系中统扎尕山组和杂谷脑组、下统菠茨沟组。轴向近东西，轴面及两翼地层均南倾（南翼倒转），倾角10°～30°。

黄蜡坪—花海子同斜倒转复背斜：由三尖石同斜倒转背斜、银厂沟同斜倒转向斜和关门石同斜倒转背斜等次级褶皱组成，次级紧密线状倒转褶皱十分发育。西部倾伏于岷江东侧，核部由泥盆系或石炭系组成，两翼为石炭系、二叠系、三叠系地层组成。轴线走向整体近东西，两翼均倾向南（北翼倒转），倾角 35°～55°不等。

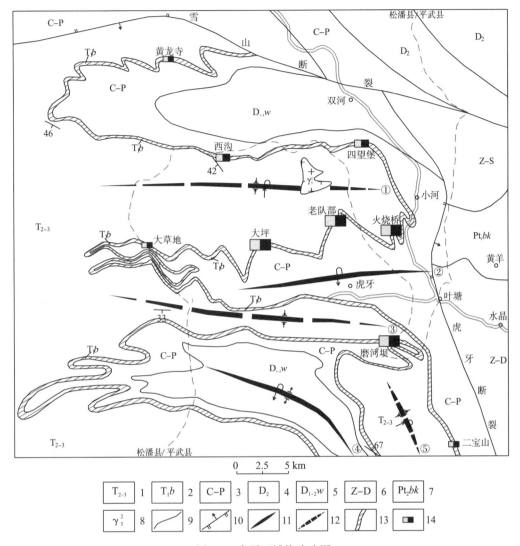

图 3-2　虎牙区域构造略图

（据四川省冶金地质勘查局 604 队，2008，修编）

1. 中上三叠统；2. 下三叠统菠茨沟组；3. 石炭-二叠系；4. 中泥盆统；5. 中下泥盆统危关组；6. 震旦-泥盆系；7. 中元古界碧口群；8. 燕山期花岗岩；9. 地质界线；10. 逆断层；11. 背斜；12. 向斜；13. 含锰地层；14. 矿产地；①. 磨子坪—纳米同斜倒转复向斜；②. 虎牙倒转背斜；③. 浑水沟复向斜；④. 黄腊坪—花海子同斜倒转复背斜；⑤. 杨柳坝弧形倒转复向斜

2）断裂

区内断裂主要为近南北走向的虎牙断裂、近东西走向的雪山断裂。

虎牙断裂：南起平武银厂沟，经虎牙关附近、松潘小河向北延伸，全长 45km 以上。虎牙关以南（南段），断面走向北西 22°，倾向北东东，倾角 65°左右；虎牙关以北至白岩沟（中段），走向南北，倾向不明；白岩沟以北（北段），走向北西 20°，倾向北北东，倾角

60°以上。该断裂具有多期、复合构造特征，促使东西向构造受到强烈干扰。

雪山断裂：西起岷江东岸，东至松潘沟与白马弧斜接，全长约60km，以雪山梁子为枢纽，总体走向近东西，倾向北，倾角60°～70°。断裂西段较宽，东段则变窄，具有多期次、复合构造特征。

3. 岩浆岩

本区岩浆岩分布有限，仅在磨子坪同斜倒转复向斜的核部、虎牙关大断裂的两侧零星分布燕山早期花岗岩(γ_5^2)，多呈脉状、墙状出现于层间裂隙或节理裂隙中，一般宽几米至几十米，规模不大，走向不定。岩石为浅灰色，细-中粒花岗结构，局部见似斑状结构，块状构造。

4. 变质作用

因遭受后期的区域变质作用，矿区内地层普遍具浅变质特征，主要表现为碎屑岩类的千枚岩及绿片岩化及碳酸盐岩类的重结晶等，属低绿片岩相，岩石组合多为千枚岩、片岩及结晶灰岩(或大理岩化灰岩)等，变质作用形成的新矿物主要有绢云母、绿泥石和锰铝榴石，偶见绿帘石和蔷薇辉石等，但对本区铁、锰矿的再富集作用不明显。

(三)矿体地质

1. 矿体特征

矿区内菠茨沟组上段(T_1b^2)含矿层的中层(4～7层)为主要工业矿体的赋矿部位(见图3-1)。矿体一般由铁矿、铁锰矿组成，西起紫柏杉沟、东至扯马索沟，出露长大于11km(图3-3)，向西与大草地锰矿点的矿体相连，东与老队部锰矿床的矿体相连。含矿层出露标高2210～3806m，高差超过1600m。圈出1个铁锰矿体、1个共伴生的铁矿体，东段局部有锰矿。从空间关系上看，铁、锰紧密相关、呈上下异体叠置关系，因处于向斜的倒转翼、铁矿体位于铁锰矿体的"上部"。

1)铁锰矿体

铁锰矿体西起紫柏杉沟东侧，经鹰鸡水、白洞沟、土地梁、牛鼻子垭口，东至扯马索沟西侧；地貌上多出露在陡崖、峭壁地段，矿体呈层状、似层状产出，层位较稳定。倾向151°～191°，倾角14°～39°。

矿床内铁锰矿体受磨子坪—纳米同斜倒转复向斜的南翼东段控制，出露长度11560m，控制长度10070m，经7、3、0、4、12、20线等深部坑道、钻孔揭露，矿体控制最大斜深达1865m(图3-4)；厚度0.51～1.82m、平均0.69m；Mn的含量15.22%～29.38%、平均20.92%，TFe+Mn为25.32%～44.23%、平均34.04%，有害元素P为0.471%，SiO_2为26.44%。通过现有工程的相关数据统计，总体看矿体厚度沿走向、倾向其变化不大，Mn品位由西向东有变富的趋势。累计探获333类锰矿石量1759.26万吨、334类锰矿石量1239.69万吨。

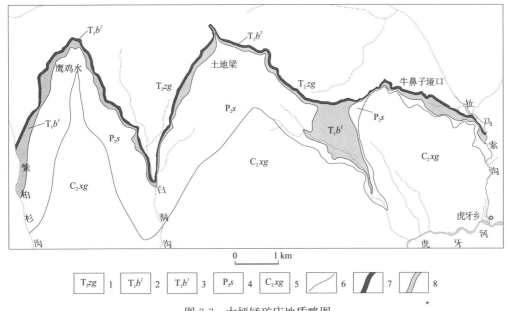

图 3-3 大坪锰矿床地质略图

（据四川省冶金地质勘查局 604 队，2008，修编）

1. 三叠系中统扎尕山组；2. 三叠系下统菠茨沟组上段；3. 三叠系下统菠茨沟组下段；

4. 二叠系三道桥组；5. 石炭系西沟组；6. 地质界线；7. 锰矿体；8. 含锰地层

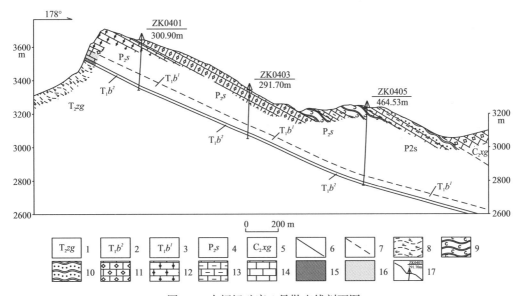

图 3-4 大坪锰矿床 4 号勘查线剖面图

（据四川省冶金地质勘查局 604 队，2008，修编）

1. 三叠系中统扎尕山组；2. 三叠系下统菠茨沟组上段；3. 三叠系下统菠茨沟组下段；4. 二叠系三道桥组；

5. 石炭系西沟组；6. 地质界线；7. 平行不整合界线；8. 绢云千枚岩；9. 炭质板岩；10. 砂质板岩；11. 结晶灰岩；12. 泥晶灰岩；13. 泥质灰岩；14. 灰岩；15. 锰矿体；16. 含锰地层

2）铁矿体

铁矿体东起扯马索沟西侧，西至紫柏杉沟东侧，出露长 11560m，控制长 10070m。铁矿体与铁锰矿体为异体共生，空间位置位于铁锰矿层之上（因位于向斜的倒转翼，正常层序则在锰矿层之下）。矿体呈层状、似层状，层位稳定。倾向 151°～191°，倾角 14°～39°。矿体厚度 0.48～1.93m，平均厚度 0.69m。TFe 含量 25.80%～54.70%，平均 39.68%；有害元素 P 为 0.264%～2.038%，平均 1.371%；S 为 0.012%～0.620%，平均 0.063%。从各勘查线厚度、品位变化情况统计看，矿体厚度从西向东有增厚趋势，但沿倾向变化不大；铁品位由西向东有增高趋势，倾向上地表比深部品位要高一些。累计探获铁矿 333+334 类矿石量 3041.15 万吨。

3）锰矿体

矿区未圈出单独锰矿工业矿体，但在东段的牛鼻子垭口至土地梁一带有零星出露的锰矿层，厚度一般仅 0.12～0.33m，局部厚度大于 0.5m，但延伸不稳定；Mn 为 13.65%～22.30%，平均 17.45%，倾向 170°～190°，倾角 18°～25°。局部铁含量较高，在土地梁以西尖灭或侧变为含锰灰岩。

2. 矿石化学成分

总体上看，锰主要分布于含矿层中下部；铁主要位于含矿层上部和底部，其中以底部为主；磷主要分布于底部。矿层中锰与铁呈负相关，锰与磷亦呈负相关，而铁与磷则呈正相关，磷主要分布于铁矿石中。

1）锰矿石

根据基本分析，矿石中 Mn 品位最低 15.22%、最高 29.38%，平均 20.92%；TFe+Mn 品位最低 25.32%、最高 44.23%，平均 34.04%；有害元素 P 含量最低 0.111%、最高 1.186%，平均 0.471%；SiO_2 最低 14.73%、最高 38.21%，平均 26.44%。矿石烧失量（Loss）最低 6.01%、最高 16.80%，平均 11.22%。据基本分析统计，Mn 含量 10%～15%占 22.4%、15%～20%占 34.5%、20%～25%占 29.3%、≥25%仅占 13.8%，属低品位贫锰矿。

锰矿和铁矿的多项分析结果（表 3-2）显示，Mn 为 18.52%～23.55%，TFe 为 8.14%～16.83%，有害元素 P 为 0.324%～0.463%、总体属高磷，Cu、Pb、Zn、Ni 等元素含量低、未达到伴生组分要求，Co 含量相对较高、少数样品其含量达到伴生组分 0.02%的要求。

2）铁矿石

铁矿石基本分析统计，TFe 品位最低 25.80%、最高 54.70%，平均 39.68%；有害元素 P 最低 0.264%、最高 1.899%，平均 1.371%。多项分析结果见表 3-2。

铁矿石和锰矿石光谱分析结果见表 3-3。铁矿石中可利用的有价元素主要为铁，锰矿石中可利用的主要为锰。

表 3-2　锰矿、铁矿多项分析结果表

样号	分析项目及含量($W_B/10^{-2}$、$*10^{-6}$)															备注
	Mn	P	TFe	SiO_2	CaO	MgO	Al_2O_3	Loss	S	Cu *	Pb *	Zn *	Co *	Ni *	TiO_2 *	
H1	20.88	0.444	11.38	24.32	4.54	1.92	5.01	12.46	0.036	21.0	39.0	96.1	200.2	70.0	0.27	
H2	23.55	0.324	8.14	34.83	4.03	1.19	3.72	7.82	0.14	18.3	61.6	118.7	167.6	70.4	0.14	
H3	18.52	0.393	16.83	28.78	3.42	0.83	4.33	7.62	0.07	20.2	39.2	104.7	211.3	93.9	0.24	锰矿
H4	22.12	0.463	11.32	24.56	4.25	1.74	4.98	11.55		18	40	98	143	91		
H5	21.23	0.369	12.56	29.23	3.26	0.90	5.15	9.32		27	35	117	156	146		
H6	2.67	1.155	39.36	19.90	5.73	1.26	3.72	2.86	0.04	17.3	61.2	56.0	76.6	36.6	0.18	
H7	5.03	1.335	34.46	23.09	4.91	1.34	4.33	3.41	0.15	18.3	33.5	78.3	96.9	23.4	0.20	
H8	2.08	1.359	41.51	21.00	4.72	0.70	3.29	1.04	0.18	14.6	50.1	48.1	66.7	33.4	0.15	
H9	1.46	0.446	19.30	41.79	4.35	2.61	8.48	5.49	0.21	52.9	78.0	96.2	86.7	53.4	0.45	铁矿
H10	3.19	1.270	32.98	30.07	4.16	2.41	6.40	2.70	0.06	47.3	38.9	100.0	89.9	56.6	0.31	
H11	2.62	1.365	40.25	20.46	3.46	0.85	2.74			16	35	65	75	57		
H12	2.48	1.290	34.56	24.36	2.47	0.44	2.74			17	39	48	78	40		

表 3-3　光谱分析结果表($W_B/10^{-6}$)

元素	Be	As	Ba	Ge	Sb	Ta	Pb	Sn	Th	W	Ga
铁矿	0.3	<300	>1000	<10	<100	<100	10	<3	<100	<100	<30
锰矿	0.3	<300	>1000	<10	<100	<100	5	150	<100	<100	<30

元素	Nb	Mn	Cr	Bi	Ni	Ce	In	Ti	Mo	Y	V
铁矿	<10	>1000	10	<10	30	<100	<30	200	8	<3	<100
锰矿	20	>1000	20	<10	30	<100	<30	3000	15	20	<100

元素	La	Cd	Cu	Yb	Zn	Ag	Sc	Zr	Co	Sr	Fe
铁矿	<100	<30	30	1.5	<100	1	<3	<10	30	>1000	>1000
锰矿	<100	<30	45	2	<100	>10	3	<10	30	150	>1000

　　锰矿、铁矿的混合矿石光谱分析(表 3-4)、化学多项分析(表 3-5)结果表明矿石中铁、锰为可回收的有价元素，有害元素磷含量高。

表 3-4　锰矿＋铁矿混合矿石光谱分析结果表($W_B/10^{-2}$)

成分	Na_2O	MgO	Al_2O_3	SiO_2	P_2O_5	SO_3	K_2O	CaO	TiO_2	V_2O_5	Cr_2O_3	MnO
含量	0.770	1.584	4.306	18.861	4.299	0.035	0.299	5.251	0.224	0.012	0.003	21.310

成分	Fe_2O_3	Co_3O_4	NiO	CuO	ZnO	Ga_2O_3	As_2O_3	Nb_2O_5	BaO	La_2O_3	WO_3
含量	38.481	0.060	0.010	0.010	0.016	0.004	0.056	0.003	0.076	0.007	0.016

表 3-5　锰矿＋铁矿混合矿石化学多项分析结果表（$W_B/10^{-2}$、$*10^{-6}$）

分析项目	TFe	Mn	S	P	SiO$_2$	MgO	CaO	Al$_2$O$_3$
含量	28.16	14.40	0.019	0.99	17.84	1.22	4.68	4.47
分析项目	B$_2$O$_3$	Cu *	Pb *	Zn *	Ni *	Co *	Au *	Ag *
含量	0.02	18.0	64.6	108	34.3	162	<0.1	0.22

3. 矿物组分

矿石中主要矿石矿物为菱锰矿、褐锰矿、磁铁矿、镜状赤铁矿，少量含钛磁铁矿、黄铁矿；主要脉石矿物为碳酸盐类矿物和石英，次为云母类矿物，少量绿泥石、石榴子石、绿帘石（表 3-6）。

锰矿石和铁矿石的矿物组成有所不同。根据岩矿鉴定，锰矿的矿石矿物约占 45%，为菱锰矿、锰铝榴石、赤铁矿及少量氧化锰、蔷薇辉石等；脉石矿物为石英>30%、辉石 2%±、碳酸盐 10%±、绿泥石和绢云母 3%±。铁矿矿石矿物为磁铁矿<30%、赤铁矿<25%等；脉石矿物为石英<10%、黏土类基质物<20%、绢云母<4%、长石<3%、云母<3%、绿泥石<2%、碳酸盐<2%、石榴子石 1%、尖晶石 1%。

表 3-6　矿物组成一览表

金属矿物				脉石矿物			
名称	粒度(μm)	晶形	相对含量(%)	名称	粒度(μm)	晶形	相对含量(%)
磁铁矿	20~70	自形-半自形	<20	碳酸盐类	5~50	自形-他形	40±
含钛磁铁矿	300~700	自形	5±	石英	10~100	他形	<35
镜状赤铁矿	7~50	自形	25±	云母类	白10±、黑20±	鳞片状	<10
菱锰矿	10~30	他形	25±	绢云母	<5	鳞片状	5±
褐锰矿	5~10	自形-半自形	20±	绿泥石	<5	鳞片状	5
黄铁矿	30~100	半自形	<2	石榴子石	<10	自形	2±
				绿帘石	50~100	他形	2±

根据矿石的化学物相分析（表 3-7），锰主要以碳酸锰形式出现，其分布率为 64.69%~82.23%，其次为氧化锰和水（褐）锰矿；铁以磁铁矿和赤铁矿、褐铁矿为主（表 3-8），其分布率大于 88%，属混合铁矿石。

表 3-7　锰矿化学物相分析结果表（%）

样号		碳酸盐锰	氧化锰	水（褐）锰矿	合计
Mn1	含量	8.09	0.95	0.80	9.84
	分布率	82.23	9.65	8.12	100.00
Mn2	含量	16.52	2.30	2.01	20.83
	分布率	79.33	11.02	9.65	100.00
Mn3	含量	21.53	3.40	2.83	27.76
	分布率	77.55	12.25	10.20	100.00
Mn4	含量	12.33	0.91	4.99	18.23
	分布率	67.64	4.99	27.37	100.00
Mn5	含量	7.84	1.27	1.20	10.31
	分布率	76.03	12.35	11.62	100.00
Mn6	含量	17.06	4.52	4.79	26.37
	分布率	64.69	17.14	18.17	11

表 3-8　铁矿化学物相分析结果（%）

样号		磁铁矿	菱铁矿	赤铁矿+褐铁矿	黄铁矿	硅酸铁	合计
Fe1	含量	17.53	0.55	2.79	1.52	1.45	23.84
	分布率	73.53	2.31	11.70	6.38	6.08	100.00
Fe2	含量	10.00	0.75	9.15	1.04	0.57	21.5
	分布率	46.51	3.48	42.54	4.82	2.65	100.00
Fe3	含量	27.77	0.22	19.92	3.35	0.40	46.66
	分布率	48.80	0.47	42.69	7.18	0.86	100
Fe4	含量	11.39	0.76	10.46	4.30	0.77	27.68
	分布率	41.15	2.75	37.79	15.53	2.78	100

4. 矿石结构构造

锰矿石具粒状至细粒粒状结构，微晶、隐晶质结构，致密块状、条带状构造。具致密块状构造的矿石，常见石英呈脉状、团块状穿插于矿石内，有时蔷薇辉石和碳酸锰细粒结合体呈团块状分布。具条带状构造的矿石，常见锰铝榴石富集呈薄层条带，偶见呈"豆荚状"条带。

铁矿石具不等粒变晶及显微鳞片变晶结构，条带状构造。赤铁矿呈显微鳞片状，磁铁矿呈不等粒粒状（半自形-自形晶粒），条带状构造常表现为一种条带主要由赤铁矿的显微鳞片定向排列构成，另一种条带主要由石英或绿泥石组成。

5. 矿石类型

锰矿石自然类型主要为原生矿，地表有少量氧化矿；按组成矿石的主要矿石矿物划分，则以碳酸锰矿石为主，少量硅酸锰矿石，偶见半氧化矿石。

铁矿石可分为磁铁矿石、赤铁矿石，以及磁铁矿石和赤铁矿石组成的复合矿石等三种自然类型。

根据分析统计，锰矿石 P/Mn 为 0.003～0.103，其中 P/Mn<0.006 仅占 18%，属高磷锰矿石；按照 Mn/Fe 统计，Mn/Fe<3 矿石占 82%、>3 仅占 18%，属高铁锰矿石；矿石的碱度 $(CaO+MgO)/(SiO_2+Al_2O_3)$ 为 0.07～0.76，其中<0.5 占 84%，属酸性矿石。矿石工业类型属高磷高铁酸性矿石，为冶金用锰矿石。

根据组合分析结果，铁矿 $(CaO+MgO)/(SiO_2+Al_2O_3)$ 之比值平均为 0.23，说明铁矿石的工业类型为酸性矿石。

6. 矿体围岩及蚀变

锰矿体顶板为铁矿或含铁锰质千枚岩，底板以含铁绿泥石片岩为主，局部为透镜状铁矿体。矿体围岩有不同程度的蚀变，主要有硅化、碳酸盐化、黄铁矿化、大理岩化等，主要是遭受区域变质作用所致，可能与成矿作用的直接关系不大。

(四)矿石选冶性能

(1)2004 年对锰矿石选冶试验，磁选-浮选联合工艺流程较佳。可获锰精矿 Mn 29.82%、TFe 17.78%，回收率 51.09%，基本达到了富锰的目的。由于未查明矿石中磷的赋存状态，未达到预期除磷的目的。

(2)2006 年对合采的铁和铁锰矿石进行铁、锰、磷分离试验，采用原矿弱、强磁选-强磁精矿铁、锰分离工艺流程，获得含铁 45.9% 的铁精矿，其质量达到高炉炼铁四级品要求；获得含锰 20.28% 的锰精矿，其产品质量达到锰矿石质量标准五级品质要求。

(3)2012 年再次对矿床的锰矿石、铁矿石合采样品进行实验室选矿试验，全流程开路试验流程，原矿通过粗碎直接粗粒抛尾得到冶金用富锰渣的产品；粗粒抛尾铁粗精矿再通过一段磨矿，一段弱磁选，得到合格的铁精矿(表 3-9)。

表 3-9　开路流程试验结果

产品名称	产率(%)	品位(10^{-2})		回收率(10^{-2})	
		TFe	Mn	TFe	Mn
富锰渣	45.47	14.30	22.54	23.14	70.02
铁精矿	21.78	60.92	5.44	47.21	8.09
尾矿	32.75	25.45	9.78	29.65	21.89
合计	100.00	28.11	14.64	100.00	100.00

（4）近年，江油涪钢燃气联合公司、平武古城锰粉选冶厂、平武县锰业集团、岷江电冶厂等相继采用"虎牙式"的高磷铁锰矿冶炼出富锰渣及副产品——高磷生铁。一般用1.5吨铁锰矿石冶炼出1吨富锰渣和0.15吨副产品——高磷生铁（表3-10），所得产品富锰渣：Mn≥30％，该冶炼技术可以富锰降磷、填补富锰矿的缺口。目前利用高磷贫锰矿或高磷铁锰矿生产富锰渣，已在冶炼技术方面取得成功，从而改变了"虎牙式"铁锰矿石磷难以降低、难以利用的结论。

表 3-10　元素分配表

元素	含量（%）		损失及挥发（%）
	合金（高磷生铁）	炉渣（低磷富锰渣）	
Mn	4	93	3
Si	0.5	95	4.5
P	65	5	30
Fe	90	10	—

从省内相邻的石坎地区，锰矿石的开发利用成功经验看，已经取得实际生产成效，锰产品已经被市场认可；省外的重庆市城口地区同样采用该生产流程，其产品已经被国内大量企业利用。可见，该类型"高磷锰矿石"已经有成熟的工艺开发利用。

（五）矿床成因

1. 成矿地质环境

锰矿产于可可西里—松潘周缘前陆盆地东缘之马尔康—松潘边缘海成锰盆地（摩天岭古陆与康滇古陆间的活动型古生代-中生代浅海-滨海沉积盆地），盆地内主要分布古生界、中生界地层，为滨-浅海陆棚相含铁锰碳酸盐岩为主夹碎屑岩建造，包括石炭系下统雪宝顶组（C_1x），石炭系上统西沟组（C_2xg），二叠系中统三道桥组（P_2s），三叠系下统菠茨沟组（T_1b），三叠系中统扎尕山组（T_2zg）、杂谷脑组（T_2z）等。在磨子坪倒转向斜轴中部，少量燕山晚期花岗岩呈岩株状侵入，有少量钨矿分布。

三叠系下统菠茨沟组为虎牙式铁锰矿的赋矿层位，平武县大坪、平武县老队部、平武县磨河坝、平武县三尖石、松潘县火烧桥、松潘县四望堡、松潘县西沟、黑水县下口、黑水县三支沟等锰矿床即位于其中。

虎牙成锰盆地经历了曲折复杂的演变过程，尤以中三叠世印支运动比较明显。区域构造线以东西走向为主，北为东西走向雪山断裂，东为近南北走向虎牙断裂。虎牙式铁锰矿主要分布在区内最大磨子坪倒转向斜两翼，特别以南翼分布集中。分布有火烧桥、老队部、大坪、大草地等矿床点。

虎牙成锰盆地的含矿地层菠茨沟组下部为浅海近滨海相的一套含泥碳酸盐岩沉积

(T_1b^1)，上部为浅海过渡相(T_1b^2)，分布于松潘县小河乡—平武县虎牙乡一带，由紫红、绿灰色砂质页岩、粉砂岩夹微晶灰岩组成，并夹赤-磁铁矿为主的薄层高磷质锰矿和铁锰矿，层理以薄-中层状为主，可见水平层理，属内陆棚微相。

本区锰矿从沉积原岩看，含锰岩系总体反映碳酸盐岩相→碎屑岩相的韵律组合，可大致划出两个沉积旋回，代表一个由浅水到深水的海进序列，含锰岩层位于碳酸盐岩相和碎屑岩相之间的过渡部位，为沉积成因。

(1)早三叠世初期：开始广泛的海侵，沉积区西南部为川滇古陆，南东为北东走向龙门山古岛链，东部摩天岭一带存在一个古生代隆起(摩天岭古陆)，本区属特提斯海槽范围。为一套浅海-滨海相的碳酸盐岩与砂页岩的混合沉积(T_1b^1)。

(2)早三叠世晚期：由于江南古陆向北推进，本区松潘—甘孜海盆海水进一步加深，在松潘以北的川主寺—黄龙寺一带，可能存在一条东西走向深大断裂，控制了断裂南北两侧沉积环境，北部以沉积碳酸盐岩为主，南部松潘—黑水一带沉降中局部不平衡，产生同生断裂，形成地堑、地垒式古地理环境，形成卓尼—较场一带北北西向水下隆起和卓尼—维古一带北北东向水下隆起，卓尼—较场水下隆起东侧为虎牙海槽。海槽沉积了浅海陆棚过渡带微相，矿产以赤-磁铁矿为主夹薄层高磷硅质锰矿和铁锰矿，表明海槽内水体较浅，距古陆较近，沉积环境比较安静，处于浪基面附近。

2. 岩相古地理环境

本区南东侧当时可能为龙门山古岛，东侧为"摩天岭古陆"，南侧为川滇古陆，系位于上扬子板块北西的马尔康—松潘沉积海盆，属特提斯海，成锰区域均处于该盆地东侧与上扬子板块结合的边缘海内。

区内锰矿含矿层之下为三道桥组，与上扬子板块该时代沉积环境相似，总体上为浅海碳酸盐台地沉积，但该组岩性不够稳定，厚度变化较大，分布于康定的约303m、宝兴约50m、汶川约40m，在松潘一带厚约200m。该组的角砾状灰岩中含白云质灰岩、白云岩，产蜓类、珊瑚等化石。

矿层之顶板为含炭碎屑岩，底板为碳酸盐岩，岩石中富含Ca、Mg、CO_3^{-2}等的化合物。当时气候条件比较温暖、潮湿，铁、锰矿是在弱氧化-还原弱碱性条件的正常盐度浅海环境中形成，层位较稳定，为层状、似层状铁矿体、铁锰矿体共生产出的复式矿床。

中二叠世、晚二叠世期间发生的构造运动(东吴运动，刘宝珺等，1994)，四川境内发生有峨眉山玄武岩事件等，导致区域内海平面下降。早三叠世初期，开始了广泛海侵。龙门山地区存在一条成北东、南西向分布的古岛链；摩天岭一带存在一个古生代隆起的古陆。这些古陆、古岛，将四川分割为东西两大部分。四川东部属上扬子海盆，西部则属特提斯海范畴。早三叠世初期，上扬子海盆海水西浅东深，海进方向由东向西；沉积物反映了由西向东、由粗变细的特点，形成了一套三角洲-海滨相红色碎屑岩系(飞仙关组及青天堡组下部)。当时的西部特提斯海几乎全是一片浅海，地壳沉阵幅度差异不大，为近滨相的碳酸盐岩与砂页岩的混合沉积。

虎牙式锰矿分布于平武—松潘—黑水地区，含矿层位早三叠世菠茨沟组上部为绿灰、紫红色(粉砂质)板岩夹少量灰色薄层砂岩、灰岩，下部为灰白色薄板状灰岩夹钙质板岩。岩石均遭受了区域变质作用的影响，但变质程度轻微，多属低绿片岩相。该段一般厚度16~220m，本区南部局部地区可达250m以上。锰矿呈似层状或扁豆状分布于该组上部，由该组岩石组合特征判断，以来自盆外的陆源碎屑以细屑组分为主，如细粉砂、泥质，砂质含量较低。来自盆内的碳酸盐碎屑和硅质物则与生物作用有关，其中以双壳类、牙形石、放射虫等居多，底栖及漂游生活的类型均有。根据沉积特征分析，基本上均为海相低能环境，古地理位置可能远离沿岸的高能带，位于大陆架前缘，平均浪基面以下的远滨或陆棚环境。

由于后期构造的破坏，早三叠世的海岸线和古陆已难于恢复，在本区以南，菠茨沟组的命名地宝兴晓碛，该组为一套变质凝灰质杂砂岩、粉砂岩、板岩夹薄层灰岩及砾岩，见有双壳类化石，厚137m，可能代表了该时期近陆源的沉积物，水浅而水动力条件相对活跃，提供陆源的古陆位置可能临近东侧。本区的东部大片古老地层分布区内，最老的碧口群和其后的古生代地层分布区在地史中长期裸露地表，很可能属于古陆的北延部分，"摩天岭古陆"与沉积盆地的分布格局也因后期构造活动影响，随龙门山后山由西向东的逆冲推覆作用而面目全非。

早三叠世晚期，上扬子海盆海侵范围较早期略有缩小，盆地西部出现滨海相砂泥岩、灰岩沉积(铜街子段)；中部和东部由于海底地貌的分异，逐步形成半封闭条件，以致成为萨勃哈台地(嘉陵江组)。在西部的松潘海盆，海水进一步加深，其古地理景观在原有面貌上发生差异明显的分化。

南东侧可能存在一条古断裂(青川—茂县)，该同生古断裂不仅控制了上扬子板块的西界、同时也控制了含矿地层菠茨沟组的南部分布。在松潘以北的川主寺—黄龙一带，可能有一条东西向的深断裂(雪山断裂)，控制了南北两侧的沉积环境。南北向的虎牙断裂(平武—松潘交界)、松潘西侧的岷江断裂同样控制了含矿地层的分布范围，因古地貌的差异、海水的深浅、成锰物质的多寡等，控制了锰矿的分布。锰矿主要分布于虎牙水下凹陷、黑水凹陷，而在水下隆起区(校场隆起、热窝西隆起)不利于锰矿的形成(伍光谦，1987)。

本区北部漳腊地区早三叠世处于相对稳定的碳酸盐台地，与菠茨沟组同期沉积的罗让沟组＋红星岩组以富含白云质的生物屑、鲕粒等颗粒灰岩为主，夹有"盐溶角砾岩"，双壳类生物发育，厚度近千米。沉积物特征反映出与外海有障壁分割，盆内水动力条件以潮汐作用为主，能量较高，与外海海水交换不畅，蒸发量大于补给量，海水咸化趋势明显。沉积物以盆内碎屑为主，有蒸发岩类沉积，鲜有陆源碎屑进入，该环境属潮汐带的潮间-潮下带。漳腊台地与外陆棚的边界由岷江断裂—雪山断裂—虎牙断裂等系列断裂带所限定，这些断裂带性质均属陆壳内相对拉张-挤压作用的结合带，沿断裂带形成规模不等的混杂堆积，其中以岷江混杂堆积带规模最大。

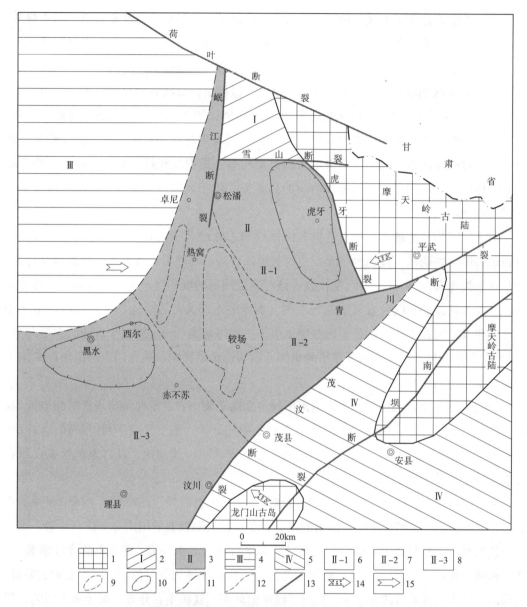

图 3-5　黑水—平武早三叠世晚期岩相古地理

(据伍光谦，1987，修编)

1. 古陆；2. 漳腊稳定型碳酸盐台地；3. 陆棚碳酸盐-泥质岩相；4. 陆棚-外斜坡泥质岩-碳酸盐岩相；5. 前滨-临滨相沿海砂坝；6. 陆棚碳酸盐-铁锰质岩亚相；7. 陆棚碎屑岩-碳酸盐岩亚相；8. 陆棚碳酸盐-碎屑岩-铁锰质岩亚相；9. 水下隆起；10. 水下凹陷；11. 相区界线；12. 亚相区界线；13. 断裂；14. 物源方向；15. 海进方向。

茂县石大关剖面(伍光谦，1987)：①二叠系三道桥组，属开阔台地相，由灰、灰褐色粉-细晶灰岩、中晶灰岩夹绿灰色绢云千枚岩和钙泥质粉砂岩组成，灰岩中局部见砾屑，层理属中-厚层状，偶见水平纹层。②下三叠统菠茨沟组上段(T_1b^2)假整合于三道桥组之上，厚16.40m，属水下砂坝相，为浅灰、灰褐、深灰绿色粉砂质绢云千枚岩、泥质粉砂岩夹粉晶砂屑灰岩透镜体或薄层，层理以薄层为主，可见水平纹层。③中三叠统扎尕山组，属次深海浊积岩相，由浅灰、灰黑、灰绿色中粒长石石英砂岩、中粒长石石英杂砂岩、粉砂岩夹粉砂质绢云千枚岩、含灰质绢云千枚岩组成；杂砂岩以块状为主，局部可见粒序层。

松潘县淘金沟剖面：①二叠系三道桥组，属台地边缘浅滩相，为灰黑色砾屑白云质灰岩，层理呈中厚层状；产蜓科化石。②下三叠统菠茨沟组，假整合于下伏层之上，根据岩性组合可分上下两段；下段厚 67.2m，属近滨相，由灰白、灰黑色薄板—中厚层状灰岩和灰黑、黄灰色绢云千枚岩互层组成；上段厚 33.4m，属浅海过渡相，由上而下为绿灰色薄板状砂质灰岩和板岩互层，紫红色板岩和紫红色灰岩、夹薄层贫铁锰矿，浅灰、黄灰色薄层大理，紫红色铁质板岩夹硅质贫锰矿，灰色厚层状滞留钙质砾岩。③中三叠统扎尕山，属次深海浊积岩相，由灰色细粒石英杂砂岩组成，显块状层理。

结合黑水境内下口锰矿床及相关剖面的分析(内容见下口锰矿部分)，可以将研究区内沉积相带(图 3-5)作如下划分：

Ⅰ漳腊稳定型碳酸盐岩台地；

Ⅱ陆棚碳酸盐岩-泥质岩相；

Ⅱ-1 陆棚碳酸盐岩-铁锰质岩亚相；

Ⅱ-2 陆棚碎屑岩-碳酸盐岩亚相；

Ⅱ-3 陆棚碳酸盐岩-碎屑岩-铁锰质岩亚相；

Ⅲ陆棚-外斜坡泥质岩-碳酸盐岩相；

Ⅳ前滨-临滨沿岸砂坝。

3. 物质来源

黑水地区与根据已有资料分析，虎牙地区锰矿的成矿物质来源可能有两种：一是摩天岭古陆和龙门山古岛链风化剥蚀的产物，二是远源海底火山喷发(喷气)从深部带上来的锰，其依据如下。

(1)摩天岭古陆分布的碧口群地层含锰较高，局部已经形成了锰矿床，其风化产物可能为本区提供大量的陆源锰质。

(2)南西方向黑水地区的下口锰矿、三支沟锰矿等，锰矿石中 Co 含量较高，部分矿床已经达到综合利用的伴生组分要求；含锰层和锰矿层中 Mn、Co、Ni 元素呈正相关，存在 Co/Ni>1 或<1 的交错变化，说明成锰物质来源可能有远源海底火山喷发(喷气)提供的物源(涂光炽等，1989)。

推断区内锰矿的物质来源可能以陆源锰质为主，海源锰质是次要来源。

4. 成矿作用

虎牙式锰矿为沉积(变质)型铁锰矿床，但主要在同生沉积-成岩作用下形成，后期叠加改造成矿作用不明显。

同生沉积-成岩成矿作用主要表现在，含铁锰矿源层的沉积受古地貌的制约，它们多赋存于沉积旋回的底部或侵蚀面之上，矿体形态因侵蚀面的起伏不平而呈透镜体或似层状，矿体产状与围岩产状一致，矿物成分单一，以赤-磁铁矿、菱锰矿为主。

后期叠加改造作用主要是区域浅变质作用。根据矿区的特征看，矿石中变质热液作用不明显，局部见岩石浅变质，矿层中的石英脉起弱的贫化作用，未见明显二次成矿富集作用。

虎牙式锰矿的成矿作用可分为三个阶段（表 3-11）：

第一阶段为形成含铁锰风化带（壳）阶段。该阶段古陆上含铁、锰岩石的风化、剥蚀形成含铁、锰质风化壳（层），这时构造运动相对稳定，气候炎热干旱，处于碱性-弱碱性的氧化环境，岩石风化剥蚀速度远大于搬运速度，使铁、锰在表生作用下富集。

第二阶段为矿源层的形成阶段。该阶段含铁锰的矿源层是在特定的条件下沉积的含铁锰高的沉积岩系。其形成需要具备以下三个条件：①在陆源剥蚀区有含铁锰高的岩石或矿床；②具有能使铁锰质表生富集的构造条件与气候条件；③具有搬运与沉积的良好环境。在上述条件下含铁锰风化物以碎屑、悬浮体的形式快速搬运，沉积形成了矿区含铁锰地层三叠系下统菠茨沟组。

第三阶段为成岩阶段铁锰质的迁移富集阶段。该阶段处于上升阶段，气候较为炎热干旱，盆地收缩，水体浓缩。在整个成岩过程中沉积物所处的物理化学环境是由氧化、碱性-弱碱性-还原、酸性-弱酸性-还原、弱碱性-碱性的环境。含铁锰矿物为含锰的碳酸盐、氧化物-含铁的氧化物。在成岩作用的初期，形成赤铁矿，成矿介质中的还原剂是有机质，被还原的物质主要是 Fe^{3+}，即是磁铁矿的形成阶段。

表 3-11　成矿阶段划分表

成矿阶段	第一阶段	第二阶段		第三阶段	
形成物	含铁锰风化带	含铁锰矿源层		铁、锰矿体	
成矿作用	风化、剥蚀、表生富集	陆源锰质搬运、沉积（机械、化学）	海源锰质搬运、沉积（化学、生物）	成岩作用	
				早期	后期
介质条件	氧化、碱性、弱碱性		还原、酸性、弱酸性（pH：4~6）	还原、弱碱性、碱性	
温度压力	常温常压		T：40~90℃ P：<$300×10^5$Pa	T：100~140℃ P：<$300×10^5$Pa	
铁、锰矿物赋存形式	铁、锰主要为氧化物及碳酸盐		铁：主要为氧化物 锰：主要为碳酸盐	铁：主要为氧化物（赤铁矿、磁铁矿）锰：主要为碳酸盐（$MnCO_3$）	

5. 成矿物理化学条件

矿区沉积（变质）型锰矿床的形成，经历了含铁锰高的岩石或矿床的风化、剥蚀、含铁锰物质的搬运、沉积和成岩过程中铁锰质的迁移、富集三个成矿阶段。各成矿阶段的物理化学条件参见（表 3-11）。

综上所述，矿层赋存于三叠系下统菠茨沟组顶部，矿层之上为一套滨海相浅变质的碎屑岩(绿泥片岩)沉积，之下为一套浅海相碳酸盐岩夹少量碎屑岩，再向下为稳定碳酸盐浅海相沉积，因此，矿层形成于早三叠世海退的初期阶段；矿区围岩普遍绿泥石化、硅化、碳酸盐化看，说明矿床在后期经受过区域变质为主的变质作用；但从矿石物质组成、物相分析结果看，变质作用对锰矿的再富集作用不明显。笔者认为矿床成因类型为海相沉积(变质)型矿床。

三、下口锰矿床

下口锰矿床位于黑水县城南西 215° 方向直线距离 2km 处，行政区划隶属黑水县芦花镇(县城)所辖。中心地理坐标：东经 102°57′02″，北纬 32°01′23″。矿区有乡村公路 3.5km 至芦花镇，县城至成都有国家三级公路在汶川与都江堰—汶川高速公路相接，全长 317km，交通方便。

(一)工作程度

1984 年在该区三叠系中取样分析发现有低磷的优质锰矿，1985～1986 年冶金工业部西南地质勘查局科学研究所开展"四川省黑水地区低磷锰矿含锰岩系岩相古地理特征及锰矿成矿预测研究"，预测德石窝沟锰矿具有找矿前景。

1986～1988 年冶金工业部西南地质勘查局水文队对三支沟进行普查，1991～1993 年进行详查，1993 年 12 月提交了《四川省黑水县德石窝沟锰矿三支沟矿段详查地质报告》，探获 D+E 级锰矿 184.24 万吨(Mn 为 19.76%、P/Mn 为 0.0031)。

1986～1988 年对下口矿段 II-3、IV-1 等矿体进行普查评价，并探索锰矿石工业利用途径。初步查明锰矿层位稳定，矿体连续，厚度、品位符合工业要求。

1989～1992 年冶金工业部西南地质勘查局水文队对下口锰矿开展初步普查，1993 年 3 月提交了《四川省黑水县德石沟锰矿区下口矿段普查地质报告》。2000～2007 年四川省冶金地质勘查局水文工程大队对下口锰矿继续开展普查工作，2008 年 5 月提交了《四川省黑水县下口(优质)锰矿普查报告》，共探获 333 锰矿石量 494.58 万吨、334 锰矿石量 1852.6 万吨，Mn 品位 18.41%；伴生钴 333 资源量 1062 吨、334 资源量 3235 吨，Co 品位 0.023%。

(二)矿区地质

1. 地层

矿区内分布中下泥盆统危关组($D_{1-2}w$)、石炭系雪宝顶组(C_1x)和西沟组(C_2xg)、中二叠统三道桥组(P_2s)、下统菠茨沟组(T_1b)、中统扎尕山组(T_2zg)和杂谷脑组(T_2z)、上统侏倭组(T_3zh)等地层,其中菠茨沟组为含锰岩系,简介如下。

三道桥组:为含锰岩系的下部地层,岩性组合为深灰色含铁质斑点(黄铁矿)绢云千枚岩夹薄层泥灰岩、灰色绢云板岩与薄层钙质粉砂岩互层,橙色薄-中厚层层状钙质粉砂岩夹千枚岩,顶部为黑色千枚岩夹泥灰岩透镜体;与上覆菠茨沟组为平行不整合接触。

菠茨沟组:岩性组合总体为板岩(砂岩)夹灰岩型,按岩性组合及锰矿分布位置,由下至上分为三个岩性段。

下段由两个含铁锰质、泥质和粉砂质沉积韵律层构成,即下部为褐绿色铁锰矿层过渡为浅肉色贫锰矿,中上部为磁铁绿泥岩夹肉红色锰质条纹、条带的粉砂岩;厚19.27~42.91m。

中段为该锰矿的含矿岩性段,厚度19.47~74.44m,由上、下两个含锰韵律层构成,下部韵律层中赋存工业锰矿体;可进一步细划为五层。

第一层从下到上主要为绿灰色磁铁绿泥岩—肉红色豆荚状锰矿—绿泥千枚岩—条带状钙菱锰矿—含锰粉砂岩,厚0.5~0.8m。

第二层为锰矿体,以条带状、薄层状肉红色锰矿为主夹条纹、条带状含少量锰粉砂岩、千枚岩,厚0.5~2.63m。

第三层由绿灰色含锰绿泥千枚岩、浅紫色含锰粉砂岩、灰色条纹状钙菱锰矿或含锰灰岩、含锰粉砂岩等组成,厚0.74m。

第四层由米粒状钙菱锰矿、紫红色—肉红色条带状锰矿组成,此层锰矿品位、厚度稳定,与二分层并列平行展布,厚0.31m。

第五层由磁铁绿泥岩、绿泥磁铁岩、钢灰色磁铁锰矿、紫色-橙黄色条带状锰矿组成(磁铁锰矿为工业矿体顶部标志层)厚0.31m。上覆层由含锰绿泥粉砂岩、米黄色钙菱锰矿、含锰绿泥千枚岩夹含锰粉砂岩、黑色绿泥磁铁岩、灰白-绿灰色薄-中层状绢云粉砂岩组成,厚1.24m。

上段为含锰岩系顶部地层,中、下部为紫色含锰粉砂岩、灰绿色含锰绿泥千枚岩,上部为浅灰、绢云钙质粉砂岩与千枚岩互层,厚2.41~60.27m。

扎尕山组:为含锰岩系的上部地层,岩性以含钙质石英砂岩为主;与下伏菠茨沟组地层为整合接触,厚度>68.70m。

2. 构造

黑水地区属松潘—甘孜褶皱带的组成部分,主要以褶皱为主,断裂少量。与锰矿有关的为四美沟—瓦钵梁子复背斜,呈北西—南东向展布,长45km,其核部为古生界泥盆系危关组($D_{1-2}w$)、石炭系雪宝顶组(C_1x)和西沟组(C_2xg)、二叠系三道桥组(P_2s)地层,两翼对称分布三叠系地层。该背斜控制了黑水地区含锰层位的空间分布,是区内主要控矿构造(图3-6)。

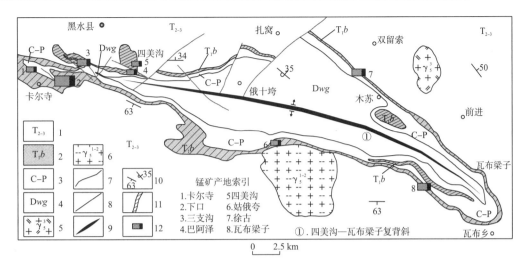

图 3-6　黑水锰矿区域构造略图

（据冶金工业部西南地质勘查局水文队，1993，修编）

1. 中上三叠统；2. 下三叠统菠茨沟组；3. 石炭-二叠系；4. 泥盆统危关组；5. 中元古界碧口群；

6. 印支期黑云母花岗岩；7. 地质界线；8. 断层；9. 背斜；10. 产状；11. 含锰地层；12. 矿产地

复背斜西段倾没端呈指状裙边褶皱，与矿床有关的次级褶皱（参见图 3-8）如下。

老熊沟背斜，位于矿区中部，西起草地梁子，东至三支沟，长大于 3500m。倾向北西或北北西，倾角 45°～75°。核部为稳定延伸的西沟组灰岩，南北两翼基本对称。背斜西部倾没端，地层倾角一般为 10°～36°，含矿层的"裙边式"揉皱现象极为常见；背斜东部倾没端被滑坡堆积物所覆盖；控制了Ⅰ3、Ⅱ3、Ⅲ3、Ⅳ3 矿体的分布。

三支沟向斜，位于老熊沟背斜之北，长大于 2400m，向斜轴线走向 290°左右，轴面倾向北或南，倾角 30°～65°；控制三支沟矿床的部分矿体的空间展布。

聂引向斜，位于矿区南西部，从三基龙五家寨通过聂引向北西部在高山地区消失，轴线呈北西—南东向延伸，被 F_2 断裂错切，北翼控制Ⅱ4 矿体、南翼控制Ⅱ5 矿体。

下口向斜，位于矿区西部，通过草地梁子向二古鲁方向延伸，轴线呈北西西—南东东向，向南倾，倾角一般 ±75°，控制了Ⅰ6、Ⅱ6、Ⅲ6 矿体空间展布。

矿区仅有北西向 F_1、F_2 断裂、具压性特征，F_2 对Ⅱ3、Ⅱ4、Ⅱ5、Ⅱ6 矿体有一定破坏性，错距 5～20m，但对矿体总貌无多大影响。

3. 岩浆岩

本区岩浆活动总体不强烈。矿区外有印支晚期的花岗岩，呈岩基或岩株产出，羊拱海—三打古岩体出露面积达 980km²。在瓦钵梁子复背斜的边缘地带，有燕山期花岗岩脉。

4. 变质作用

矿区位于松潘—甘孜褶皱系，地层均发生变形或变质，岩石组合多为变砂岩、千枚岩、板岩及结晶灰岩。显示以褶皱变形为主，变形与变质同步发生，从地层的时代和花岗岩的同位素年龄（205.9Ma）可以大致判定，区域变质-岩浆活动时期发生于三叠纪诺利克期之后、侏罗纪沉积之前，构造岩浆运动强烈，由此而形成区域浅变质岩。变质作用形成的新矿物主要有绢云母、石英、绿泥石和锰铝榴石，偶见蔷薇辉石。变质矿物组合为绢云母-绿泥石，属绢云母-绿泥石变质带，为低绿片岩相。

5. 地球物理、化学特征

1）航磁异常

据航磁资料表明，穿过黑水县东西境界的 86km 地段，出现一条走向北西西，相对升高的磁异常（ΔT 为 5～36γ），宽度 3～5km。磁异常带西起刷金寺，东至石碉楼，磁化强度具有西高东低的倾斜磁化特点，磁化方向北西，表现为梯度陡，宽度窄，延伸长，有区域线性延展之势。推测此异常带，很可能为一条近东西向的隐伏断裂及所伴随的隐伏侵入岩体引起。

2）锰的地球化学特征

通过对瓦钵梁子复背斜翼部 1/5 万分散流扫面，按下限 $1500×10^{-6}$ 圈定了 3 个异常。其中，I 号异常位于背斜南翼的俄斯库吉—二米克一带，长 10km，宽 2～4km，丰度 $1500×10^{-6}$～$3000×10^{-6}$；Ⅱ号异常位于背斜北翼的普格吉—德石沟一带，长约 12km，宽 1～4km，丰度最高为 $5000×10^{-6}$。经后来勘查工作，异常均发现了锰矿体或锰矿砖石。

（三）矿体地质

1. 矿体特征

锰矿体赋存于菠茨沟组中段内，矿层剖面结构较复杂，一般由 14 个单层（锰矿、含锰岩石互层或夹层）组成（表3-12），从上至下可组合成五层（图3-7）。

共圈出锰矿体 10 个（编号 I3、I6、Ⅱ3、Ⅱ4、Ⅱ5、Ⅱ6、Ⅲ3、Ⅲ6、Ⅳ3、Ⅳ6），受次级"指状"背、向斜控制（图3-8），矿体在走向上延伸稳定，在平面上呈"S"形对应相接，总貌呈"香肠"状。矿体之间平行展布，呈层状、似层状产出，产状与围岩产状一致，并随地层褶曲而变化，总体走向北西，倾向随次级褶皱而变化，或北东或南—南西，倾角 30°～88°。矿体出露标高最低 2393m，最高 3515m，相对高差 1122m。

表 3-12　锰矿层剖面结构特征

层号	层序	厚度（m）	物质组分特征
	14	0.03	含锰灰岩，泥晶微晶结构，由方解石及少量菱锰矿组成
A	13	0.20	锰铝榴石菱锰矿层，泥晶菱锰矿占 60%～65%，石英 15%～20%
	12	0.05	含锰方解石，绢云千枚岩，含锰方解石占 15%～20%，石英绿泥石少量
B	11	0.12	条带状菱锰矿层夹绢云千枚岩，具交代结构

续表

层号	层序	厚度(m)	物质组分特征
C	10	0.03	黑色锰方解石，绢云千枚岩，具细粒变晶结构
	9	0.08	微晶菱锰矿层夹紫红色粉砂岩
D	8	0.36	条带状菱锰矿层。
E	7	0.035	粉砂质豆状条带状菱锰矿，菱锰矿呈鱼子状集合体
	6	0.03	灰色含锰钙质千枚。
	5	0.08	条带状锰榴石、菱锰矿层，条带黑白相间
	4	0.04	灰色条纹-条带状钙质、锰铝榴石绢云千枚岩夹菱锰矿
	3	0.05	条带状锰铝榴石菱锰矿层
	2	0.04	深灰色钙质千枚岩，方解石占25%，另有绢云母和其他不透明矿物
	1	0.025	豆状、米粒状菱锰矿，千枚状构造，交代结构

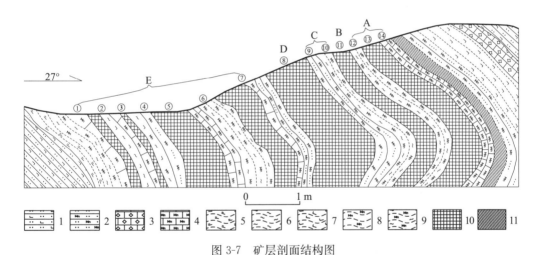

图 3-7　矿层剖面结构图

(据四川省冶金地质勘查局水文队，2008，修编)

1. 钙质粉砂岩；2. 含锰粉砂岩；3. 结晶灰岩；4. 含锰灰岩；5. 绢云母千枚岩；6. 绿泥千枚岩；
7. 钙质千枚岩；8. 含锰千枚岩；9. 含锰绿泥千枚岩；10. 条带状锰矿层；11. 磁铁矿层

1) Ⅱ3号矿体

该矿体为矿床主矿体之一，位于瓦钵梁子复背斜西段倾没端次级褶皱老熊沟背斜之北翼及 F_2 断裂西盘，海拔标高 2393～3705m，被北西走向 F_2 断层错切；控制长度 2707m，走向北西，倾向 40°～65°、倾角 36°～87°。矿体呈似层状产出，厚度 0.90～4.29m、平均 2.10m；Mn 品位 15.53%～26.14%、平均 18.81%。P 为 0.032%～0.200%、平均 0.074%，TFe 为 3.50%～14.90%、平均 5.03%，SiO_2 为 32.14%。P/Mn为 0.0015～0.0100、平均 0.0039，Mn/Fe 为 1.3～6.2、平均 3.7。地表为氧化锰

矿或半氧化锰矿，氧化深度一般 10～15m，但在构造破碎带处氧化深度较大，超过 15m 以上；坑道内均为原生碳酸锰矿石。矿体顶板为含绿泥磁铁岩，底板为含锰粉砂岩。

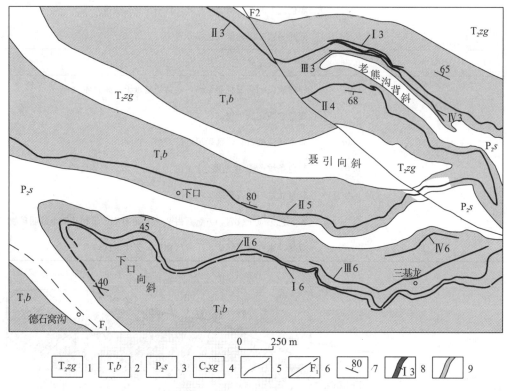

图 3-8　下口锰矿床地质略图

（据四川省冶金地质勘查局水文队，2008，修编）

1. 三叠系中统扎尕山组；2. 三叠系下统菠茨沟组；3. 二叠系三道桥组；4. 石炭系西沟组；5. 地质界线；
6. 实、推测断层及编号；7. 产状；8. 锰矿体及编号；9. 含锰地层

2）Ⅰ3号矿体

该矿体分布于矿区北东侧，位于老熊沟背斜北翼，出露海拔标高 2818～3120m，控制长度 2615m，倾向 30°～67°，倾角 36°～87°；厚度 0.43～1.42m、平均 0.69m；Mn 为 14.50%～22.74%、平均 17.24%，P 为 0.042%～0.220%、平均 0.080%，TFe 为 3.87%～7.86%、平均 5.17%，SiO_2 为 27.61%。P/Mn 为 0.0024～0.0133、平均 0.0046，Mn/Fe 为 2.1～4.3、平均 3.3。

3）Ⅰ6号矿体

该矿体分布于矿区南侧，位于下口向斜北翼，海拔标高 2570～3085m，控制长度 4129m，倾向 207°～253°，倾角 31°～63°；厚度 0.51～2.80m、平均 1.39m；Mn 为 15.25%～26.49%、平均 18.09%，P 为 0.025%～0.267%、平均 0.100%，TFe 为 3.42%～12.23%、平均 6.24%，SiO_2 为 30.76%。P/Mn 为 0.0011～0.0158、平均 0.0055，Mn/Fe 为 1.5～7.5、平均 2.9。

4)Ⅱ4号矿体

该矿体分布于矿区北东侧，位于老熊沟背斜南翼，海拔标高2396～3000m，西段被成矿后的横断层F_2错切，控制长度1332m，倾向190°～200°，倾角46°～85°；厚度0.45～2.84m、平均1.43m；Mn为15.00%～21.98%、平均17.92%，P为0.035%～0.147%、平均0.080%，TFe为3.86%～6.39%、平均5.48%，SiO_2为33.23%。P/Mn为0.0019～0.0096、平均0.0045，Mn/Fe为2.8～4.8、平均3.3。

5)Ⅱ5号矿体

该矿体为主矿体之一，分布于矿区中部，位于聂引向斜的南翼，出露海拔标高2446～3380m，东端被成矿后的北西走向横断层F_2错切，控制长度3841m，控制斜深约240m(图3-9)；矿体总体走向北西西，倾向170°～355°，倾角44°～88°；厚度0.59～4.83m、平均1.66m；Mn为15.23%～27.55%、平均19.00%；P为0.024%～0.441%、

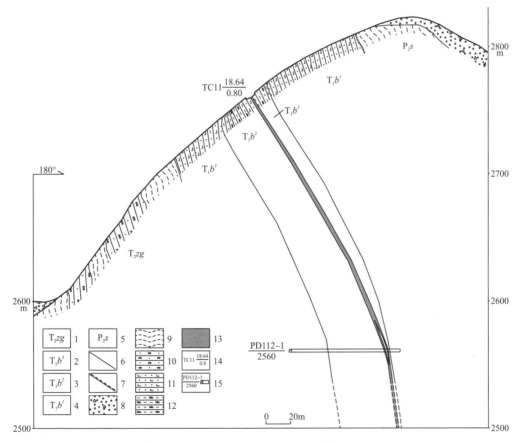

图3-9 下口锰矿床112号勘查线剖面图

(据四川省冶金地质勘查局水文队，2008，修编)

1. 三叠系中统扎尕山组；2. 三叠系下统菠茨沟组上段；3. 三叠系下统菠茨沟组中段；4. 三叠系下统菠茨沟组下段；5. 二叠系三道桥组；6. 地质界线；7. 平行不整合界线；8. 浮土；9. 千枚岩；10. 杂砂岩；11. 钙质粉砂岩；12. 含锰粉砂岩；13. 锰矿体；14. 槽探锰平均品位及厚度；15. 坑道编号及标高

平均 0.066%，TFe 为 3.25%～15.12%、平均 5.14%，SiO_2 为 35.60%。P/Mn 为 0.0009～0.0272、平均 0.0035，Mn/Fe 为 1.1～8.7、平均 3.6。

6）Ⅱ6 号矿体

该矿体分布于矿区南侧、受下口向斜控制，海拔标高 2570～3070m，控制长度 4613m，倾向 172°～265°，倾角 31°～55°；厚度 0.53～6.73m、平均 1.69m；Mn 为 15.06%～26.99%、平均 18.31%，P 为 0.037%～0.318%、平均 0.108%，TFe 为 3.12%～10.45%、平均 5.90%，SiO_2 为 25.63%。P/Mn 为 0.0017～0.0146、0.0059，Mn/Fe 为 1.8～7.7、平均 3.1。

7）Ⅲ3 号矿体

该矿体位于Ⅱ3 南侧、平行分布，海拔标高 2816～3108m，控制长度 2568m，倾向 40°～67°，倾角 36°～87°；厚度 0.50～2.46m、平均 1.78m；Mn 为 15.00%～25.49%、平均 18.60%，P 为 0.028%～0.115%、平均 0.057%，TFe 为 2.48%～6.80%、平均 4.09%，SiO_2 为 35.55%。P/Mn 为 0.0011～0.0054、平均 0.0031，Mn/Fe 为 3.0～10.3、平均 4.5。

8）Ⅲ6 号矿体

该矿体位于Ⅱ6 东段北侧，海拔标高 2540～3005m，控制长度 1465m，倾向 172°～265°，倾角 48°；厚度 1.40～2.58m、平均 1.96m；Mn 为 15.60%～21.96%、平均 18.46%，P 为 0.033%～0.228%、平均 0.106%，TFe 为 4.17%～8.74%、平均 5.68%，SiO_2 为 35.01%。P/Mn 为 0.0015～0.0118、平均 0.0058，Mn/Fe 为 2.2～4.1、平均 3.2。

9）Ⅳ3 号矿体

该矿体位于Ⅲ3 南侧，出露标高 2390～3098m，控制长度 1046m，倾向 40°～67°，倾角 36°～87°；厚度 0.50～1.25m、平均 0.71m；Mn 为 15.01%～21.04%、平均 18.38%，P 为 0.025%～0.210%、平均 0.088%，TFe 为 3.85%～10.69%、平均 5.82%，SiO_2 为 33.83%。P/Mn 为 0.0016～0.0132、平均 0.0048，Mn/Fe 为 1.5～4.6、平均 3.2。

10）Ⅳ6 号矿体

该矿体分布于Ⅲ6 北侧，出露标高 2662～2995m，控制长度 600m，倾向 172°～265°，倾角 30°；厚度 0.83～1.53m、平均 1.18m；Mn 为 16.91%～19.21%、平均 18.06%，P 为 0.050%～0.310%、平均 0.111%，TFe 为 3.65%～9.32%、平均 5.64%，SiO_2 46.79%。P/Mn 为 0.0026～0.0183、平均 0.0105，Mn/Fe 为 1.8～5.3、平均 3.5。

2. 矿石化学成分

矿石主要有益组分 Mn 最低 14.50%、最高 27.55%、平均 18.41%。TFe 最低 2.48%、最高 15.12%，平均 5.19%；有害元素 P 含量最低 0.024%、最高 0.441%，平均 0.080%；SiO_2 平均 33.62%；烧失量 11.42%，CaO 为 6.28%，MgO 为 2.18%，Al_2O_3 为 9.68%。据基本分析结果统计，Mn 含量≥25%仅占 1.9%，平均小于 20%，属

低品位贫锰矿。

据组合分析统计，地表矿石 Mn 为 20.09%，TFe 为 4.36%，P 为 0.050%，SiO_2 为 33.38%，烧失量 10.50%；原生矿(坑道内样品)Mn 为 18.77%，TFe 为 4.15%，P 为 0.043%，SiO_2 为 31.47%，烧失量 16.22%；可见深部原生矿的烧失量增高，其余变化不大。

矿石主要含锰碳酸盐矿物、硅酸盐矿物等的化学成分经电子探针分析(表 3-13)，锰矿物含锰量变化较大(35%~40%)，出现铁、镁、钙类质同像系列矿物，共生关系密切。

表 3-13　含锰矿物电子探针分析表

矿物名称	分析项目($W_B/10^{-2}$)						
	MnO	CaO	MgO	FeO	SiO_2	Al_2O_3	CoO
铁菱锰矿	37.76	3.62	4.70	13.63	0.03	—	—
镁铁菱锰矿	24.28	3.33	13.34	15.91	0.01	—	—
菱锰矿	51.76	7.79	0.05	0.85	0.04	—	—
钙菱锰矿	42.03	11.74	4.15	1.27	0.00	—	—
菱锰矿	48.97	7.43	1.27	1.55	0.00	—	—
菱锰矿	59.55	0.45	0.74	1.33	—	—	—
菱锰矿	48.10	2.50	1.55	7.44	—	—	—
锰方解石	32.24	12.90	3.52	10.92	—	—	—
含锰方解石	6.45	47.44	0.65	1.51	—	—	—
锰铝榴石	37.00	3.95	0.24	3.69	36.60	19.16	—
锰铝榴石	39.14	—	—	1.39	35.51	19.65	—
自形晶磁铁矿	0.21	0.03	—	91.50	—	—	0.15
不规则状磁铁矿	1.22	0.15	0.35	91.10	—	—	0.15
磁锰铁矿	26.72	0.63	0.44	60.70	0.75	0.54	

对含钴矿物电子探针分析(表 3-14)得知，As、Co、Ni 三元素可构成系列矿物相。Co 为锰矿的伴生有益组分，Co 的平均含量 0.023%。Co 80%以上赋存于硫化物中，其次赋存于氧化物中。

表 3-14　含钴矿物电子探针分析表

矿物名称	分析项目($W_B/10^{-2}$)					
	Ni	As	Co	Mn	S	Fe
辉砷钴(镍)矿	16.83	44.47	17.22	0.10	20.06	1.02
辉砷钴矿	6.10	44.82	27.11	少量	20.89	—
砷镍矿	44.55	47.79	4.32	1.55	0.00	0.25

根据基本分析，各个矿体中伴生 Co 元素的含量变化较大，有的矿体 Co 含量低达不到伴生组分要求（如Ⅰ3 矿体等）；有的矿体则部分达到伴生组分要求，Ⅰ6 矿体 Co 含量 0.016%～0.0371%，Ⅱ5 矿体 Co 含量 0.009%～0.038%，Ⅱ6 矿体 Co 含量 0.0150%～0.0325%，部分达到 0.02%，有的则达到伴生组分要求，Ⅱ3 矿体 Co 含量 0.0160%～0.0880%、平均 0.0224%，Ⅱ4 矿体 Co 含量 0.0120%～0.0276%、平均 0.0220%。

3. 矿物组分

区内深部为原生锰矿，其矿石矿物有含锰碳酸盐矿物，约占 46%（菱锰矿 19%、钙菱锰矿 15%、锰方解石＋含锰方解石 12%），硅酸锰矿物，约占 21.5%（锰铝榴石、蔷薇辉石和红帘石）；地表氧化矿石矿物主要有软锰矿、硬锰矿、褐锰矿和黑锰矿等；另有含钴矿物。脉石矿物主要为方解石（5%）、铁菱镁矿（1%）、磁铁矿类（3%）、石英及黏土类（23%）、绿泥石、白云母、赤（褐）铁矿、黄铁矿、黄铜矿等，少量磷灰石、石膏等。矿物特征如下。

菱锰矿：黑紫、紫褐、黄褐、黄粉红、粉红、灰色，颗粒细-微细-不规则状，按含锰量的多少经电子探针分析可细分为高锰菱锰矿（Mn>40%、粒径<0.05mm）、中锰菱锰矿（Mn37%～40%）、低锰菱锰矿（Mn<37%、粒径 0.02～0.005mm），与锰铝榴石紧密镶嵌，构成条带和层状体。

钙菱锰矿：多呈深灰色，自形-半自形变斑状，粒径 0.2～0.02mm，与锰方解石、黏土类矿物镶嵌。

铁（镁）菱锰矿：局部出现，自形-半自形粒状，晶粒一般>0.02mm。

锰方解石：灰色，多为隐晶质，呈云朵状、球状或串珠、假鲕、条缕等，颗粒一般 0.2～0.05mm。

锰铝榴石：粉红、褐黄色，呈八面体形，多为单晶，少为集晶，晶粒一般 0.02～0.005mm，在条带和微层中，多呈鱼子状、丘疹状，晶粒间常被菱锰矿、锰方解石、黏土充填、胶结。

磁铁矿：矿物形态有三种，①自形晶，呈八面体，晶粒一般 0.03～0.05mm，大者达 0.2mm，嵌布疏密不一，显微变斑结构，与绿泥石、石英构成层状铁矿层；②海绵状，主要构成自形磁铁矿为基质，呈层状；③尖点状，分布较普遍，粒径 0.03～0.001mm，呈丝毛条状，排列与微层理一致。此外，区内还偶见假象赤铁矿和镜铁矿等，多与磁铁矿共生形成薄层状铁矿（0.001～0.06mm）。

磁锰铁矿：呈尖点和丝条状，一般<0.03mm，与黑褐色菱锰矿关系密切，顺层分布。

氧化锰：主要分布在地表，有硬锰矿、软锰矿（锰土类），与石英、白云母、菱锰矿伴生，呈皮壳状或皮壳混合体产出。

辉砷钴（镍）矿：为乳白色、玫瑰色，呈半自形晶粒状或碎屑状，颗粒一般 0.01～0.005mm，与菱锰矿和锰铝榴石较富集的条带（层）关系密切。

砷镍矿：自形粒状和碎屑状，浅玫瑰色，颗粒一般为 0.01～0.005mm，个别可达 0.03mm，与前者共生。

据矿石化学物相分析（表 3-15），原生锰矿石主要以碳酸锰为主，其分布率 48.17%～69.00%，次为硅酸锰，分布率占 29.02%～42.18%，氧化锰所占比例低，仅为 1.98%～11.68%。氧化锰矿石主要以氧化锰为主，占 55.75%～87.10%，碳酸锰占 5.88%～25.52%，硅酸锰占 7.02%～19.81%。

表 3-15　锰化学物相分析结果表（%）

样号		碳酸盐锰	氧化锰	硅酸锰	合计
Mn1（氧化）	含量	3.09	15.34	2.73	21.71
	分布率	14.23	72.96	12.81	100.00
Mn2（氧化）	含量	3.17	16.88	1.64	21.69
	分布率	14.62	77.82	7.56	100.00
Mn3（氧化）	含量	1.24	18.37	1.48	21.09
	分布率	5.88	87.10	7.02	100.00
Mn4（氧化）	含量	1.96	16.78	4.63	23.37
	分布率	8.39	71.80	19.81	100.00
Mn5（氧化）	含量	5.29	11.92	3.52	20.73
	分布率	25.52	57.50	16.98	100.00
Mn6（原生）	含量	9.51	2.06	7.94	19.51
	分布率	48.74	10.56	40.70	100.00
Mn7（原生）	含量	14.60	0.42	6.14	21.16
	分布率	69.00	1.98	29.02	100.00
Mn8（原生）	含量	10.73	2.52	8.32	21.57
	分布率	49.75	11.68	38.57	100.00
Mn9（原生）	含量	8.80	1.80	7.67	18.27
	分布率	48.17	9.85	41.98	100.00
Mn10（原生）	含量	8.80	1.11	7.23	17.14
	分布率	51.34	6.48	42.18	100.00

4. 矿石结构构造

矿石结构有显微粒状镶嵌结构、斑状或似斑状变晶结构、自形粒状结构、隐晶结构、粒状变晶结构、泥质结构。

显微粒状镶嵌结构：菱锰矿、锰方解石和含锰方解石等碳酸盐矿物，粒径 0.1～0.01mm，呈镶嵌状与锰铝榴石、黏土矿物伴生一起。

斑状或似斑状变晶结构：钙菱锰矿的自形晶镶嵌在微晶和隐晶碳酸盐、黏土矿物中，自形晶锰铝榴石(较大的 0.03mm)稀疏嵌在含锰碳酸盐中，自形八面体的磁铁矿分散在由显晶-隐晶质绿泥石、石英及碳酸盐组成的基质中。

自形粒状结构：矿石中锰铝榴石、磁铁矿、钙菱锰矿、白云母、砷镍矿、黄铁矿结晶完美，且富集构成条带，呈微层、条脉、散点产出。

隐晶结构：含锰量不定的碳酸盐、黏土类、胶体或半胶(体)状硅质等，矿物粒径小于 0.01mm，局部可见菱锰矿呈层状。

粒状变晶结构：菱锰矿、钙菱锰矿、锰方解石等碳酸盐矿物形态各异，呈假鲕状、云朵状、树枝状、串珠状等，变晶的粒度数微米至数十微米。

泥质结构：主要表现为黏土类矿物富集处，粒度均小于 $10\mu m$。

矿石构造有致密块状构造、层状构造、似层状或透镜状构造、条带状或斑杂状构造，氧化矿石类的皮壳状构造或被膜状构造、网脉状构造、角砾状构造，以前三者为主。

5. 矿石类型

锰矿石自然类型主要为原生矿，地表有少量氧化矿；以组成矿石的主要矿石矿物划分为以碳酸锰矿石为主，次为硅酸锰矿石，仅地表为氧化矿石

锰矿工业类型为冶金用锰矿石。锰含量 14.50%～27.55%，平均为 18.41%，属贫锰矿石；P/Mn 为 0.0009～0.0272，平均 0.0043，属低-中磷锰矿；Mn/Fe 为 1.1～10.3，平均 3.5，属中铁矿石；SiO_2 为 32.05%，属高硅矿石；矿石碱度$(CaO+MgO)/(SiO_2+Al_2O_3)$为 0.20，属酸性矿石。属低-中磷中铁酸性高硅贫锰矿石。

6. 矿体围岩及蚀变

矿体顶、底板围岩为薄-中厚层状浅绿灰色绢云钙质粉砂岩、绢云千枚岩、绿泥千枚岩、灰岩和磁铁绿泥岩。受后期区域变质作用影响，围岩有不同程度的蚀变，主要有硅化、碳酸盐化、绢云母化、大理岩化等，有锰铝榴石、蔷薇辉石等形成，但总体看蚀变弱，对锰矿的再富集作用不明显。

(四)矿石选冶性能

(1)1986 年采混合矿石试样 3 件，经四川省冶金研究所试验，磁选后锰精矿品位分别达到 25.97%、26.68%、26.99%，回收率分别为 75.09%、70.12%和 75.30%。

(2)1987 年原生矿石经中南冶金地质研究所试验，经湿式强磁选，精矿含 Mn25.77%，回收率 82.45%；干-湿式强磁选，精矿含锰 25.14%，回收率 80.21%。

(3)2005 年原生锰矿石，经西南冶金地质测试中心进行了"重选-强磁选"选矿试验，锰矿的回收率为 56.45%，回收率较低，但有 21.78%的锰存在于选矿工艺的磁选中矿产品中，这部分锰可进一步得到回收和利用，使锰的总回收率达到 80%±。

(4)1989 年华西电冶厂采集黑水锰矿 100 吨进行生产性试验，先生产富锰渣(表 3-16)，然后再生产硅锰合金(表 3-17)，产品符合国家标准。

表 3-16　富锰渣冶炼主要技术经济指标

原矿品位 Mn(10^{-2})	矿耗（吨）	焦耗（吨）	电耗（千度）	含锰生铁（吨）	锰回收率（%）	富锰渣 Mn(10^{-2})	P/Mn	Mn/Fe
21.56	1.31	0.034	1.48	0.13	93.36	26.26	0.00053	30.18

表 3-17　硅锰合金试验产品对比表

入炉锰品位（10^{-2}）	产品名称	试验方法	富锰渣锰（%）	合金锰回收率（%）	合金成分（%）				
					Mn	Si	C	P	S
21.56	$Mn_{60}Si_{12}$	电炉	26.26	79.01	64.22	14.99	2.66		
	$Mn_{60}Si_{14}$	二步法	26.26	76.43	61.59	16.77	2.25	0.061	0.028
	$Mn_{60}Si_{17}$	二步法	26.26	73.55	60.51	18.66	1.43	0.065	0.024

(5)2001 年，四川岷江电解锰厂取黑水锰矿样 100 吨，采用硫酸作介质的电解金属锰，耗酸量小，矿酸比为 1：0.3108，浸出率为 56.95%，产品金属锰外观色泽为银白色，化学成分稳定，符合标准。

综上所述，通过对锰矿矿石选冶试验、研究，进一步肯定了该矿的可利用性及其经济价值。

(五)矿床成因

1. 成矿地质环境

下口锰矿床位于前述大坪锰矿床之南西，二者的大地构造位置和成矿区带相同，均分布于可可西里—松潘周缘前陆盆地东缘之马尔康—松潘边缘海成锰盆地中。

该区出露有古生界、中生界地层，为滨-浅海陆棚相含铁锰碳酸盐岩为主夹碎屑岩建造，包括石炭系下统雪宝顶组（C_1x），石炭系上统西沟组（C_2xg），二叠系中统三道桥组（P_2s），三叠系下统菠茨沟组（T_1b），三叠系中统扎尕山组（T_2zg）、杂谷脑组（T_2z）等。在瓦钵梁子背斜的南侧、北侧均有燕山晚期花岗岩分布。

华力西运动末期，后龙门山上升隆起，作为巴颜喀拉—马尔康盆地的东海岸，随着特提斯海水的侵入，开始了三叠纪的沉积历史。构造运动造就了凸凹不平的巴颜喀拉—马尔康海盆的基底地貌，较场、石大关可能是古地形的隆起部位，这种起伏不平的古地形，控制着早三叠统菠茨沟组的古地貌。

黑水地区铁锰矿均分布在区内瓦钵梁子复背斜两翼，以西段两翼及倾伏部位分布集中，分布有下口、三支沟、四美沟、卡尔寺等矿床点；东段亦有锰矿分布，如瓦钵梁子、徐古、姑俄夸等。

2. 岩相古地理

研究区南东侧为龙门山古岛川滇古陆，东侧为摩天岭古陆，属特提斯海域，位于马尔康—松潘沉积盆地东侧的成锰盆地区域，处于虎牙的南西，与虎牙锰矿相比距离古陆相对较远些。

印支拉丁期，古特提斯海的断裂活动表现为：由西向东形成了澜沧江、金沙江断裂以及义敦—石鼓—点苍山—哀牢山岛弧，东侧的拉张或断陷，并伴随强烈的火山喷发（刘红军等，1994），喷溢到海水中的热水溶液，含部分 Fe、Mn 等溶解度较高的元素，被强大的海底洋流带到远处，数百乃至上千千米外的盆地内沉积。此时，Fe、Mn 分离往往较好，黑水地段锰矿与铁矿体二者之间是分离开并间隔有一定的距离，亦说明此。而砂、泥质可能来自东边的摩天岭古陆和龙门山岛弧剥蚀区。

区内锰矿与夹石层呈互层叠置，可认为是古特提斯洋流自西向东或自东向西循环有序对流的结果。而对于铁、锰沉积，Pono 和 Catgce 认为，慢速扩张的洋脊的热水作用频率低，但规模较大，多是铁、锰沉积物。当处于平衡活动期则沉淀富铁黏土泥，再就是锰的氧化泥的沉积。

锰的地球化学行为与铁近似，但比铁活跃，一般认为，在 pH=7.8 的弱碱性介质中，二价碳酸盐会大量沉淀，其值继续增大，则有钙菱锰矿-锰方解石析出，因而本区出现锰碳酸盐矿物系列，与其沉积环境的 pH 有序变化的物理化学条件有关。

矿区含矿地层为下三叠世菠茨沟组，含矿层之下为三道桥组，之上为中三叠世扎尕山组。

根据黑水县德石窝沟剖面（伍光谦，1987），与下口锰矿含矿地层相关的岩性、岩相概况如下。

二叠统三道桥组，属开阔台地相。上部由灰、灰黑、黄灰色微-粉晶含生物屑砂屑灰岩、微-粉晶砂屑灰岩和泥质粉砂岩组成。含海百合、珊瑚和有孔虫。下部为砾屑灰岩，砾屑大小不等，具一定定向性。局部见石英岩漂砾（可能为台地边缘斜坡相）。层理以中层为主，少量可达厚层。毫米级水平纹层较普遍。

下三叠统菠茨沟组（T_1b），下段厚 22m，属滨岸沼泽相、近滨相，底部为黑色炭质绢云千枚岩，含炭质 10%～15%，系富含有机质的泥炭变质而成，推测为滨岸沼泽相；中、上部为深灰、灰色微晶粉屑灰岩、含泥粉屑灰岩夹砂质绢云千枚岩互层，层理呈页状-薄层状，水平纹层明显，推测为近滨碳酸盐与陆源碎屑混合沉积相。上段为含锰岩系，属浅海陆棚相，岩石组合比较复杂，主要由粉砂质绢云千枚岩、微-粉晶粉屑灰岩和变泥钙质粉-细砂岩组成；有 5 个含锰层，单层厚 0.1～3.07m，累计厚度可达 26.61m，层理以薄层状为主，间夹中层状，局部见韵律层，毫米级水平纹层普遍，有的薄层中含有珊瑚、有孔虫化石。

中三叠统扎尕山组，仅研究了该组底部，属次深海浊积岩相，由深灰、暗灰色长石石英杂砂岩夹绿泥绢云千枚岩组成。

矿层为含炭碎屑岩、碳酸盐岩，因此当时气候条件比较温暖、潮湿，铁、锰矿是在弱氧化-还原弱碱性条件的正常盐度的浅海环境中形成。

黑水成锰区菠茨沟组晚期岩相古地理环境为浅海陆棚碳酸盐-碎屑岩-铁锰质岩亚相（见图 3-5）。从矿区菠茨沟组地层的分布及保存的厚度以及相邻地区其他矿床的相关剖面，初步分析认为，黑水地区为半局限盆地，可能存在一个水下凹陷——瓦布梁子水下洼地，该洼地之北东为校场水下隆起、热窝西水下隆起。总体上看，在瓦钵梁子复背斜分布的区域，菠茨沟组亦存在厚度的变化，说明可能还存在更次一级的水下隆起和凹陷，厚度的变化控制了锰矿的分布，同时说明当时沉积环境的微变化。本区的沉积相、铁锰矿产的展布，受这种特定的古地理格局控制。

3. 物质来源

黑水地区与前述大坪锰矿所在虎牙地区同属一个沉积盆地，因此，成矿物质来源与大坪锰矿基本相同，既有古陆风化剥蚀的产物，又有远源海底火山喷发（喷气）从深部带上来的锰。

微量元素地球化学的研究显示，下口锰矿床、三支沟锰矿床的 Co/Ni>1~2，出现于锰矿、千枚岩及泥质灰岩中，由此推测，菠茨沟组中的锰（铁）质很可能来自川西地区金沙江—义敦印支火山岛海。尤其是华力西晚期的峨眉山玄武岩事件，为区域内海水带来大量海源锰、铁质，并被强大的洋流带到盆地边缘沉积；含锰层和锰矿石中 Mn、Co、Ni 元素呈正相关，且 Co/Ni 值有韵律性的变化；此外，Ti/V 值的变化也证明这种认识（伍光谦，1987）。

上述说明区内锰矿的物质来源，并推断可能海源锰质为主，陆源锰质是次要来源。结合黑水地区微量元素 Co、Ni 含量与虎牙地区相比要高的情况，并且距离海底火山活动区域要近些，由此推测黑水地区陆源锰质可能比虎牙地区少些。

4. 成矿作用

成岩作用成矿可能是本区形成锰矿的主要成矿作用。海源锰质与陆源碎屑物质在比较安静的沉积盆地中缓慢堆积，形成初始含锰岩层；本区铁、锰层分离较好，除沉积分异作用外，在成岩过程中，由于锰元素活动性较大，按活动性 Fe<P<Mn，故 Fe 在成岩过程中富集程度最小，而 Mn 富集程度却最大，从而在含锰层中富集成薄层状矿体。

在成岩作用中锰的矿物相会发生转变。本矿床的铁、锰层分离较好，除沉积分异作用外，成岩作用对原始沉积的氧化锰，通过溶液的还原反应，可富集形成碳酸锰矿层。与东部虎牙地区相比，该区锰与铁的分离程度较高，锰矿中铁的含量较低，而虎牙地区锰矿中铁含量总体较高。同时，黑水地区锰矿中磷含量较低，虎牙地区锰矿中磷含量高，两者亦形成比较鲜明的对比，其原因可能是沉积成矿时期两个地区的岩相古地理环境存在较大的差异，或可能是虎牙地区距离古陆较近、锰与磷的分异程度差造成的。

区域虽然有印支期的岩浆岩分布，并经历区域性的变质作用，形成一些如锰铝榴石、蔷薇辉石和红帘石等矿物（故有研究者认为是沉积变质型），但对锰矿的成矿并不是主要因素。与东部虎牙地区相比较，黑水地区的变质程度明显比虎牙地区要深一些，变质作用对锰矿床的后期改造影响也比虎牙地区要多一些。笔者认为，黑水地区锰矿的形成总体以沉积、成岩作用为主体，后期的变质作用可能对锰矿有一定的作用。

综上所述，下口锰矿主要受下三叠世菠茨沟组的层位控制，分布范围受早三叠世晚期马尔康—松潘盆地东缘的岩相古地理环境控制，成因属海相沉积(变质)型锰矿床。

四、成矿模式

1. 成矿要素

详细研究大坪锰矿与成矿有关的各类地质要素，总结出虎牙式锰矿大坪典型矿床与成矿有关的各类要素(表 3-18)。

表 3-18　虎牙式锰矿大坪矿床成矿要素一览表

成矿要素		描述内容
特征描述		产于下三叠统菠茨沟组上段中的浅海过渡相沉积(变质)型铁锰矿
地质环境	构造背景	位于 II_{1-1-2} 马尔康前陆盆地东缘之松潘边缘海成锰盆地
	成矿区带	松潘—平武 Au-Fe-Mn 成矿亚带($III-30-①$)
	成矿环境	半浅海成因碳酸盐岩和陆源碎屑混合沉积环境
	成矿时代	早三叠世
	含矿建造	杂色多陆屑内源异地含碳酸盐岩建造
矿床特征	控矿条件	含矿层：三叠系下统菠茨沟组上段(T_1b^2)
		沉积相：浅海陆棚过渡沉积亚相
		容矿岩石：含铁锰质片岩、千枚岩、薄层灰岩
	矿体特征	含矿层可细分为下部副矿层(1~3 层)、中部主矿层(4~7 层)、上部副矿层(8~11 层)，矿床处仅中矿层具工业价值。圈定铁锰矿体、铁矿体各 1 个，一般呈层状、似层状产出。倾向 151°~191°，倾角 14°~39°、平均 26°。铁锰矿体出露长 11560m，控制长 10070m，厚度 0.51~1.82m、平均 0.69m，Mn 为 15.22%～29.38%、平均 20.92%，TFe＋Mn 为 25.32%～44.23%、平均 34.04%，P 为 0.471%，SiO$_2$ 为 26.44%。空间上与铁锰矿体异体共生的铁矿体，厚度 0.48~1.93m、平均 0.69m，TFe 为 25.80%～54.70%、平均 39.68%，P 为 1.371%，S 为 0.063%。累计探获铁锰矿 333 类矿石量 1759.26 万吨、334 类 1239.69 万吨；另探获铁矿 333＋334 类矿石量 3041.15 万吨
	矿物组合	铁锰矿：矿石矿物为菱锰矿、锰铝榴石、赤铁矿；脉石矿物为石英、碳酸盐、绿泥石、绢云母 铁矿：矿石矿物为磁铁矿、赤铁矿等；脉石矿物为石英、绢云母、长石、云母、绿泥石、碳酸盐、石榴石、尖晶石 锰矿：矿石矿物为菱锰矿、锰铝榴石及少量氧化锰、蔷薇辉石等；脉石矿物为石英、方解石、绿泥石、绢云母
	结构构造	锰矿：细粒结构、隐晶质结构、块状构造、条带状构造。铁矿石：不等粒变晶及显微鳞片变晶结构，条带状构造，赤铁矿呈显微鳞片状，磁铁矿呈不等粒粒状(半自形-自形晶粒)
	蚀变	围岩蚀变弱，有硅化、碳酸盐化、黄铁矿化、大理岩化

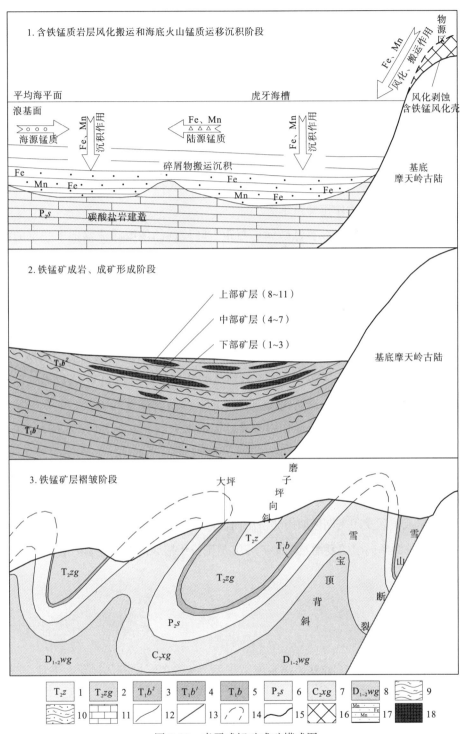

图 3-10 虎牙式锰矿成矿模式图

1. 三叠系中统杂谷脑组；2. 三叠系中统扎尕山组；3. 三叠系下统菠茨沟组上段；4. 三叠系下统菠茨沟组下段；5. 三叠系下统菠茨沟组；6. 二叠系三道桥组；7. 石炭系西沟组；8. 泥盆系危关组；9. 绿泥石片岩；10. 砂质绿泥石片岩；11. 灰岩；12. 地质界线；13. 断裂；14. 地层复原界线；15. 地形轮廓；16. 铁锰风化壳；17. 铁锰质碎屑物；18. 铁锰矿体

2. 成矿模式

根据以上分析，概括成矿规律如下：

（1）铁、锰矿赋存于下三叠统菠茨沟组上段，这是矿床的必要条件；

（2）锰矿的层数、质量与菠茨沟组上段的厚度呈正相关；

（2）锰矿层受一定的岩相控制，页岩-非碎屑岩相对成矿较有利；

（4）铁、锰矿的聚集与古陆的远近相关，在古陆边缘的低洼槽盆中，富氧、水介质为弱酸-弱碱性，形成赤-磁铁矿为主夹高硅高磷贫锰矿。

（5）本区 Mn 的富集系数高，显示了高的区域背景值，但未发生明显的第二次富集作用，即与本区区域变质作用关系不大。

（6）本区高磷锰矿中赋存有低磷锰矿与距古陆较远的浅海滞流盆地中一定的沉积微相（内、外陆棚）有关，与锰质的多来源有关。

根据上述成矿规律，按照岩相古地理特征，成岩（成矿）的空间分布构造特征，建立成矿模式（图 3-10）。

由图 3-10 可见：

（1）靠近摩天岭古陆边缘的浅海陆棚过渡带的低洼区富氧，水介质为弱酸-弱碱性，古陆风化剥蚀提供铁、锰质来源。在一套浅海碳酸盐相（P_2s）基础上形成以赤铁矿为主的碳酸盐碎屑岩建造。形成以赤铁矿-磁铁矿为主的高硅高磷贫锰沉积。

（2）成岩成矿作用以沉积分异作用和成岩作用为主，形成下部（1～3 层）含铁锰矿碎屑沉积，中部（4～7 层）赤-磁铁矿夹碳酸盐沉积和上部（8～11 层）含铁锰的碎屑岩沉积，形成本区虎牙式铁锰矿，含矿层总体上部、下部层不稳定，而以中部层稳定，在区域内具工业价值。

（3）成岩成矿后受印支期区域南北挤压而使区内矿层与 D_2wg、Cx、P_2s、T_1b 系地层形成轴向东西轴面倾向南的复褶皱，而矿层 T_1b^2 则位于褶皱两翼，控制矿层空间分布。

五、找矿标志

1. 直接标志

地表可见锰矿、铁锰矿或铁矿露头或钢灰色、灰黑色锰矿石的风化、淋滤堆积物（锰帽）或转石以及采矿老窑等。

2. 间接标志

1）地层岩性标志

（1）三叠系下统菠茨沟组（T_1b）下段的上部以薄层大理岩化灰岩为主，为矿体底板，这套岩性附近有找铁锰矿的可能。

（2）在菠茨沟组（T_1b）下段薄层灰岩上部，当变泥钙质粉-细砂岩与粉屑灰岩交互出现，其岩比又近 1∶1 时对成矿有利，在岩性交替频繁的部位寻找工业铁锰矿体。

（3）一般 Co/Ni、Mn/Fe 高时对成矿有利。

（4）锰矿层质量与菠茨沟组上段(T_1b^2)厚度相关，一般厚度≥40m 对成矿有利。

（5）若在(T_1b)地层出露厚度不大，若仅有一二层含铁锰层，表明处于古沉积洼地边缘有一定成矿条件，应向古沉积盆地中心部位，即厚度大部位寻找。

2）地球物理化学异常标志

（1）已知锰矿床(点)均位于锰元素异常的高值异常带或附近，锰等元素的综合异常对锰矿的指示作用较锰单元素好。

（2）与锰矿异体共生的有磁(赤)铁矿，区内小比例航磁异常已有一定反应，处于低值异常区域，可间接指示寻找锰矿。

3）地貌标志

锰矿层上部为碎屑岩，易于风化，下部为中-厚层状碳酸盐岩，地貌上常见植被发育与植被稀少的界线；如果处于倒转部位，碳酸盐岩在地貌上常形成陡崖，其陡崖的下部或近底部多为锰矿赋存地，可以作为间接的找矿标志。

第二节　轿顶山式锰矿

一、概况

轿顶山式锰矿分布于扬子板块西缘，行政区划属于四川省汉源县、泸定县、荥经县、洪雅县、峨边县、金口河区等境内，沿凉山—滇东被动大陆边缘展布，构成汉源—泸定锰矿带，其地理坐标范围：东经 $102°17'00''\sim103°15'00''$，北纬 $29°10'00''\sim30°00'00''$，面积约 $6500km^2$。

该锰矿带北起天全县门坎山，经野牛山、银厂沟、轿顶山等地，南至汉源县石板沟以南；为碳酸盐岩-页岩建造型锰矿。该区经多年来的勘查，先后发现并勘探、详查了轿顶山、大瓦山锰矿床等，其矿石质量好，为国内有名的优质富锰矿产地之一。其中，轿顶山矿床发现最早、勘查程度最高，因而命名为轿顶山式锰矿。

该类型系我省最早发现的锰矿类型，也是我省重要的冶金工业用锰的优质富锰矿类型。含矿地层为奥陶系上统五峰组下段。锰矿宏观上产于碳酸盐岩与碎屑岩过渡的部位，含矿岩性为灰岩、生物碎屑结晶灰岩、泥灰岩、含炭质硅质灰岩、硅质白云岩、页(泥)岩组合，含大量生物化石。

轿顶山式锰矿分布于小金河深大断裂东侧的小江断裂、峨眉—叙永断裂之间，总体呈近北北西—南南东向展布。展布严格受晚奥陶世泸定—峨边凹陷盆地的控制，为海相

沉积型碳酸锰矿床；已查明有中、小型锰矿床 3 个，发现矿(化)点 5 个(表 3-19)，探获
331+332+333 类锰矿石量约 460.24 万吨。以轿顶山锰矿床、大瓦山锰矿床工作程度较
高，选其作为典型矿床。

表 3-19　四川省主要锰矿床(点)一览表

序号	名称	矿种	勘查程度	规模	Mn(10^{-2})	含矿建造	成矿时代
1	金口河区大瓦山	锰(钴)	详查	小型	29.46	碳酸盐岩夹页岩建造	晚奥陶世
2	汉源县轿顶山	锰(钴)	勘探	小型	32.06	碳酸盐岩夹页岩建造	晚奥陶世
3	洪雅县刘坪大岗	锰(钴)	普查	中型	26.62	碳酸盐岩夹页岩建造	晚奥陶世
4	洪雅县老矿山	锰(钴)	踏勘	矿点	12.61	碳酸盐岩夹页岩建造	晚奥陶世
5	汉源县石板沟	锰(钴)	踏勘	矿点	13.57	碳酸盐岩夹页岩建造	晚奥陶世
6	汉源县窝子卡摩	锰(钴)	踏勘	矿点	13.57	碳酸盐岩夹页岩建造	晚奥陶世
7	荥经县小矿山	锰(钴)	详查	矿点	35.83	碳酸盐岩夹页岩建造	晚奥陶世
8	荥经县野牛山	锰	普查	矿点	13.52	碳酸盐岩夹页岩建造	晚奥陶世

二、轿顶山锰矿床

轿顶山锰矿床位于汉源县城北东 75°方向，直线距离约 20km 处，属汉源县皇木镇马
烈乡所辖。中心点地理坐标：东经 102°51′14″，北纬 29°25′43″。矿区至汉源县城有 68km
简易公路相通，距成(都)昆(明)铁路乌斯河站 23km，交通方便。

(一)工作程度

1954 年 7 月，西南地质局 506 队在汉源团宝山地区进行普查找矿，在轿顶山发现锰
矿。雅安专署要求查清轿顶山锰矿资源，1958 年 11 月，雅安专区第一地质队组织人员
到矿区开展普查工作，以槽探揭露为主，圈定了 3 个小透镜状矿体，矿体厚 0.26～
3.86m，锰品位 30%，估算锰矿石储量 79 万吨。

1959 年 7～11 月，雅安专区第一地质队对轿顶山锰矿进行勘探，圈定了尖山子、羊
角岭、梯子岩等 3 个矿体。其中尖山子矿体(1 号矿体)规模最大，是勘探工作的主要对
象，查明矿体长 1100m，宽 700m，平均厚 1.45m，Mn 35%～45%、平均 32.06%，伴
生 Co 含量为 0.067%。1960 年 2 月提交了《汉源县轿顶山锰矿地质勘探报告》(周信国、

朱理顺、周培德等）。1962 年 3 月经四川省储委审查，批准 B＋C＋D 级储量锰矿石 159.23 万吨。

1959 年 7～11 月，雅安专区第一地质队对轿顶山锰矿进行勘探时，对含锰页岩曾取样做光谱、化学全分析，钴含量达 0.4％～0.6％，已经达工业品位，从而发现了钴矿。

1962～1964 年四川省地质局 106 队对汉源轿顶山钴锰矿中的钴进行勘探，查明了矿体主要分布在矿区北部即尖山子 6 线以北，钴矿赋存于灰岩、炭质页岩、砂岩及菱锰矿中，与锰矿共生。6 线以南以钴矿为主，矿体厚度、品位逐渐变薄变贫。钴矿以灰岩型、菱锰矿型、炭质页岩型、砂岩型为主。钴矿经实验室浮选试验，以砂岩、灰岩型钴矿可选性较好，回收率分别为 62.7％、72.56％；炭质页岩钴矿需高温氯化焙烧磁选，钴精矿品位 1.71％、回收率 85％。1965 年 106 队由朱理顺、傅德明、植起汉、王考文等编写提交了《六〇一矿区钴锰矿床储量说明书》，1974 年 6 月四川省地质局审查，批准钴金属量 5465 吨。

轿顶山是我省锰矿开采最早的矿区之一，1958 年，因急需锰矿石，地方曾让群众在矿区开采锰矿。1970 年，四川省冶金厅组建了矿山企业——汉源锰矿，矿山设计规模年产锰矿石 5 万吨。当时轿顶山锰矿的开发利用，缓解了四川省钢铁企业生产急需锰矿资源的紧张局面，在开采锰矿时连带采出的钴矿目前堆置存放，尚未得到利用。锰矿经焙烧，原矿品位 40％，锰精矿品位 51.89％。

（二）矿区地质

1. 地层

本区地层属扬子地层区上扬子地层分区之峨眉小区，除缺失石炭系、泥盆系、志留系中上统外，元古界至二叠系均有出露（图 3-11）。

奥陶系上统宝塔组（O_3b）：厚 10～75m，与下伏巧家组为整合接触，开阔台地沉积。按岩性：下段（相当于原地层划分的十字铺组）为一套滨海相的黄灰、浅灰色、紫红色龟裂纹灰岩、泥质灰岩，含头足类（*Sinoceras chinense*，*Orthoceras* sp.，*Discoceras* sp.，*Michelinoceras* sp.，*M. elongatum*）、三叶虫（*Pseudotasilicus* sp.，*Zdicella*? sp.）、腕足（*Dolerothis* sp.，*Tripleria* sp.，*Camerella* sp.）、角石、海百合等化石，开阔台地沉积。上段（相当于原地层划分的临湘组）为灰至灰绿色、紫灰色瘤状或团块状灰岩，上部为薄层条带状灰岩，含三叶虫（*Nankinolithus* sp.，*N. wanyuanensis*，*Nileus* sp.，*Ampyxiniodes costatus*，*Basiliella* sp.，*Hammatoneis formosus*，*Cyclopyge* sp.，*Geragnostus* sp.，*Sphaerocoryphe fibrisulcatus*，*Staurocephalus* sp.）、腕足类（*Christania* sp.，*Sowerbyella* sp.，*Inyiria* sp.，*Leptelloidea* sp.，*Choneioiden* sp.，*Lingulla* sp.）、头足（*Discoceras* sp.，*Michelinoceras* sp.，*M. elongatum*）及少量笔石化石。

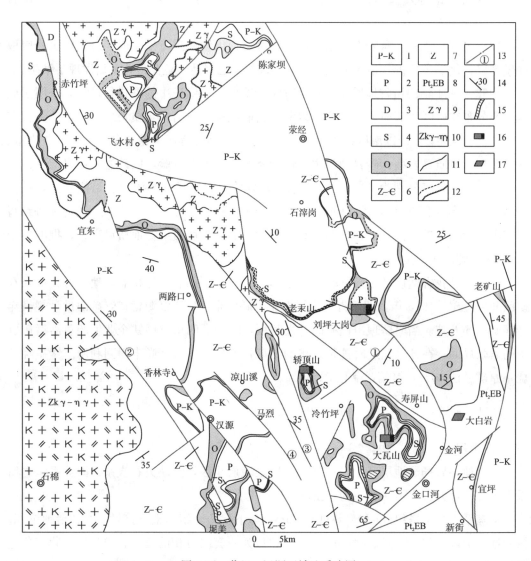

图 3-11　荥经—汉源区域地质略图

(据冶金工业部西南地质勘查局成都地质调查所，1989 内部资料，修编)

1. 二叠-白垩系；2. 二叠系；3. 泥盆系；4. 志留系；5. 奥陶系；6. 震旦-寒武系；7. 震旦系；8. 蓟县系峨边群；9. 震旦纪花岗岩；10. 震旦纪正长-二长花岗岩；11. 地质界线；12. 不整合界线；13. 断层及编号；14. 产状；15. 含锰地层；16. 沉积型钴锰矿；17. 变质型锰矿；①. 七百步断层；②. 金坪断裂；③. 红花断裂；④. 罗锅坪断裂

　　奥陶系上统五峰组(O_3w)：为矿区含矿地层(《四川省岩石地层》已将其归并入龙马溪组底部，因与轿顶山式锰矿直接相关，故本书仍采用中国地层典划分的五峰组)。该组为一套海湾沉积岩石，以碳酸盐岩、硅质岩及黑色笔石页岩为主，夹生物灰岩、砂岩，厚度 0.5～7.33m，是区内含锰层位，同时也是钴矿的含矿地层之一。其剖面结构由老至新可进一步细分为：①含钴泥灰岩层，下为褐色至深褐色微层状泥灰岩，上为绿灰色条带状泥灰岩，厚度 0.1~1.41m。②下含钴菱锰矿层，下部为暗绿色，呈微层状、块状；中部为灰绿色，呈微层状；上部为浅褐色，呈块状，厚度 0.1~1.46m；局部地区（尖山子和羊角岭）底部间夹赤铁矿-磁铁矿透镜体。③含钴锰页岩层，系菱锰矿层间之夹层，含钙镁锰等碳酸盐较多的炭质水云母页岩，并富金属硫化物，厚度 0.1~0.8m。④上含钴菱锰矿层，为褐色块状菱锰矿，具鲕状（球粒状）结构，厚度 0.1~2.08m。⑤含钴灰岩层，灰、灰黑色中厚层状致密灰岩，有时相变为结晶灰岩、砂质灰岩及泥灰岩、深灰色至灰黑色中厚层状不等粒石英砂岩，厚度 0.1~1.58m。可以将其归纳为两段，下段为褐红色-灰褐色中-厚层块状菱锰矿，夹一层不稳定的含火山碎屑的白云质页岩，藻礁相，菱锰矿中具大量隐藻组构；上段开阔台地沉积，底部为含菱锰矿角砾的粉-粉屑灰岩，中部为深灰-灰黑色中至厚层含锰泥屑灰岩及生物碎屑结晶灰岩，上部为中厚层状不等粒石英砂岩，局部夹泥灰岩、生物碎屑灰岩透镜体，具沙纹层理及小型交错层理构造；灰岩、页岩中含丰富的笔石（*Dicellograptus graciliramosus*，*D. tantulus*，*Climacograptus* sp.，*C. angustus*，*Paraorthograptus tenuis*，*Paraplegmatograptus* sp.，*Leptograptus flaocidus*，*D. excavatus*，*Climacograptus angustus*，*C. suni*，*Orthograptus rigidus*）及腕足（*Lingula* sp.，*Sowerbyella* sp.）、头足、珊瑚及三叶虫等化石（图 3-12）。

志留系下统龙马溪组（S_1l）：台盆沉积，为半闭塞海湾环境深灰色、灰黑色页片状水云母黏土岩、钙质水云母黏土岩及粉砂质水云母黏土岩，底部夹燧石岩，上部夹白云质灰岩透镜体。厚 15~80m，与下伏五峰组呈整合接触。产丰富的笔石（*Demirastrites* sp.，*Rastrites* sp.，*R. distans*，*R. longisnus*，*R. nybridus*，*Monoclimacis* sp.，*Monograptus sedywicki*，*Climacograptus* sp.，*Streptograptus clingan*）。底部的含钴砂岩层（深灰至灰黑色中厚层状炭泥质或钙质胶结的石英砂岩，分布于矿区北部及南部，厚 0.03~2.19m）、含钴炭质页岩层（黑色、灰黑色微层至薄层炭质水云母页岩，下部有时含粉砂质或砂质条带，分布于全区，厚 0.1~0.87m）为矿区钴矿的含矿地层段，亦是锰矿的顶板。

2. 构造

轿顶山向斜为不对称的盆形短轴向斜，轴向北西 338°，南北长约 5km，东西宽 2~2.7km，核部由二叠系灰岩组成，翼部依次为志留系、奥陶系、寒武系等地层。地层倾角一般 10°~15°，产状变化：东翼倾向 250°~280°，倾角 8°~33°；西翼倾向 90°~140°，倾角 8°~15°；北端倾向 190°，倾角 15°~25°；南端倾向 290°~350°，倾角 10°~20°。

矿区内见数条断裂，为向斜形成后所产生的次级断层，其规模小，延长不大，断距小，倾角陡，所影响层位一般多为矿层之上二叠系灰岩部分，对矿层无影响。

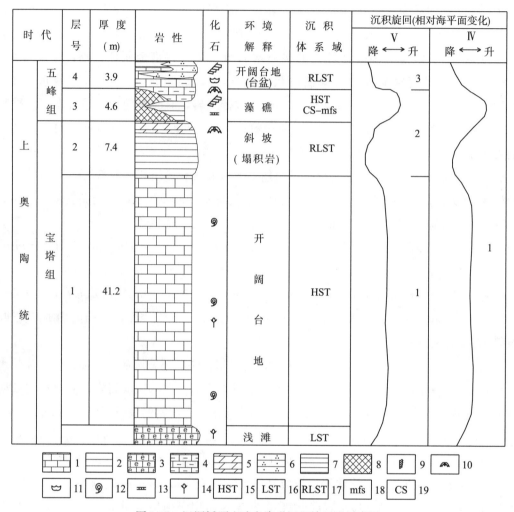

图 3-12 汉源轿顶山晚奥陶世沉积旋回及层序图

(据曲红军，1993，修编)

1. 灰岩；2. 瘤状灰岩；3. 生物碎屑灰岩；4. 泥质灰岩；5. 泥灰岩；6. 石英砂岩；7. 黑色页岩；8. 菱锰矿；9. 笔石；10. 三叶虫；11. 腹足；12. 头足；13. 藻；14. 生物碎屑；15. 高水位体系域；16. 低水位体系域；17. 相对低水位体系域；18. 最大海泛面；19. 凝缩层段

(三)矿体地质

1. 矿体特征

锰矿体仅分布于轿顶山向斜北段(14线以北)，圈出 3 个锰矿体(图 3-13)，锰矿体呈层状、似层状产出，并与钴矿共生。矿床中钴矿不仅在向斜北段有分布，向斜南段同样有分布(为贫钴矿体)。

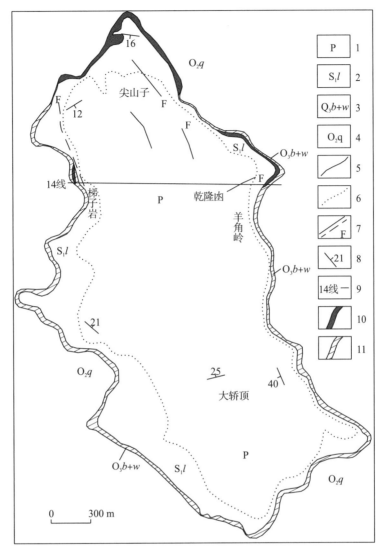

图 3-13　轿顶山锰矿床地质略图

(据四川省地质局 106 地质队，1965，修编)

1. 二叠系；2. 下志留统龙马溪组；3. 上奥陶统宝塔组+五峰组；4. 中奥陶统巧家组；5. 地质界线；6. 不整合界线；7. 实测、推测断层；8. 产状；9. 勘查线及编号；10. 锰矿体；11. 含锰地层

1号锰矿体：为矿床的主矿体，位于向斜北端的尖山子，倾向与地层一致，倾角 15°~25°；长 1100m，宽 700m，厚度 0.30~2.66m、平均 1.36m；Mn 为 9.60%~51.16%、平均 31.55%，为富锰矿。控制矿体斜深大，对整个向斜已经全部控制(图 3-14)。

2号锰矿体：分布于轿顶山向斜北段东翼的羊角岭，倾向西，倾角 25° 左右；长 300m，厚度 0.13~2.64m、平均 1.88m；Mn 为 9.70%~41.63%、平均 33.98%，为富锰矿。

3号锰矿体：分布于轿顶山向斜北段西翼的梯子岩，倾向东，倾角 10°~35°；长

50m，厚度 0.23～1.00m、平均 0.47m；Mn 为 10.44.08％～32.63％、平均 16.59％，为贫锰矿。

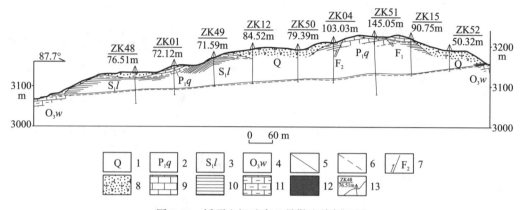

图 3-14   轿顶山锰矿床 6 号勘查线剖面图

（据四川省地质局 106 地质队，1965，修编）

1. 第四系；2. 下二叠统栖霞组；3. 下志留统龙马溪组；4. 上奥陶统五峰组；5. 地质界线；6. 平行不整合界线；7. 断层及编号；8. 浮土；9. 灰岩；10. 页岩；11. 泥质灰岩；12. 锰矿体；13. 钻孔及编号

2. 矿石化学成分

Mn 品位最低 9.60％，最高 51.16％，平均 31.55％；锰矿分富矿（Mn≥25％）、普通锰矿（Mn 为 15％～25％）、贫矿（Mn<15％）三个品级，矿床绝大多数为富矿，占 80％。不同品级矿石的有害成分 P、SiO_2 不同（表 3-20）；矿床矿石中的 P、SiO_2 含量总体低，均在锰矿现行规范要求之内；相比而言富锰矿石 P 含量低，贫锰矿石 P 含量则相对较高。

表 3-20   锰矿石有害元素含量统计表

矿石品级	Mn 平均含量(%)	P($W_B/10^{-2}$)		SiO_2($W_B/10^{-2}$)	
		范围	平均	范围	平均
富矿石	34.35	0.030～0.160	0.048	3.38～13.26	7.23
普通矿石	21.81	0.026～0.185	0.063	8.97～16.17	13.51
贫矿石	11.96	0.017～0.156	0.064	8.96～22.92	15.22
平均	31.55	0.017～0.185	0.052	3.38～22.92	9.68

根据锰矿石和页岩夹层的多项化学分析（表 3-21），锰矿石主要有益成分为 Mn，有害杂质 P、SiO_2 含量较低，伴生组分有 Co，其余未到伴生组分利用指标。钴矿则主要在锰矿的夹层页岩中富集，品位高。

表 3-21 轿顶山锰矿石多项分析结果表($W_B/10^{-2}$)

项目	MnO	MnO$_2$	MgO	CaO	Al$_2$O$_3$	SiO$_2$	S	P$_2$O$_5$	TiO$_2$	K$_2$O	Na$_2$O
菱锰矿	34.43	7.52	2.77	10.60	2.83	10.29	1.04	0.07	0.14	0.75	0.19
页岩夹层	8.74	1.38	6.25	7.82	9.29	25.61	4.26	0.14	0.42	3.03	0.13

项目	H$_2$O	Pb	Zn	Loss	BaO	Co	Ni	Fe$_2$O$_3$	CO$_2$	Cr$_2$O$_3$	SO$_3$
菱锰矿	0.98	0.048	0.059	22.56	1.33	0.055	0.062	3.55	10.27	—	1.57
页岩夹层	2.55	0.156	0.183	20.47	0.57	0.464	0.342	9.13	8.58	0.006	—

锰矿石中伴生有益组分为 Co(表 3-22);钴矿则主要在锰矿的夹层页岩中富集,品位高,另在锰矿之上部的页岩、灰岩中富集成矿,并伴生有 Ni。

表 3-22 轿顶山含矿岩系 Co、Ni 分析结果表($W_B/10^{-2}$)

组	岩性	Co	Ni	Co/Ni
龙马溪组(底部)	黑色笔石页岩	0.008	0.013	0.62
		0.001	0.025	0.04
	含钴炭质页岩	0.021	0.048	0.44
		0.244	0.099	2.46
五峰组	深灰色薄层中细粒砂岩	0.995	0.488	2.04
	浅灰-深灰色中厚层含锰灰岩	0.923	0.523	1.76
	紫红-深灰色中厚层菱锰矿	0.081	0.030	2.70
		0.011	0.017	0.64
	深灰色薄层页岩	0.325	0.167	1.95
	紫红色中厚层菱锰矿	0.006	0.015	0.40
宝塔组(顶部)	灰色中层泥质灰岩	0.003	0.009	0.33
		0.002	0.000	—

(据曲红军等,1987)

经光谱半定量分析(表 3-23)区内锰矿石中,除主要元素锰外,伴生有 Co、Cu、Ni、Pb、Zn、Ba、Ga、Cr、Ti、V、Sr、B 等,仅 Co 含量 0.125%,达到了综合回收的工业要求,其余组分含量均极低,无综合回收价值。锰矿的页岩夹层、上部及下部的灰岩、页岩,其 Co、Ni 含量高,Co 形成独立的钴矿体,Ni 则已经成为钴矿体的有益伴生组分。

3. 矿物组分

锰矿石矿物主要为菱锰矿(50%~90%),其次是钙菱锰矿、锰方解石、锰白云石、含锰白云石等(10%~40%),局部可见褐锰矿、黑锰矿、蔷薇辉石和少量赤铁矿、水针铁矿、黄铁矿及硫钴镍矿。脉石矿物有方解石、白云石、重晶石、绿泥石、绢云母、玉髓等。

表 3-23　轿顶山锰矿微量元素分析结果表（$W_B/10^{-6}$）

矿床	岩性（样品数）	Ba	Pb	Ga	Cr	Ni	Ti	V	Cu	Zn	Co	Sr	B
	矿石（2）	63	47	3	25	290	250	9	53	325	1250	22	38
轿顶山	硅质岩	481	51		26	72		66	47	54	30	194	55
	灰岩（4）	339	165	8	33	233	2100	48	41	91	468	42	31
	泥岩（1）	450	2000	12	100	>3000	2500	1000	4000	150	>3000	40	70

（据刘红军等，1994）

菱锰矿：为矿区中的主要锰矿物成分，呈粒状集合体，颗粒界线不明显，粒度0.01~0.1mm。有的具波状消光、十字消光，在透射光下用低倍显微镜或放大镜可看出藻体或藻群体组构，在藻群体之间为含锰碳酸盐岩充填物。

锰白云石、含锰方解石：产于混浊状菱锰矿之藻颗粒或藻群体之间，为较清亮的含锰碳酸盐矿物。

方锰矿（MnO）：新鲜断口为翠绿色，在空气中经数日变为黑色，在矿石中常呈条带状产出，有时呈不均一的斑块状。矿石多呈非晶质状（似胶状）；在块状方锰矿集合体边缘，见有少量方形晶粒，有的已经变成黑色氧化锰矿。

黑锰矿：呈晶质之他形粒状晶体，粒径1~2mm及以上。

蔷薇辉石：分布范围小，不普遍，仅在羊角岭地段的锰矿体中可见，呈板状、细小粒状，粒径0.1~0.3mm。

磁铁矿：与石英脉共生，呈致密块状或星散状分布，局部见褐锰矿、黑锰矿、褐铁矿伴生。

4. 矿石结构构造

矿石结构有致密隐晶质结构、他形不等粒镶嵌结构、鲕状（球粒状）结构、放射纤维状结构、残余球粒结构等。

原生锰矿石构造有块状、层纹状、砾屑状、条带状、结核状、斑块状构造；氧化锰矿石具网脉状、海绵状、蜂窝状、钟乳状构造。

5. 矿石类型

经室内物相分析、野外实地观察，地表锰矿石虽氧化，但其氧化程度低，氧化深度小于1m。矿石的自然类型主要为原生碳酸锰矿石，仅地表有少量的氧化锰矿石。

工业类型为冶金用锰矿石。矿石中Fe含量一般为1%~5%，平均Mn/Fe比值为8；P/Mn比值富矿石为0.0014，普通矿石为0.0029，贫矿石为0.0054，全矿床为0.0016；SiO_2平均为9.68%；矿床锰矿石属低磷低铁低硅碳酸锰矿石。

6. 矿体围岩及蚀变

锰矿矿体顶板岩石为中厚层状灰岩，底板为泥灰岩。

围岩的各岩石类型微量元素分析见表3-24，由元素含量分布可以看出：B、Ba、Pb

在各类岩石中普遍含量高，Ga、Sr、Cr 则含量低。黑色页岩中除 Sr 元素较低外，其余元素与黎彤值比较富集程度较高(黎彤 1976 年的元素克拉克值：Ba 为 390×10^{-6}、Pb 为 12×10^{-6}、Ga 为 18×10^{-6}、Cr 为 110×10^{-6}、Ni 为 89×10^{-6}、Ti 为 6400×10^{-6}、V 为 140×10^{-6}、Cu 为 63×10^{-6}、Zn 为 94×10^{-6}、Co 为 25×10^{-6}、Sr 为 480×10^{-6}、B 为 13×10^{-6})，尤其 Co、Ni、Cu、B、Pb 元素含量是黎彤值的 4.5～26.8 倍。菱锰矿富 Co、Ni、Pb、Zn、Sr、Ba、Mo、B 元素，以 Ba/Sr 比值较低、Co/Ni 比值较高为特征。

表 3-24　主要岩石类型中微量元素含量表($W_B/10^{-6}$)

分析数量 元素	岩石类型							
	硅质岩	黑色页岩	硅质灰岩-灰岩	生物灰岩	菱锰矿	硅质白云岩-白云岩	生物碎屑白云岩	砂岩
	23	11	13	2	16	13	16	4
B	54.7	96.8	30	50	38.1	48.9	29.7	75
Ga	7.4	11.8	4.8	5.5	3.8	6.7	4.9	7.8
Sr	193.9	150.5	411.8	350	421.3	281.9	81.2	201.3
Ba	481.3	781.8	373.1	535	675.6	692.7	91.4	2237.5
V	66.3	310	49.6	70	37.6	83.9	26.7	70
Zr	39.7	114.1	27.7	22.5	16.3	37.3	25.4	192.5
Cr	26.3	44.8	22.3	15	17.6	33.9	37.2	31.3
Pb	50.7	202.7	66.9	110	325.6	49.4	127.6	106.7
Zn	54.4	98.2	61.5	50	205	179.6	54.9	466.7
Cu	46.5	480	24.5	165	46.6	63.9	11.5	50.7
Co	29.8	668.9	15.9	11.5	144.7	33.8	15.8	13.8
Ni	71.5	398.6	44.5	26	124.1	89.1	21.5	50
Mo	5.8	12.6	4.6	4.1	15	12.5	2.9	19.4
Sc	7	10	3.3	<3	<3	5.1	3.4	7
Y	23.5	35.1	21.4	16.5	8.8	18.3	27.7	17.8
La	32.2	32.9	24.8	17.5	10.9	27.5	25.3	24.5
Ba/Sr	2.5	5.2	0.9	1.5	1.6	2.6	1.1	5.6
Co/Ni	0.4	1.7	0.4	0.4	1.2	0.4	0.7	0.3
Ni/V	1.1	1.3	0.9	0.4	3.3	1.1	0.8	0.7

(据曲红军等，1987)

矿床围岩蚀变总体弱，主要有受区域断裂活动作用所产生的碳酸盐化、大理岩化、硅化、黄铁矿化、重晶石化，少量绿泥石化。

（四）矿石选冶性能

轿顶山锰矿勘探时对锰矿、钴矿的混合矿石进行了选矿试验，未对锰矿进行单独的选矿试验。

采用跳汰—摇床—浮选，或焙烧磁选联合流程，锰精矿回收率接近80%，含锰29.33%；而钴、镍的回收率，则采用高温焙烧磁选比浮选法要高。

采用重介质—跳汰—摇床—浮选或焙烧磁选联合流程，锰精矿回收率85.52%，含锰34.06%。

通过两个流程试验，认为采用跳汰—摇床—浮选流程比较合理，锰矿石能得到较好的指标，锰回收率75.82%，含Mn为33.43%，钴回收率53.12%，含Co为0.505%，镍回收率49.16%，含Ni为0.382%（表3-25）。

表 3-25　轿顶山锰矿选矿推荐流程指标

产品名称	产率（%）	品位（10^{-2}）			回收率（10^{-2}）		
		Co	Ni	Mn	Co	Ni	Mn
锰精矿	80.96	0.034	0.026	33.43	12.37	12.52	75.82
钴镍精矿	8.93	0.505	0.382		53.12	49.14	
泥	1.96	1.33	0.092	7.14	3.06	2.82	1.07
尾矿	58.15	0.046	0.039		31.45	35.52	
原矿品位（10^{-2}）		0.085	0.064	13.65			

（五）矿床成因

1. 成矿地质环境

本区位于上扬子板块（地台）西部边缘，康滇基底断隆带（地轴）北段东侧，康滇古陆（北段）与川中古陆（隆起）之间的峨眉—昭觉断陷带，锰矿仅局限于泸定—峨边凹陷盆地内。成矿区带属上扬子成矿亚省（Ⅱ）、上扬子中东部（拗褶带）Pb-Zn-Cu-Ag-Fe-Mn-Hg-Sb-磷-铝土矿-硫铁矿-煤和煤层气成矿带（Ⅲ-77）、滇东—川南—黔西 Pb-Zn-Fe-REE-磷-硫铁矿-钙芒硝-煤和煤层气成矿亚带（Ⅲ-77-①），汉源—甘洛—峨眉 Pb-Zn-Mn-Cu-铝土矿成矿带（Ⅳ-42）。

区内出露地层主要是元古界、古生界。元古界地层总厚约 6000~10000m，其中，中元古界为一套变质砂岩、板岩、变玄武岩等；上元古界青白口系为以基性为主的火山岩、火山碎屑岩；南华系、震旦系为砂岩、页岩、白云岩。古生界有寒武系、奥陶系、志留系和二叠系，其中与轿顶山式锰矿成矿有关的为奥陶系（总厚 124~629m）。下奥陶统红石崖组为砂岩、页岩夹碳酸盐，厚 90~150m；中统巧家组为泥灰岩、龟裂纹灰岩，厚 35~85m；上统为宝塔组为含生物微碎屑灰岩，龟裂纹灰岩、泥质灰岩、瘤状灰岩，五峰组为碳酸盐岩夹页岩、硅质岩等，局部地段有锰矿产出，厚 0.5~7.33m。

区内构造主要为大相岭、苏雄背斜隆起，其次为次一级的平缓背向斜；区内断裂发育，形成断块山地地形。

岩浆岩主要分布于大相岭和苏雄背斜的轴部，从基性到酸性均有出露。

区域矿产主要为与碳酸盐岩有关的一些沉积或层控矿产，主要为锰、铁、铅、锌、铜、磷等矿产。锰矿有轿顶山、大瓦山 2 个小型和刘坪大岗中型矿床。

2. 岩相古地理

本区南西侧为川滇古陆，北西侧为川中古陆(隆起)，受北西向同生断裂的控制，中、晚奥陶世受同生断裂所控制的泸定—峨边凹陷盆地内，为板内裂陷的拗拉槽(刘宝珺等，1994)。

1)晚奥陶世沉积环境

晚奥陶世本区南西侧为川滇古陆，北东侧为川中隆起，其间为海湾，其内分布着一些水下隆起。地层和岩相研究表明，晚奥陶世早期(宝塔期)沉积范围较小，除海湾中心有一些含锰硅质碳酸盐岩、硅质岩夹黑色页岩沉积外，仅在海湾边缘浅海地带的水下隆起附近，藻类大量发育而形成了一些小型藻礁体，其余部位基本上没有同期沉积物分布；晚奥陶世中晚期海侵范围扩大，形成了较为开阔的海湾，同时又有一定的陆源供给，而沉积了一套分布广泛、岩性较为稳定的富含生物化石碳酸盐岩夹碎屑岩；晚奥陶世末期(五峰期)沉积范围缩小，致使边缘相地层出露水面，遭到风化剥蚀，形成古风化壳。

该区藻类发育，曲红军等(1987)调查研究认为，藻礁分布于开阔台地外侧的水下隆起附近，目前轿顶山已发现 1 个藻群，礁体主要由菱锰矿组成，亦即礁体就是矿体。于水下隆起周围发现 7 个小礁体；这些礁体大小不一，大者面积达 600m×1000m 以上，小者直径仅 20~100m，还可以见到一些直径仅 2m 的小藻丘。

尖山子(1 号矿体)的礁体为小环礁，因遭受了强烈的后期侵蚀破坏，已面目全非，但经对采场、坑道及露头的详细观察，仍可窥其一斑，可划分出礁本体、礁侧塌积和礁内泻湖三个微相。礁本体呈环形分布，现保存东西长 1000m，南北宽 600m，因侵蚀作用高仅存 2~3m。礁体周围分布有一圈塌积角砾状菱锰矿，中心部位有一个小泻湖，主要为含笔石的灰黑色薄层-层纹状白云质页岩及薄层条带-层纹状藻菱锰矿，局部为灰黑色泥灰岩，富含结核状、条纹状黄铁矿，并共生有硫钴镍矿，成为钴矿床。礁的上部遭受了强烈的侵蚀作用，侵蚀面上为角砾状岩石，北侧角砾的成分为大量的菱锰矿角砾(大小 2~20cm)，其间的充填物为灰岩砂砾屑；南侧以灰岩角砾为主，偶见 20~30cm 的菱锰矿角砾。在南侧约 1000m 处(乾隆函)还发育有两个礁体，在礁体的北侧，堆积着大量角砾状岩石，角砾成分有菱锰矿、含锰藻灰岩、微晶灰岩等，远离礁体角砾逐渐变小。在角砾岩之上为一套厚 1~2m 的不稳定的生物碎屑灰岩和石英砂岩夹灰岩透镜体，多分布于低洼地势中，在生物碎屑灰岩和砂岩所夹的灰岩透镜体中，可见到三叶虫 *Dalmanitina* 化石，表明为晚奥陶世的沉积。藻礁各微相的矿物组合有差异（表 3-26），化学成分上也存在着一定的差别（表 3-27），可以看出，在整个藻礁建造中，均以锰的碳酸盐矿物为主。在表生氧化带还形成一些氧化物和氢氧化物，有褐锰矿、黑锰矿、硬锰矿、羟锰矿、水赤铁矿等。

表 3-26 藻礁各微相矿物组合一览表

微相	轿顶山矿区		大瓦山矿区	
	主要矿物	次要矿物	主要矿物	次要矿物
藻核	菱锰矿、锰方解石、硬锰矿	针铁矿、磁铁矿、绿泥石	菱锰矿、锰白云石、含锰白云石-方解石	针铁矿、磁铁矿、氧化锰
礁前（翼）	菱锰矿、硬锰矿、针铁矿	锰方解石、绿泥石	菱锰矿、锰白云石、针铁矿	方锰矿、含锰方解石
礁后藻坪			菱锰矿、方锰矿、锰白云石-锰方解石	针铁矿、黄铁矿、绿泥石、重晶石、黏土
礁内潟湖	黏土矿物、锰白云石、菱锰矿、黄铁矿	重晶石、硫钴镍矿、方铅矿、闪锌矿		
礁底滩			针铁矿、菱锰矿、锰白云石	含锰方解石、磁铁矿

（据曲红军等，1987）

表 3-27 藻礁各微相化学成分一览表

矿区	微相	化学成分($W_B/10^{-2}$)										Co/Ni
		Mn	TFe	SiO_2	P	CaO	MgO	Al_2O_3	CO_2	Co	Ni	
轿顶山	礁本体（藻核、礁翼）	31.88	1.80	9.68	0.052	10.60	2.77	1.43	23.60	0.067	0.046	1.46
	礁内潟湖	8.81	6.72	33.35	0.070	3.75	6.89	27.41	7.75	0.399	0.142	2.81
大瓦山	藻核	16.46	7.94	6.71	0.098	20.16	4.93	2.85	—	0.008	0.008	1
	礁前	19.15	18.77	11.47	0.159	3.65	2.79	6.20				
	礁后藻坪	32.24	2.40	3.23	0.059	13.24	3.62	1.07	25.74	0.006	0.013	0.46
	礁底滩	8.25	32.02	8.22	0.07	1.87	6.17	3.21	21.45	—	—	

（据曲红军等，1987）

2) 晚奥陶世五峰期岩相古地理

1985 年四川冶金地质勘探公司开展了"四川省峨边—汉源—泸定地区晚奥陶世五峰期岩相古地理特征及锰矿成矿预测"，1987 年完成该报告，现将相关内容引述如下。

五峰组是以碳酸盐岩为主夹硅质岩、黑色页岩等，颜色普遍较深、为灰黑-灰色，边缘有白云岩沉积，说明当时的气候潮湿且炎热。

地层中碳酸盐矿物组合为方解石、白云石、铁白云石、菱锰矿、锰白云石，还含有一定量的黄铁矿等，因此推测为弱碱性-碱性环境。根据生物组合，特别是窄盐性生物（红藻、棘皮类、珊瑚、腕足类、三叶虫、腹足等）的大量出现，表明海水为正常盐度，即含盐 3.5%；半闭塞台地可出现微咸化。地层、矿石中含有黄铁矿等标志性矿物，页（泥）岩中含有较高的炭质（有机质），可以推断其为弱还原-还原环境。

古构造分析认为区内古断裂较为发育，古陆的边界、沉积区内的隆起、凹陷都明显受其控制。南侧冷碛—大桥古断裂，川滇古陆五峰期时大体位于此断裂南西侧；赤竹坪—金口河古断裂则对沉积环境的变化起着很大的控制作用，断裂南西为浅水沉积、北侧为较深水沉积，开阔台地、台盆的变化界线大体沿该断裂延展。荥经—张村古断裂位于北侧，其北东为川中隆起。赤竹坪—金口河、荥经—张村断裂之间为凹陷区（泸定—峨边），表现为沉积厚度大，为较深水区。轿顶山存在一个水下隆起，呈北西—南东向展布。

五峰期本区为介于川滇古陆与川中古陆（隆起）之间的海湾环境，由于海水流通不畅，整个海域多处于滞留环境，形成了一套以灰黑色为主的碎屑岩-黏土岩-碳酸盐岩-硅质岩的沉积组合。由于海底地形起伏，形成了较为复杂的岩相古地理景观，在海湾内还分布着一些水下隆起。地层研究表明五峰早期沉积范围较小，除海湾中心有一些含锰硅质碳酸盐岩、硅质岩夹黑色页岩沉积外，仅在海湾边缘浅海地带的水下隆起附近，藻类大量发育形成了一些小型藻礁体；五峰中、晚期海侵进一步扩大，形成较为开阔的海湾环境，有一定的陆源供给，沉积了一套分布广泛、岩性较为稳定的富含生物化石的碳酸盐岩夹碎屑岩。

总的说来，晚奥陶世五峰期经历了一个完整的小型海侵-海退旋回。在这一沉积旋回过程中，于整个海湾中主要沉积了十一种不同的岩石组合，并根据其中所含生物化石种类、古生态和沉积构造等特征，可归属为两个相区八个相带的沉积（表 3-28）。对不同相带中 100 件样品的光谱半定量分析表明（曲红军等，1987），各相带的元素组合和元素含量有明显区别（表 3-29）。台盆相明显富集 V、Co、Ni；半闭塞台地相富集 B、Sr、Ba、V、Zn、Cu、Ni、Mo 等，其中 Ba 比其他相带高 2.5~20 倍，V 高出 1.7~2.8 倍。藻礁元素含量有明显分异现象，富集 Sr、Ba、Pb、Zn、Co、Ni 和 Mo，贫 B、Ga、V、Zr、Cr、Sc、Y 和 La，Pb 比其他相带高 2~13 倍，Co 高 2~10 倍。总体从台盆向滨海方向，各类元素不同程度存在逐渐降低的趋势。元素比值藻礁的 Ni/Co 和 Ba/Sr 值较低，且两个比值与地层中 Mn 含量呈反比。在台盆、滩坝、潟湖和藻礁中，Mn 含量高则 Co/Ni 和 Ba/Sr 值就低，表明 Co/Ni 和 Ba/Sr 值低，对锰的富集有利。各相带的 Ni/V 值都在 1 左右，但在藻礁中 Ni/V 值却高达 3.3，可以认为 Ni/V 值高有利于锰矿形成。

表 3-28　晚奥陶世五峰期岩相、岩石组合及生态特征一览表

相区	相或亚相	岩石组合	古生态
Ⅰ台地相区	Ⅰ₁¹台地中心亚相	硅质岩、白云岩、黑色页岩组合	硅质放射虫、骨针、笔石
	Ⅰ₁²台盆边缘亚相	硅质灰岩(硅质岩)、黑色页岩	笔石、硅质放射虫、骨针、小个体腕足
	Ⅰ₂藻礁相	菱锰矿、锰白云石、含锰灰岩(黑色页岩)组合	藻类、笔石
	Ⅰ₃开阔台地相	生物碎屑灰岩组合；灰岩、砂岩、黑色页岩组合	完整的珊瑚、腕足、三叶虫、腹足、笔石等
	Ⅰ₄半闭塞台地相	泥炭质硅质白云岩-硅质白云质灰岩、泥炭质砂岩(黑色页岩)组合	少量笔石和棘皮虫类碎屑
Ⅱ陆地边缘相区	Ⅱ₁沿岸滩坝相	生物碎屑白云岩、鲕豆粒白云岩组合	碎屑状棘皮、腕足、珊瑚、三叶虫、少量异地完整珊瑚
	Ⅱ₂潟湖相	泥炭质、硅质白云岩组合	笔石、少量棘皮虫类碎屑
	Ⅱ₃潮坪相	含硅白云岩组合、白云质砂岩、砂质白云岩、层纹状白云岩组合	少量棘皮虫类碎屑、藻类
	Ⅱ₄滨岸陆屑滩相	砂岩组合	腕足、介壳

(据曲红军等，1987)

表 3-29　各相带元素含量表$(W_B/10^{-6}$、 $*$ 为 $10^{-2})$

相带	样品数量	Mn*	B	Ga	Zr	Mo	Sc	Y	La	Pb	Zn
台盆相	40	2.91	56	8	49.2	6.4	7.9	29.7	35.6	45.9	43.4
藻礁相	16	29.5	38.1	3.8	16.3	15	<3	88	10.9	3256	205
开阔台地相	4	0.75	58.8	6.5	85	2	4.8	18.3	23	146.7	83.3
半闭塞台地相	12	1.26	91.3	9.7	88.4	16.8	7.7	19.1	28.7	883.	385.8
沿岸滩坝相	16	3.12	29.7	4.9	25.4	2.9	3.4	27.7	25.3	127.6	54.9
潟湖相	3	7.85	25.7	4.7	80	5	3.7	32.3	33.3	60	65
潮坪相	8	0.48	21.3	5.1	20	<3	<3	20.6	18.8	47.1	68.6
滨海陆屑滩相	1	0.15	50	12	150	8	10	12	35	25	150

相带	样品数量	Cu	Sr	Ba	V	Cr	Co	Ni	Ba/Sr	Co/Ni	Ni/V
台盆相	40	50.2	200.5	486.9	111.8	28.3	70.5	114	2.43	1.62	1.02
藻礁相	16	466	121.3	675.6	37.6	17.6	1447	1241	1.60	0.86	3.30
开阔台地相	4	178.8	183.8	557.5	30	18.8	11.5	33.8	2.92	2.90	1.11
半闭塞台地相	12	113.8	296.7	1716.7	187.9	55.4	25.4	135.6	5.79	5.34	0.72
沿岸滩坝相	16	11.5	81.2	91.4	26.7	37.1	5.8	21.5	1.13	1.36	0.81
潟湖相	3	34	86.7	83.3	21.7	16	24.7	17.3	0.96	0.7	0.8
潮坪相	8	32.5	125.6	256.3	28	15.9	22.3	24.9	2.01	1.46	0.89
滨海陆屑滩相	1	40	150	800	70	50	14	30	5.33	2.14	0.43

(据曲红军等，1987)

　　根据上述分析，晚奥陶世五峰期的岩相古地理见图 3-15。轿顶山锰矿产于藻礁潟湖相内，并初步总结出该区锰矿的形成受岩相古地理环境、藻礁、岩石化学组分等条件控制。

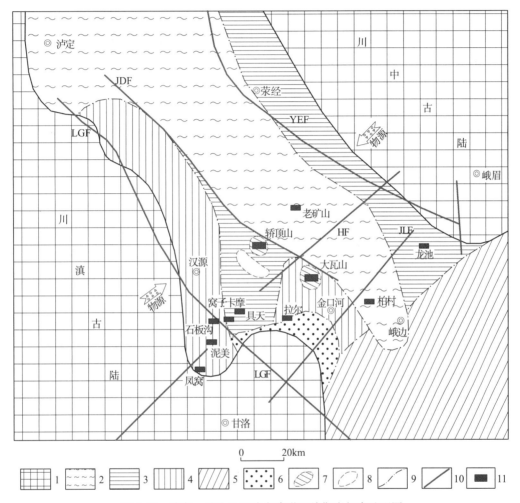

图 3-15　泸定—峨边地区晚奥陶世五峰期岩相古地理图

(据曲红军，1988，修编)

　　1. 古陆；2. 台沟相；3. 开阔台地相；4. 半局限台地相；5. 浅海深水台盆相；6. 滨(沿)岸陆屑滩相；7. 藻礁、滩坝潟湖相；8. 水下隆起；9. 岩相带界线；10. 古断裂；11. 锰矿床(点)；LGF. 泸定—甘洛古断裂；YEF. 荥经—峨眉古断裂；JDF. 轿顶山—大瓦山古断裂；JLF. 金口河—龙池古断裂；HF. 黑马古断裂

3. 物质来源

　　五峰组地层中锰的含量普遍较高，特别是在台盆和潟湖沉积物中含量更高(表 3-30)，说明当时海水中锰的含量是很高的。锰质主要来源于海底火山热液(深部锰质)，其依据如下。

表 3-30 不同岩相古地理环境锰的含量

沉积环境	台盆	开阔台地	半闭塞台地	潟湖
样品数	11	18	13	21
Mn 平均含量(10^{-2})	2.91	0.75	1.26	7.85

(1)轿顶山矿区于菱锰矿之间的夹层页岩中亦发现有火山碎屑物质，说明成矿物质来源包括由来自火山的物质；与之相邻的洪雅老矿山含锰岩系中发现有火山凝灰岩夹层（曲红军，1988）。

(2)微量元素地球化学的研究，含锰岩系中元素 Co、Ni 含量较高，锰矿石、泥岩以 Co 含量高、富集率大为特征（见表 3-21、表 3-23）；在地层剖面上 Co/Ni 比值（见表 3-22）具有交替变化的特点（Co/Ni>1 或<1），亦反映为远程火山来源的特征。

(3)同位素研究的证据（刘红军等，1994），轿顶山锰矿石 δ^{13}C‰（PDB）平均值－12.114‰、δ^{18}O‰（PDB）平均值－8.749‰，说明锰矿为非正常海相沉积的产物，揭示了锰质来源具有幔源特征，与远洋火山活动有关。

(4)奥陶世晚期，沉积区内古断裂构造较为发育，且位于深水沉积区与浅水沉积区之间的过渡带上，表明断裂在当时是活动的，推测上述火山碎屑物质很可能是沿断裂喷溢出来的。

上述表明，从宝塔期至五峰期，区域上发生了海底火山活动，并带出锰、钴等物质，使整个海域都富锰质，为锰矿的形成提供了物质来源基础。

4. 成矿作用

轿顶山锰矿产于开阔台地外侧的水下隆起附近。矿床是由藻类吸附锰质而形成的，在成矿过程中，藻类有选择地吸附 Mn、Co 等物质，并且由于藻类的生长，改变了礁体附近水域的物理化学性质，使锰（钴）元素趋于沉淀，因此形成了礁体附近的地球化学异常，实际为藻礁控制的矿床，为胶体化学沉积、生物-化学沉积形成。

综合上述，轿顶山锰矿产于奥陶系上统五峰组下段碳酸盐岩-黑色页岩的过渡部位，矿层中多夹 1~2 层页岩，严格受地层控制，矿层与顶、底板围岩整合接触，矿石矿物主要为菱锰矿，地表有少量氧化锰矿（硬锰矿、软锰矿），成锰过程中与藻类等生物作用关系密切，矿石有藻类结构等特征，矿床成因属海相沉积型碳酸锰矿。

三、大瓦山锰矿床

大瓦山锰矿床位于金口河区 323°方位平距约 10km，中心地理坐标：东经 103°00′33″，北纬 29°19′19″，行政区划属金口河区永胜乡管辖。北西相距 16km 为汉源轿顶山锰矿。矿区公路约 20km 至乐（山）西（昌）主干公路，距成昆铁路金口河站约 45km，交通较方便。

（一）工作程度

1985 年年初，为突破四川省锰矿找矿工作，四川省冶金地质勘探公司 609 队（现四川省冶金地勘局成都地质调查所），由曲红军、陈富全带领普查组，在帽壳山—大瓦山—小瓦山一带开展晚奥陶世岩相古地理研究。海拔一般 2200～3200m，地形陡峭，绝壁相叠，荆棘丛生，密林遍布，气候恶劣，工作条件艰苦。普查组在大瓦山南东侧的调查中首次发现锰矿露头，厚约 2m，沿层追索长度约 800m。经采样分析锰品位 17.85％～49.79％，由此发现了锰矿。

1986 年，西南冶金地质勘探公司安排详查，以钻探为主要手段进行系统控制，施工钻探 3936m、坑道 89m。1989 年 7 月提交了《金口河地区大瓦山锰矿区详查地质报告》，1990 年 5 月四川省储委批准该报告提交 C+D 级锰矿石 47.55 万吨。同时，曲红军提交了《峨边—汉源—泸定地区晚奥陶世五峰期岩相古地理特征及锰矿成矿预测》研究报告，对远景预测提供了重要依据；王杏芬承担了"金口河区大瓦山锰矿微相研究"，对矿区沉积成岩环境、微相特征、成矿机理等进行了较深入的研究，对该区找矿起到了重要作用。

（二）矿区地质

1. 地层

1）中元古界

峨边群（Pt_2EB），以变质沉积碎屑岩为主，夹少量碳酸盐岩及酸-基性火山岩、火山碎屑岩的变质地层，从下至上包括桃子坝组、枷担桥组、烂包坪组、茨竹坪组，属区域动力变质低绿片岩相。厚 4100～5810m，未见底，与上覆苏雄组为不整合接触。

2）南华系

出露地层有下统苏雄组、开建桥组地层和上统列古六组。

苏雄组（Nh_1s）：下部以火山碎屑岩为主（灰绿色凝灰岩夹少量玄武岩及英安岩），中部以酸性熔岩为主；上部主要为沉积凝灰岩和玄武岩。厚约 2000m，与下伏峨边群为角度不整合接触。

开建桥组（Nh_1k）：为一套紫红、暗紫灰色流纹质火山碎屑岩，间夹酸性、基性火山岩。厚度数十至 2300m，与下伏苏雄组为整合接触。

列古六组（Nh_2l）：为一套砂岩、砾岩和泥岩，分布于甘洛、汉源、峨边及洪雅西部，厚度 10～200m，不整合于开建桥组之上。

3）震旦系

观音崖组（Z_1g）：为一套滨海-浅海相碎屑岩夹碳酸盐岩，下部以灰至绿灰色薄至中层状长石石英砂岩夹少量白云岩，底部为紫红色含砾砂岩；中部和上部为灰至灰白色、深灰色薄层状微晶白云岩。厚 15～92m，假整合于列古六组之上。

灯影组(Z_2d)：分布广泛，为一套广海相碳酸盐岩含燧石条带及结核，富含藻类。是铅锌矿的重要赋存层位，团宝山、甘洛等大中型铅锌矿床均产于此层位中。厚度76～1215m，与下伏地层观音崖组呈整合接触。

4)寒武系

筇竹寺组(ϵ_1q)：为杂色砂质页岩、粉砂岩，顶部为页岩，底部为磷矿赋存部位，富含三叶虫、软舌螺化石。厚度155～300m，与下伏灯影组整合接触。

沧浪铺组(ϵ_1c)：为一套碳酸盐岩、中粗粒石英砂岩以及泥岩、粉砂岩，富含三叶虫化石。厚度56～123m，与下伏筇竹寺组整合接触。

石龙洞组(ϵ_2s)：为灰至深灰色中至厚层状白云岩及少量白云质灰岩。厚度30～97m，与下伏沧浪铺组整合接触。

陡坡寺组(ϵ_2d)：紫红色泥岩、砂岩及薄至中厚层白云岩、绿色页岩，含三叶虫化石。厚度33～54m，与下伏石龙洞组整合接触。

西王庙组(ϵ_2x)：为紫红、灰绿色、黄灰色粉砂岩、粉砂质黏土岩，夹细砂岩、灰岩、白云岩。厚度140～228m，与下伏陡坡寺组整合接触。

娄山关组(ϵ_3l)：为一套浅灰和深灰色中至厚层状微至粉晶白云岩，顶部和底部常夹灰色中层状长石石英细砂岩。厚度200～250m，与下伏地层西王组整合接触。

5)奥陶系

出露有下统红石崖组、中统巧家组、上统宝塔组和五峰组，其中五峰组为矿床锰矿的含矿层位。

红石崖组(O_1h)：为一套滨海-浅海相紫红色、灰绿色中至厚层状长石石英粉砂岩与粉砂质黏土岩互层，夹灰色中层状石英细砂岩，厚53～420m，与下伏娄山关组整合接触。

巧家组(O_2q)：为一套浅海相深灰色灰岩、白云质灰岩与泥岩、页岩不等厚互层，富含三叶虫及腕足类化石。厚度57～117m，与下伏红石崖组整合接触。

宝塔组(O_3b)：为浅海相碳酸盐岩，厚度11.51～34.39m，与下伏巧家组为整合接触。下段为浅灰色厚层-块状结晶龟裂纹灰岩，生物碎屑灰岩，含腕足类、三叶虫化石。上段(原称为临湘组)为浅灰色中厚层龟裂隙纹、瘤状隐晶灰岩(瘤状特征不明显)，偶见星点状黄铁矿，含腕足类、三叶虫化石，矿区内顶部见一层含有火山碎屑的磁铁石英岩透镜体，与下段灰岩呈渐变过渡。

五峰组(O_3w)：为区内锰矿的含矿地层，与下伏宝塔组为整合接触。下部为锰矿层，上部为白云岩、灰岩夹硅质岩、页岩，厚度3.90～17.49m；由上而下可划分为：①深灰-灰黑色薄层-中厚层状泥炭质硅质白云岩、硅质灰岩夹黑色硅质岩、页岩，顶部局部夹不等粒石英砂岩透镜体，普见星点状、细脉状黄铁矿，含介形虫、海绵骨针化石，厚度1.52～4.50m；②灰、深灰色薄层-中厚层状含炭质硅质灰岩、硅质白云岩夹硅质岩透镜体及页岩，局部夹1～2层砂岩透镜体，多个透镜体长约几十厘米至50余米，普见团块状、星点状黄铁矿，含量海绵骨针、介形虫化石，厚度 0.30～3.51m；③浅灰、灰色薄层-页片状泥炭质硅质白云岩或页岩，局部层间见黄铁矿结核（多个结核一般小于 7cm），多呈串珠状顺层分布，为矿体直接顶板，厚度 0.20～3.00m；④锰矿层，上部由浅灰色钙菱锰矿、锰方解石及含锰灰岩组成，中部由鲜绿色、黑褐色、玫瑰红色方锰矿、黑锰矿、菱锰矿及钙菱锰矿组成，下部主要由浅灰至灰色锰白云岩、含锰泥质白云岩组成，局部夹页岩，含黄铁矿、菱铁矿、针铁矿，厚度 0.40～6.48m。

上述①、②两层往往因分层标志不明显，大部分地段合为一层；下部含矿层在部分地段（无矿地段）因相变（沉积环境的微变化等），则出现一套薄层状黄灰、灰色泥质硅质白云岩、泥质灰岩或页岩。

6）志留系

龙马溪组（S_1l）：为半闭塞海湾环境，深灰、灰黑色页片状水云母黏土岩、钙质水云母黏土岩及粉砂质水云母黏土岩，底部夹砂岩透镜体，顶部局部夹粉砂岩、白云质灰岩透镜体。厚 15～80m，与下伏五峰组呈整合接触。

2. 构造

矿区位于瓦山断块南部，为一走向北东—南西、倾角平缓（近于水平）的单斜构造，构造极简单。仅有成矿后的一个张性断层，规模小，对矿体破坏小。区域上主要构造如下。

七百步背斜：位于大瓦山北西，为一宽缓的对称背斜。南东翼保存完整，北西翼被七百步断层破坏而不全。核部由元古代花岗岩及火山岩组成，翼部出露震旦系上统及寒武系地层，两翼地层倾角 20°～50°。

石板沟向斜：为一宽缓对称向斜，长 12km 以上，核部由二叠系组成，两翼为志留系、奥陶系、寒武系及震旦系地层，岩层倾角 13°～18°，两翼受断裂影响地层重复。

泡草湾—寿屏山断层：位于大瓦山北东侧，长 35km 以上，总体走向北西 320°，倾角 75°左右。

顺河断层：位于区内西侧，走向北北西，倾向北东，倾角 60°～70°，为逆冲断层。

七百步断层：位于大瓦山北西与轿顶山之间，呈北东 50°延伸，长 10km 以上，断面近于直立。

永乐断层：位于大瓦山南东方向，呈北东 50°延伸，长 7km 以上。

3. 岩浆岩

区内岩浆活动较为频繁，不仅有澄江期花岗岩、二长花岗岩及基性侵入岩；而且有中元古界峨边群桃子坝组为一套中-基性火山岩，岩性主要为变质玄武岩、火山碎屑岩。南华纪苏雄组、开建桥组为一套从基性-中性-酸性及过渡性巨厚的火山碎屑岩-凝灰岩。二叠纪玄武岩，见于高山地带的大瓦山、老矿山、尖顶湾等地，岩石为灰绿色、暗绿色、黄褐色等，主要为致密状、杏仁状、斑状玄武岩，为海底喷发-陆相喷发岩。

(三)矿体地质

1. 矿体特征

矿体赋存于奥陶系上统五峰组下段，呈似层状、层状产出，层位稳定，产状与围岩一致。矿层间夹多层 1～2cm 的页岩，局部夹含锰泥质白云岩等。

共圈定 3 个矿体(图 3-16)，其中地表 I 号矿体与 II 号矿体之间间隔 44m、II 号矿体与 III 号矿体之间间隔 50m，总体产状倾向 131°，倾角 6°。矿体具波状起伏、尖灭再现、贫富交替的特征，由于矿体呈现波状起伏，有的地段倾角稍大，矿体总体倾角 3°～5°。

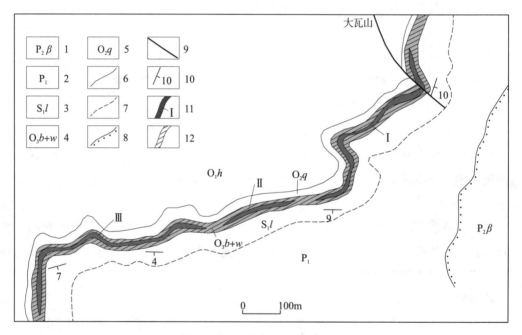

图 3-16　大瓦山锰矿床地质略图

(据冶金工业部西南地质勘查局 609 队，1989，修编)

1. 上二叠统峨眉山玄武岩组；2. 下二叠统；3. 下志留统龙马溪组；4. 上奥陶统宝塔组＋五峰组；5. 中奥陶统巧家组；6. 地质界线；7. 平行不整合界线；8. 角度不整合界线；9. 断层；10. 产状；11. 锰矿体及编号；12. 含锰地层

I 号矿体：为主矿体，分布于矿床北东部、大瓦山西侧，出露标高 2254～2285m。呈北东—南西向层状展布，倾向 85°～165°、平均 134°，倾角 2°～12°、平均 6°。出露长度 390m，控制长度 420m，厚度 0.30m～6.01m、平均 2.25m，厚度变化中等；控制最大斜深约 190m(图 3-17)。矿石 Mn 含量 15.08%～48.28%、平均 25.90%，为富锰矿；P 为 0.020%～0.169%、平均 0.088%，P/Mn 为 0.003；SiO_2 为 3.08%～24.50%、平均 9.33%；TFe 为 1.25%～28.21%、平均 6.43%；CaO 为 2.05%～30.92%、平均 9.50%；MgO 为 0.71%～9.72%、平均 3.95%；Al_2O_3 为 0.31%～13.40%、平均

3.35%；烧失量 10.66%～33.80%、平均 25.29%。

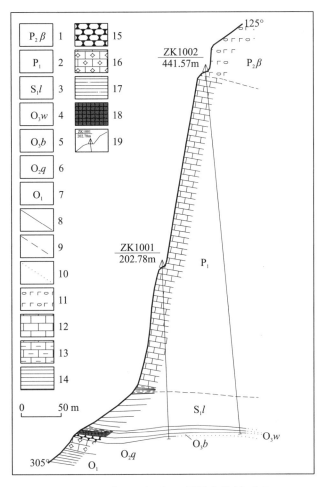

图 3-17　大瓦山锰矿 10 号勘查线剖面图

（据冶金工业部西南地质勘查局 609 队，1989，修编）

　　1. 上二叠统峨眉山玄武岩组；2. 下二叠统；3. 下志留统龙马溪组；4. 上奥陶统五峰组；5. 上奥陶统宝塔组；6. 中奥陶统巧家组；7. 下奥陶统；8. 地质界线；9. 平行不整合界线；10. 推测地质界线；11. 杏仁状玄武岩；12. 灰岩；13. 泥质灰岩；14. 页岩；15. 瘤状灰岩；16. 结晶灰岩；17. 砂质页岩；18. 锰矿体；19. 钻孔编号及进尺

　　Ⅱ号矿体：分布于矿床中部，出露标高 2278～2297m，呈北东东向展布，倾向 124°～165°、平均 136°，倾角 2°～9°、平均 6°。长度 200m，厚度 0.85～1.27m，平均 1.09m，厚度变化小。Mn 含量 15.25%～43.55%、平均 26.57%，为富锰矿；P 为 0.025%～0.135%、平均 0.080%，P/M 为 0.003；SiO_2 为 2.46%～13.10%、平均 9.40%；TFe 为 2.26%～8.74%、平均 4.96%；CaO 为 1.56%～13.10%、平均 6.73%；MgO 为 0.67%～5.41%、平均 3.16%；Al_2O_3 为 0.39%～7.29%、平均 3.50%；烧失量 16.00%～32.36%、平均 25.23%。

Ⅲ号矿体：分布于矿床南西部，出露标高 2295～2323m，呈北东东向展布，倾向 95°～175°、平均 139°，倾角 3°～11°、平均 5°。长度 498m，厚度 0.83～3.63m、平均 1.53m，厚度变化不大。Mn 含量 15.88%～52.19%、平均 32.77%，为富锰矿；P 为 0.02%～0.169%、平均 0.088%，P/Mn 为 0.003；SiO_2 为 3.08%～24.50%、平均 9.33%；TFe 为 1.25%～28.21%、平均 6.43%；CaO 为 2.05%～30.92%、平均 9.50%；MgO 为 0.71%～9.72%、平均 3.95%；Al_2O_3 为 0.31%～13.40%、平均 3.35%；烧失量 10.66%～33.80%、平均 25.29%。

2. 矿石化学成分

矿石中 Mn 品位最低 15.08%、最高 52.19%，平均 27.42%；有害元素 P 含量最低 0.02%、最高 0.265%，平均 0.093%；SiO_2 为最低 1.48%、最高 34.80%，平均 10.31%；TFe 为 1.25%～28.21%、平均 5.89%；Al_2O_3 为 0.31%～14.39%、平均 4.00%；CaO 为 0.58%～30.92%、平均 7.07%；MgO 为 0.63%～9.72%、平均 3.06%；烧失量 10.66%～33.80%、平均 22.96%。

伴生组分：Co 为 0.002%～0.053%，平均 0.011%；Ni 为 0.006%～0.096%，平均 0.039%；Co/Ni 为 0.115～3.50；Cu 为 0.01%～0.34%；Pb 为 0.004%～0.076%；Zn 为 0.001%～0.079%，S 为 0.07%～0.23%。Co 局部达到伴生组分要求，因分布无规律，故伴生组分无回收利用价值。

3. 矿物组分

锰矿石矿物主要为菱锰矿、钙菱锰矿、锰白云石及方锰矿、黑锰矿和少量镁锰方解石、钡钙锰矿、羟锰矿、水锰矿、褐锰矿。脉石矿物主要为白云石、方解石、次为绿泥石、黏土质，及少量硅质、重晶石、沥青质。伴随少量赤铁矿、针铁矿及磁铁矿。主要矿物特征如下。

菱锰矿（$MnCO_3$）：呈浑浊的微晶，粉晶质，粒度一般＜0.08mm，颗粒界线模糊不清，常具藻迹或各种形态的藻组构，有时呈波状消光。据电子探针分析，含铁甚微，混入的二价离子元素为钙，其次为镁，往往与方锰矿、黑锰矿相伴出现。

钙菱锰矿（$(Mn，Ca)CO_3$）：与菱锰矿相似，也呈混浊的集合体，具藻组构。含钙较多，其次为镁，几乎不含铁，为贫矿石的主要矿石矿物，多分布于矿体上部。

锰白云石（$Ca(Mn，Mg)(CO_3)_2$）：多为半自形微晶质小粒，粒度一般＜0.03mm，少数为 0.05mm。主要分布于矿体底部。

镁锰方解石（$Ca(Fe，Mn)(CO_3)_2$）：呈较清亮的粉晶、细晶集合体，波状消光，常具十字形波状消光。分布于混浊的菱锰矿藻颗粒、藻组构之间，多为成矿阶段的填隙矿物。化学组分主要为 CaO 与 MnO，MgO 变化大。

锰菱铁矿（$(Fe，Mn)CO_3$）：呈清亮的板状晶体，分布于藻鲕粒之间，有黑色土状针铁矿伴生。化学组分 MnO 为 11.99%、CaO 为 4.91%、MgO 为 2.37%、FeO 为 48.72%、CO_2 为 31.59%。

方锰矿(MnO)：新鲜断面为醒目的翠绿色，空气中迅速氧化成褐黑色；呈韵律式条带及不均匀斑块状产出。多呈非晶质状态，并具平行层理的显微收缩裂纹，有时在非晶质斑块边缘见有四方形显微小晶粒，或呈两头尖的竹叶形显微体(50~80μm)。另零星分布的方锰矿具藻迹或藻菌形态。电子探针分析结果表明 MnO 含量 60.63%~86.85%(表 3-31)。

表 3-31　方锰矿电子探针分析结果表(W_B/10^{-2})

矿物形态	MnO	MgO	CaO	Al_2O_3	SiO_2	ZnO	C_2O_3	合计
绿色非晶质	81.35	0.20	0.41	0.45	0.99	0.15	—	83.55
绿色非晶质	73.14	0.49	0.34	0.36	2.55	0.15	—	77.03
绿色方形晶	86.85	3.53	0.33	0.21	2.75	0.35	—	94.02
黑色方形晶	66.67	1.18	2.28	0.65	4.82	0.29	—	75.89
绿色非晶质	60.63	0.88	0.51	0.01	22.89	—	0.03	84.95

黑锰矿(MnO·Mn_2O_3)：经 X 射线-衍射分析、电镜能谱分析，其产出形态：①呈土状、尘埃状小质点，附着于锰矿之上，并具藻菌组构形态；②呈显微片状、竹叶状杂乱交叉或星散分布；③呈致密块状集合体，多为他形集晶，边缘处有四方形晶体断面，为侧分泌之热液局部集聚而成；④呈奇特的花蕾状。

钡钙锰矿((Ba，Ca)Mn_3O_7·H_2O)：为黑色高价氧化锰，多为非晶质土状，经 X 射线-衍射分析定名。分布于松软的含锰泥岩及具空洞氧化锰矿石中。

赤铁矿(Fe_2O_3)：呈隐晶集合体或土状，构成铁质豆粒或不规则斑块状，多在矿体底部或边部，构成贫矿石，与方解石、锰方解石伴生。

4. 矿石结构构造

矿石呈藻鲕藻凝块、藻团块、豆状、放射状、纤状及隐微晶、粉晶结构；不规则条带斑块、层纹状、叠层状、皮壳状、角砾状构造。

矿石属藻类成因，具明显的藻(菌)组构(王杏芬，1989)，其藻组构有藻鲕、藻斑点、藻凝块、藻葡萄、微型柱状叠层石、指状叠层石、藻层纹等。常见有模糊不清的具变残藻迹的块状黏结岩，具变残束状、放射状、纤维状藻迹。在矿石中藻类种属有附枝藻(Epiphyton)、灌丛藻(Frutexites)、葛万藻(Girvanella)、放射残藻(Actinophycus)、管孔藻、胶须藻、叶状藻等，多属蓝绿藻，次为红藻。藻的原生构造均已模糊不清，但藻丝藻迹密集之处锰含量高；电镜锰元素主要分布于鲕粒的具丝状藻迹环带中；可见藻体本身就是菱锰矿的直接构筑者，而叠加于菱锰矿的氧化锰矿物则具各种形态之菌类假象。总之，矿石具藻菌成因特点。

5. 矿石类型

矿区锰矿石地表氧化程度不高，氧化深度小，分布有限。矿石的自然类型主要为原生碳酸锰矿石，仅地表有少量的氧化锰矿石。

工业类型为冶金用锰矿石。Ⅰ号矿体 P/Mn 为 0.003，SiO_2 为 9.33%，Mn/Fe 为 4.02，碱度 1.52；Ⅱ号矿体 P/Mn 为 0.003，SiO_2 为 9.40%，Mn/Fe 为 5.36，碱度 1.27；Ⅲ号矿体 P/Mn 为 0.003，SiO_2 为 11.29%，Mn/Fe 为 6.14，碱度 0.43。Ⅰ、Ⅱ号矿体锰矿石属低磷低硅中铁碱性碳酸锰矿石，Ⅲ号属低磷低硅低铁酸性碳酸锰矿石。

按工业品级分为贫矿石（15%≤Mn＜25%）、富矿石（Mn≥25%）两种，根据资源储量计算结果，富矿占89%，主要为富矿。

按矿物组合分为黑锰-方锰-菱锰矿石、锰方解石-钙菱锰矿石、锰白云石及铁锰矿石等类型。①黑锰-方锰-菱锰矿石：褐黑色、鲜绿色及肉红、玫瑰红色；薄-中厚层、藻球粒、藻鲕粒、藻块、藻迹及粉微晶结构；条带状、层纹状、斑块状、角砾状构造；矿物成分以菱锰矿为主，次为方锰矿、黑锰矿，少量钡钙锰矿、羟锰矿、水锰矿、褐锰矿及绿泥石、硅质、黄铁矿、黏土质。主要分布于矿体中部，为富矿石类型，Mn 含量22%～52.19%。②锰方解石-钙菱锰矿石：浅灰色，局部因铁质渲染而呈红色；中厚层状，粉微晶、藻粒、藻斑点、藻鲕、豆状结构；皮壳状、云雾状、斑块状、块状构造。主要矿物成分为钙菱锰矿，次为镁锰方解石、方解石、黄铁矿、赤铁矿、泥炭质、硅质、白云石、沥青质；主要分布于矿体上部，为贫矿的主要类型，含 Mn 为 10.04%～24.47%。③锰白云石：灰至浅灰色；隐微晶结构，块状及薄层纹构造。矿物成分较简单，变化不大，为锰白云石、铁锰白云石、白云石、少量硅质、黄铁矿；为矿区贫矿类型之一，Mn 含量 5.25%～24.10%。④铁锰矿石：深灰、深褐色、红色；具变斑晶及土状结构；条带、斑块、凝块状构造。矿物成分为锰菱铁矿、赤铁矿，次为钙菱锰矿、褐铁矿、针铁矿、微晶高岭土、少量氧化锰及泥炭质、硅质；Mn 含量 11.14%～28.38%，TFe 为 15.56%～30.92%。

6. 矿体围岩及蚀变

矿体底板围岩为浅灰色中厚层含生物碎屑隐微晶灰岩，矿物成分主要为方解石，含量90%～95%，次为少量泥质、白云石，偶见星点状黄铁矿，含 Mn 为 0.91%～6.23%。

矿体顶板围岩为深灰色、灰黑色泥炭质、硅质白云岩、泥炭质硅质灰岩夹薄层硅质岩及页岩，岩层均呈页片-薄层状，含黄铁矿，与矿体界线清晰，含 Mn 为 1%～14.97%，远离矿体 Mn 含量降低。

矿体内夹石有两种：灰-深灰色泥炭质硅质白云质页岩，含 Mn 为 3.28%～6.40%，CoO 为 0.002%，NiO 为 0.028%，走向上、倾向上均有厚薄变化、不稳定；含锰方解石、含锰白云石、含锰泥质白云岩（主要为贫锰矿中），含 Mn 为 6.87%～14.77%，分布无规律性。

围岩蚀变总体弱，主要为受区域断裂作用所产生的碳酸盐化、硅化等。

(四)矿床成因

1. 成矿地质环境

矿床位于轿顶山锰矿床之南东,所处的大地构造位置、成矿区带均与之相同。大地构造分区为上扬子陆块上扬子南部陆缘逆冲-褶皱带(三级)之峨眉—凉山盖层摺冲带(四级)。成矿区带为汉源—甘洛—峨眉 Pb-Zn-Mn-Cu-铝土矿成矿带(Ⅳ-42)。锰矿产于泸定—峨边凹陷盆地内。含矿地层奥陶系上统五峰组(O_3w),锰矿层见于其底部,其上为一套深灰色白云质、钙质、硅质、泥炭质岩,其下为一套含生物碎屑的瘤状灰岩,普见黄铁矿。

大瓦山锰矿区地处川滇古陆与川中古陆间的狭长海湾地带(参见图 3-15),处于南东小瓦山隆起、北西野鸡坪隆起之间,为一北东开口的浅水洼地。矿床受开阔台地相边缘的复合藻礁(藻类岩礁)控制,矿体分布于半闭塞台地相(或潟湖亚相)与台盆相过渡带上。该半闭塞台地相分布局限,是循环受限制的藻礁隆起之后及水下高地一带,矿体位于浅水与深水之间的过渡带上,即为古地形由缓变陡的转折部位。

根据矿物(菱锰矿、白云石、方解石、泥炭质、沥青质、黄铁矿、针铁矿)和生物组合(窄盐度生物红藻、棘皮类、珊瑚、腕足类、三叶虫、腹足类等)特征表明当时为一弱碱性-碱性、弱还原-还原、海水盐度正常的沉积环境。

2. 岩相古地理

大瓦山矿区藻类发育,经曲红军等 1987 年调查研究认为,藻礁分布于开阔台地外侧的水下隆起附近,大瓦山已发现 1 个藻群,由 2 个小礁体(点礁)组成,礁体主要由菱锰矿组成,亦即礁体就是矿体。

保存较完好的为大瓦山 1 号锰矿体、2 号锰矿体分布区的礁体,是一个平面上呈长椭园形的不对称穹形礁,保存的最大厚度为 14.34m,呈近北东东向展布。长轴约 700m,短轴约 300m,因剥蚀作用,现存宽度仅 10m 左右。由于礁体长轴与岩相变化界线平行,并且沿着这一界线上还有相同礁体分布,总体上构成一线状延伸的点礁群。可划分出礁核、礁前、礁后、礁坪、礁底滩、礁顶盖层和礁后充填层六个微相,微相矿物组合见表 3-26,微相的化学成分见表 3-32。礁核宽约 30m,保存最大厚度114.34m,顶部圆滑,呈穹形,岩性为不具层理的块状藻菱锰矿和藻锰白云石,它们是由藻类的粘结作用而形成的粘结岩,由不规则凝块状菱锰矿和锰白云石组成;镜下呈浑浊状,具隐藻组构,有时尚可见葛万藻的管状体分布,凝块是由藻类粘结所形成,含量占 65%~85%;在凝块之间为清亮的锰白云石-锰方解石所充填,含量 15%~35%,在接近凝块边缘常呈皮壳状,构成典型的结壳结构。整个礁核岩石都略有重结晶现象。在礁核两侧,各有一原始倾斜面,北侧较陡,南侧较缓,向两侧即过渡为塌积角砾岩,北西侧(礁前)塌积角砾岩最为发育,成分与礁核一致,角砾大小不均,一般远离礁核角砾变得细小、成为砂屑状。角砾之间为隐晶-砂粉屑状菱锰矿充填,并常见白色不规则斑块状结晶白云石沿角砾边缘分布。这种白云石分布较多的部位，角砾边界变得模糊不清，表明在成岩期岩石经过再次重结晶。在塌积角砾岩上下可见未经移动的条带状、斑块状方锰矿-菱锰矿石。两类岩（矿）石在剖面上多次重复出现，表明礁核经过多次坍塌。礁前另一特征是属于礁体部分的岩（矿）石与台盆相黑色页岩呈互层或夹层状产出，在横剖面上黑色页岩向礁核方向延伸不远即消失，表明礁相与台盆相之间是呈指状交接。整个礁前塌积微相的宽度约50m，向北西迅速尖灭，变为台盆沉积。

表 3-32 藻礁各微相化学成分一览表

| 微相 | 化学成分(10^{-2}) | | | | | | | | | | Co/Ni |
	Mn	TFe	SiO_2	P	CaO	MgO	Al_2O_3	CO_2	Co	Ni	
藻核	16.46	7.94	6.71	0.098	20.16	4.93	2.85	—	0.008	0.008	1
礁前	19.15	18.77	11.47	0.159	3.65	2.79	6.20	—	—	—	—
礁后藻坪	32.24	2.40	3.23	0.059	13.24	3.62	1.07	25.74	0.006	0.013	0.46
礁底滩	8.25	32.02	8.22	0.07	1.87	6.17	3.21	21.45			

（据曲红军等，1987）

礁核的南东侧（礁后），发育一个宽达200m的藻坪，厚度较为稳定（一般1~2m）。主要岩性为层纹-条带状方锰矿-菱锰矿，次为豆状、鲕状菱锰矿、块状含锰灰岩、白云岩。地处礁后受保护地带，环境较为安静，故藻类生物化石形态保存十分完好，常见直立生长的藻纤集合体、放射状藻纤，管状集合体和灌木林状藻丛；局部因藻丛生长较快而形成上凸的藻丘，并可"刺入"上覆地层中。藻的种类繁多，形态复杂，并且岩（矿）石略有重结晶，藻的内部结构已模糊不清。据林文球和王杏芬（1989）的鉴定已确定的藻类种属为兰绿藻中的葛万藻（*Girvenolla*）、附枝藻（*EpiPhyton*），红藻中的放射线藻（*Actino-Phyus*）。初步确定的藻类有绿藻中真果叶藻（?）粗枝藻（?），红藻中的管孔藻（?）等。还常见由兰绿藻形成的层纹石、叠层石以及未定名的藻颗粒，夹有藻鲕、藻豆及砂屑层。此外在靠近礁核部位，还有少量角砾状菱锰矿，亦是由礁核垮塌而形成的堆积岩。

礁底滩为一层厚0.1~3m的豆粒-团粒状铁锰矿层（不稳定），礁核底部厚度最大（约3m）。豆粒大小一般5~10mm，具不规则的同心圈层，含量50%~60%，其间为亮晶镁锰方解石-白云石胶结。豆粒实系藻类在动荡环境下形成的核形石，为礁的生长奠定了基础。

礁顶盖层为厚1~2m的台盆相灰黑色页岩、硅质泥灰岩及硅质岩，在礁前区含较多的硅质结核，在礁核顶部相变为页岩与微晶灰岩。由于礁核的阻隔，使得礁后洼地成为半闭塞环境而充填了一套泥炭质硅质白云岩-硅质白云质灰岩夹泥炭质砂岩透镜体的沉积组合，含有丰富的结核状、条带状黄铁矿，这套较为特殊的岩石充填了礁后凹地，厚度较其他部位大，约 5m 左右。它的存在可以帮助我们判断向台盆方向是否有礁体存在。

通过对礁体不同部位微量元素的分析(表 3-33)，可见 Sr、Ba、V、Pb、Cu、Co、Ni 等元素变化规律较明显。元素含量变化有如下规律：①Sr、Pb 从台盆向藻礁方向含量渐增，至礁核含量达到最大值，到礁后藻坪含量陡然降低，礁后充填层中含量又升高，到远离礁体的开阔台地又逐渐降低。总的来看，这两种元素从远礁到近礁其含量是逐渐增高的。Sr 和 Pb 元素的含量变化特征很可能是因藻类的生长改变了周围海水的物理-化学条件而造成的，物理-化学条件的改变，使 Sr 和 Pb 元素在礁体及其附近大量沉淀；远离礁体，物理-化学条件趋于正常，Sr 和 Pb 元素的沉淀随之而恢复正常状态，由此而形成了远礁—近礁—礁体元素含量逐渐增高的特点。②V 元素从远礁到近礁含量渐增，但到礁体中含量又迅速降低，这表明 V 只聚集于礁体外侧四周(和礁内潟湖中)。③Co 元素从远礁到近礁含量逐渐降低，至礁的四周达到最低值，进入礁体后其含量又迅速升高。④Ni 元素从远礁到近礁含量变低，至礁体达到最低值。⑤Ba、Cu 元素从台盆到礁体含量逐渐降低，到达礁后则迅速升高，表明 Ba 和 Cu 能在礁后较闭塞环境中富集。⑥Mn 元素含量亦有远礁—近礁—礁体逐渐升高的特点，礁体南北两侧 1000m 以外地层中含锰量仅 $0.38\%\sim0.69\%$，礁体附近渐增至 $3.06\%\sim4.67\%$。

表 3-33 大瓦山远礁—近礁—礁体微量元素含量表($W_B/10^{-6}$)

样品数量 元 素	岩相					
	台盆中心	台盆边缘	礁核	礁后藻坪	礁后充填层	开阔台地
	13	7	10	3	6	2
B	42.8	72.9	28.5	40	67.5	165
Ga	6.2	8.9	3.5	4.7	9.2	14
Sr	93.5	241.4	509	183.3	431.7	225
Ba	405.8	278.6	291	1266.7	983.3	2350
V	72.3	95.7	42.2	30	220.8	175
Zr	40.2	79.3	11.6	23.3	104.2	112.5
Cr	23.2	39.3	22.5	10	47.5	75
Pb	40	164.3	487.5	21.7	100	70
Zn	66.2	117.1	162	266.7	388.3	92.5
Cu	63.9	42.9	26.5	16.7	163.3	100
Co	135.5	32.9	82	31.7	29	50

续表

样品数量	岩相					
	台盆中心	台盆边缘	礁核	礁后藻坪	礁后充填层	开阔台地
元　素	13	7	10	3	6	2
Ni	170.8	95	80	128.3	205.3	100
Mo	7	7.1	6.5	25	18.7	5.5
Sc	7.3	6.1	<3	<3	7	12.5
Y	37.4	25.3	11.7	3.7	24.2	21
La	40.4	25.7	11.5	10	33.3	32.5
Ba/Sr	4.3	1.2	0.6	6.9	33.3	32.5
Co/Ni	0.8	0.3	1.0	0.2	0.1	0.5
Ni/V	2.4	1.0	1.9	4.3	0.9	0.6

（据曲红军等，1987）

上述情况表明，当地层中 Ba、V、Cu、Ni、Co 的含量向某一中心逐渐降低，而 Sr、Pb、Mn 的含量向这一中心逐渐增高时，则表明该处很可能有礁体存在。根据地层中元素含量的变化规律来追索和圈定礁体是完全可能的。

1985～1987 年四川冶金地质勘探公司曲红军等在开展轿顶山锰矿调查研究时，对包括大瓦山锰矿在内的区内进行了较深入的调查研究，将大瓦山锰矿的礁体进行了岩相划分，结合区域五峰组岩性特征等划分了岩相古地理（见前图 3-15）。从藻迹组构和藻礁最大高度来看，该沉积环境水的深度不大；另外藻体顶部或凹地边缘的含锰白云岩中见石盐假晶或面上有晶痕出现，局部有轻度冲刷，矿石中还见有角砾（非礁核塌积角砾），这些特征表明水体浅、有微弱挠动，其北东段挠动大于南西段、边部大于内部、上部大于下部。根据矿物（菱锰矿、白云石、方解石、泥炭质、沥青质、黄铁矿、针铁矿）和生物组合（窄盐度生物红藻、棘皮类、珊瑚、腕足类、三叶虫、腹足类等），矿床内五峰组各类岩石、锰矿石中含有原生的黄铁矿（星点状、小团块状、细脉状等），并含有多少不等的有机质（炭质）等特征，表明当时为弱碱性-碱性、弱还原-还原、海水盐度正常的沉积环境。

3. 成矿物质来源

区域五峰组地层锰含量普遍较高，说明海水中富含锰质，其成矿物质来源主要来自海底火山热液。该区位于古陆边缘，因此古陆也有提供来源的可能。其依据如下。

（1）矿床含矿层下部的宝塔组顶部岩石含有火山碎屑物质（见一层含有火山碎屑的磁

铁石英岩透镜体）；相邻的轿顶山、老矿山含锰岩系，锰矿石中发现有火山凝灰岩夹层或火山碎屑物质（曲红军等，1987）。

（2）区域上含锰岩系中钴、镍含量较高，并且在地层剖面上 Co/Ni 为 0.125~2.81，呈交替变化的特点。

（3）相邻的轿顶山锰矿石 $\delta^{13}C$、$\delta^{18}O$ 同位素揭示了锰质来源具有幔源特征。

（4）古断裂发育，其中赤竹坪—金口河断裂位于深水沉积区（海盆）与浅水沉积区（开阔台地相）之间的过渡带上，该断裂在当时是活动的，推测火山物质可沿此断裂喷溢出来。

（5）矿床东侧分布有峨边群，枷担桥组含锰较高，局部地段有锰矿床存在，该地层的风化可能为矿床提高了一些成矿的锰质。

上述依据，说明区内锰矿的物质来源，并可能以来自远源火山活动的锰质为主。

4. 成矿作用

由（远源）海底火山活动带出的锰质，进入海水中，随海流运移，部分锰质被迁移到大瓦山由水下隆起所构成的相对较封闭的环境中，由于藻类的大量生长，在光合作用下捕集和黏结海水中的锰质而沉淀。锰矿的形成有同生沉积作用、成岩成矿作用。

铁与锰为紧密伴生元素，由于其沉积的 Eh 和 pH 有差异，故铁锰沉积的微环境不同。大瓦山锰矿床中铁元素的分布情况是：①藻控富锰矿部位，由于其 pH 较高，不利于铁元素沉积，故含铁甚少，其锰铁比大于 5；②铁元素富集于锰矿体底部或于较开放的环境中，这些部位 pH 较低，有利于铁元素的沉积；③具藻组构的锰矿石中，铁元素则分布于藻颗粒之间的填隙物内，因为填隙物的 pH 小于藻颗粒；④有的氧化铁矿物呈小球状藻菌颗粒，或呈杆菌状、片状形态出现。

锰元素从沉积到成岩成矿的整个演化过程中，藻菌的吸附功能起着重要作用（王杏芬，1989）。

1）藻类的"矿捕"作用，同生沉积形成菱锰矿

海水中的 Mn 一般呈稳定的 2 价离子存在，要使 Mn 沉淀，就需要一定的物化条件。根据 Mn 沉淀的 Eh-pH 图解分析，菱锰矿沉淀的 pH>7.8。在浅海中，由于藻类的繁殖及光合作用，可以形成碱性水域，同时藻类（尤其是蓝绿藻）为公认的捕集金属元素的能手。据文献报道，海生植物可将海水中锰的丰度提高 26000 倍。在水域捕集金属元素的藻类（自养微生物），靠自身的功能吸收海水中的水、二氧化碳和金属元素（Mn、Fe），在阳光下制造本身需要的养分。同时由于藻类的光合作用使其微环境 pH 增高，形成了碱性弱还原（锰矿均产于局限、半局限水域中）环境。富藻类越多的地方 pH 越高，促使 Mn 在藻体中就地成为菱锰矿沉积。所以，菱锰矿就是藻体本身，可得出"有矿必有藻"的认识。

2）菌解作用——过渡性氢氧化锰矿物的形成

藻类将海水中 Mn 元素富集并死亡后，随着上覆沉积物的掩盖，进入菌解阶段。藻类自身的降解作用与各种异养微生物繁殖，使其微环境的 Eh、pH 发生变化，促使锰的矿物相发生转变。由于异养微生物中嗜锰细菌及少量嗜铁细菌的氧化作用，产生了一系列含水的过渡性氢氧化锰矿物，如羟锰矿、水锰矿或锰榍石(?)等。这些过渡性氢氧化物具有霉菌、杆菌或菌落形态。有的呈含水的非晶质胶状形态。这些氢氧化锰矿物，在成岩的晚期脱水变质成无水氧化矿物，但仍保留有氢氧化锰矿物的形态假象，这是过渡性氢氧化锰矿物存在的主要标志。

3) 成岩(成矿)晚期脱水作用——无水氧化锰矿物的形成

随着成岩(成矿)阶段进展至成岩晚期，由于温度、压力的增加，锰的氢氧化物便脱水变成了无水氧化物，如羟锰矿 $[Mn(OH)_2]$ 脱水变成方锰矿 (MnO)，水锰矿 $(\gamma\text{-}MnOOH)$ 或锰榍石 $(\alpha\text{-}MnOOH)$ 脱水变成黑锰矿 (Mn_3O_4)。脱水后的氧化锰矿物，具有氢氧化锰过渡性矿物的形态假象。如方锰矿具有圆形、多边形"花托"状菌落形态，或成显微竹叶状"杆菌"形态，或呈纤维状、草丛状霉菌等形态假象，有的具显微收缩裂纹(由非晶质胶状羟锰矿脱水收缩产生)。

综合上述，认为锰矿明显受沉积环境、藻礁、岩相变化、古地形变化及水下隆起等因素控制，严格受地层控制；矿床成因为海相沉积型碳酸锰矿。

四、成矿模式

1. 成矿要素

区内锰矿按其产出的岩相古地理环境，可分为三类：产于开阔台地边缘受藻礁控制的锰矿；产于台盆中的锰矿；产于潟湖中的锰矿。在这三类锰矿中，只有产于开阔台地边缘受藻礁控制的锰矿为富锰矿，其余各环境中的锰矿均为品位低、质量差的锰矿化体。说明藻礁，即藻类生物是富锰矿形成的重要条件。

受藻礁控制的优质锰矿，在纵向上，位于五峰组正常浅海相(开阔台地)灰岩、泥灰岩与龙马溪期较深水(台地盆)笔石页岩、放射虫硅质岩之间。在横向上，同样位于开阔台地相泥灰岩、生物碎屑灰岩与台盆相放射虫硅质岩、笔石页岩之间。因此，矿床产出的位置正好处于浅水与深水之间的过渡带上，即岩相古地形由缓变陡的转折部位。在早期稍晚地形有明显的差异，在较深水环境中沉积了泥灰岩段，而在较浅水环境中则缺失泥灰岩段。泥灰岩段的尖灭部位是古地形由缓变陡的转折部位，也是矿层赋存的部位。

锰矿产于浅水与深水之间的过渡环境，且在过渡带附近有水下隆起存在时才有利于成矿(水下隆起对轿顶山式锰矿的控制)。藻类在生长过程中，捕集海水中的锰质，只能在水下隆起附近大量发育而形成藻礁(锰矿)。

通过轿顶山矿床成矿规律研究，结合大瓦山矿床成矿规律研究成果，总结出轿顶山式锰矿轿顶山典型矿床成矿要素(表 3-34)。

表 3-34 轿顶山式锰矿轿顶山矿床成矿要素表

成矿要素		描 述 内 容
特征描述		产于上奥陶统五峰组的海相沉积型锰矿
地质环境	构造背景	位于康滇古陆北段东侧峨眉—昭觉断陷盆地带(局限于泸定—峨边凹陷盆地)
	成矿区带	上扬子中东部(拗褶带)Pb-Zn-Cu-Ag-Fe-Mn-Hg-Sb-磷-铝土矿-硫铁矿-煤和煤层气成矿带(Ⅲ-77)
	成矿环境	开阔台地边缘浅海环境
	成矿时代	晚奥陶世
	含矿建造	黑色泥质岩、碳酸盐岩建造:由含锰碳酸盐岩、黑色页岩、含钴页岩、砂页岩组成
矿床特征	控矿条件	含矿层位及岩性:上奥陶统五峰组(O_3w);含锰碳酸盐岩夹黑色页岩
		沉积相:开阔台地边缘藻礁相
		锰矿层:上部由浅灰色钙菱锰矿、锰方解石及含锰灰岩组成;中部由鲜绿色、黑褐色、玫瑰红色方锰矿-黑锰矿-菱锰矿及钙菱锰矿组成;下部主要由浅灰至灰色锰白云石、含锰泥质白云岩组成。局部夹页岩,含黄铁矿、菱铁矿。
	矿体特征	共有 3 个矿体,呈似层状、透镜状产出,其中 1 号主矿体长 1100m,宽 700m,厚 0.30～2.66m、平均 1.36m。2 号体长 320m,厚 0.13～2.64m,平均 1.88m。3 号矿体长 50m,厚 0.47m。探获(331＋332＋333)锰矿石量 159.23 万吨,Mn 平均品位 31.55％
	矿物组合	矿石矿物:以菱锰矿、钙菱锰矿、锰方解石(地表硬锰矿)为主,少许黑锰矿、方锰矿、磁铁矿、黄铁矿、方铅矿、闪锌矿、硫钴镍矿
		脉石矿物:方解石、白云石、绿泥石、石英、重晶石
	结构构造	矿石具放射状、纤维状、鲕状、豆状结构及粒镶嵌结构;块状、层纹状、砾屑状、条带状、结核状、斑块状构造

2. 成矿模式

轿顶山锰矿床,地处康滇古陆北段东侧的峨眉—昭觉断陷盆地带(锰矿局限于泸定—

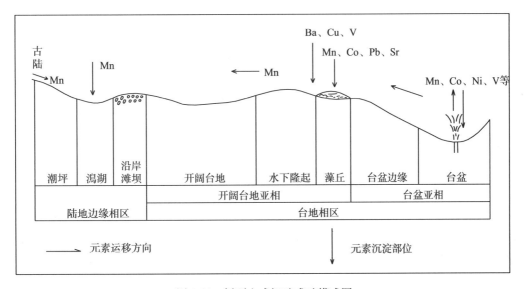

图 3-18 轿顶山式锰矿成矿模式图

峨边凹陷盆地内)。含矿地层为奥陶纪上统五峰组。轿顶山锰矿为藻礁控制的矿床。它产于开阔台地外侧的水下隆起附近,由藻类吸附锰质而形成。在成矿过程中,藻类有选择地吸附 Mn、Co 等元素。由于藻类的生长,改变了周围水域的物理化学性质,因而形成了藻丘附近的地球化学异常并富集成矿。根据岩相古地理特征、成矿作用及地球化学特征,其成矿模式见图 3-18。

五、找矿标志

(1)若地表有矿体出露,或有锰矿石转石等,则为直接的找矿线索。

(2)在岩相上应处于开阔台地相灰岩夹砂页岩与台盆相硅质灰岩、硅质岩夹黑色页岩之间的过渡带上。

(3)要有适于藻礁生长的岩相古地理环境,即开阔台地外侧的水下隆起附近。

(4)要有一定的地球化学异常,如 Mn、Ba、Sr、Pb、V 等元素的高含量区和 Ni、Co、Cu 等元素的低含量区。

第三节　东巴湾式锰矿

一、概况

东巴湾式锰矿分布于四川省南部地区的盐源县、盐边县等境内,地理坐标:东经 $101°10'\sim101°52'$,北纬 $27°00'\sim27°35'$,面积约 $2000km^2$。

盐边—盐源成锰矿带北起盐源县右所乡南天湾附近,经中梁子、国胜等地,南至盐边县箐河乡肖家坪子一带。经四川冶金地勘局、四川地矿局多年来的勘查证实,东巴湾式锰矿是四川省内继轿顶山式锰矿之后,另一个优质富锰矿类型。其锰矿石质量好、有害杂质少,主要为优质锰矿和富锰矿。

东巴湾式锰矿,在大地构造位置上处于上扬子板块(地台)西南缘,盐源—丽江被动大陆边缘(基底逆推带)北段盐源台缘拗陷带内,东为康滇断隆带,锰矿即处于两者间凹陷带的结合部位。

东巴湾式锰矿分布于金河—箐河深大断裂之西,沿盐源—丽江被动大陆边缘分布,总体呈北东南西向展布,长约 90km。锰矿带严格受中奥陶世盐边—盐源—丽江凹陷盆地控制,为海相沉积型碳酸锰矿床。含矿地层为奥陶系中统巧家组中段,含矿建造为碳酸盐岩建造,含矿岩性以燧石条带灰岩、瘤状灰岩、白云质灰岩为主。已发现该类型锰矿床(点)7 个(表3-35),其中已探获小型锰矿床 3 个、332+333 类锰矿石量 113.20 万吨,矿点 4 个。东巴湾锰矿床达详查，工作程度较高，以此而命名，并选其作为典型矿床。

表 3-35 东巴湾式主要锰矿床(点)一览表

序号	名称	矿种	勘查程度	规模	Mn(10^{-2})	资源量(万吨)	含矿建造	成矿时代
1	盐源县庄子沟	锰	普查	小型	24.10	59.36	碳酸盐岩建造	中奥陶世
2	盐边县盐水河	锰(钴)	详查	小型	37.33	21.70	碳酸盐岩建造	中奥陶世
3	盐边县东巴湾	锰(钴)	详查	小型	27.16	32.14	碳酸盐岩建造	中奥陶世
4	盐边县择木龙	锰	预查	矿点	36.00	0	碳酸盐岩建造	中奥陶世
5	盐边县箐河	锰	预查	矿点	24.64	0	碳酸盐岩建造	中奥陶世
6	盐边仙人洞	锰	踏勘	矿点	37.06	0	碳酸盐岩建造	中奥陶世
7	盐边县水银厂	锰	踏勘	矿点		0	碳酸盐岩建造	中奥陶世

二、东巴湾锰矿床

东巴湾锰矿床位于攀枝花市盐边县城 306°方位平距 53km 处，行政区划属四川省盐边县国胜乡所辖，其中心地理坐标：东经 101°27′30″，北纬 27°04′23″。矿区有简易公路 12km 到河口，从河口至盐边县城 28km 有柏油公路、县城至攀枝花市 82km，至最近的火车站弄弄坪约 80km，交通较方便。

(一)工作程度

20 世纪 80 年代，四川省地矿局 403 队和第一区测队曾分别对东巴湾进行过矿点检查工作，当时认为系锰帽型。

1990～1994 年，冶金工业部西南地质勘查局 601 队，按Ⅲ类型采用坑道、钻探等勘查手段对矿床开展普查、详查地质工作，1994 年提交了《四川省盐边县东巴湾锰矿详查地质报告》，共探获 C+D 级锰矿石资源储量 32.14 万吨。

1984～1985 年，冶金工业部西南冶金地质勘探公司 603 队在箐河地区开展了锰矿普查找矿工作，提交了《四川省盐边箐河锰矿初步普查报告》。2010 年以来，四川省冶金地质勘查院对箐河锰矿开展普查工作。

(二)矿区地质

1. 地层

本区地层属扬子地层区，以金河—箐河—程海断裂为界，东为康定地层分区，西为丽江地层分区，除缺失新元古代、寒武系中统和上统、下泥盆系、古近系和新近系外，其余地层均有出露（图3-19）。

现将区内奥陶系及以前的地层由老至新简述如下。

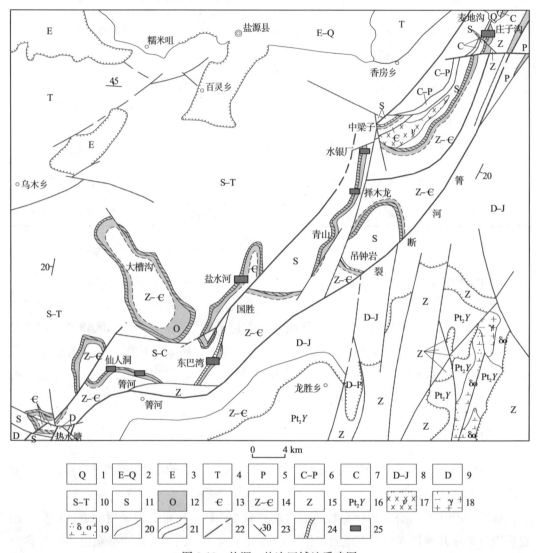

图 3-19　盐源—盐边区域地质略图

（据冶金工业部西南地质勘查局601队，1994，修编）

1. 第四系；2. 古近-第四系；3. 古近系；4. 三叠系；5. 二叠系；6. 石炭-二叠系；7. 石炭系；8 泥盆-侏罗系；9. 泥盆系；10. 志留-三叠系；11. 志留系；12. 奥陶系；13. 寒武系；14. 震旦-寒武系；15. 震旦系；16. 中元古代盐边群；17. 辉绿辉长岩；18. 黑云母花岗岩；19. 石英闪长岩；20. 地质界线；21. 不整合界线；22. 实测、推测断层；23. 产状；24. 含锰地层；25. 锰矿床（点）

1）中元古界

主要出露盐边群（Pt_2Y）地层，为结晶基底的组成部分，厚约7082m，与上覆震旦系为不整合接触。按岩性分为 4 个组：荒田组(Pt_2ht)为暗灰绿色块状、枕状、杏仁状玄武岩、安山岩、硅质板岩、硅质岩夹少量基性火山凝灰岩，厚 1832m；渔门组(Pt_2ym)为深灰色、灰黑色炭质绢云板岩、炭硅质板岩夹粉砂质板岩、砂质板岩、灰岩，于灰岩段局部有锰富集，厚 1720m；小坪组(Pt_2xp)为灰至深灰色炭质绢云板岩夹变质砂岩，底部为变质凝灰质细砾岩，厚 2260m；乍古组(Pt_2zg)以青灰色、深灰色绢云板岩为主，上部夹角砾状白云质灰岩，底部为变质砾岩，厚 1270m。

2) 震旦系

出露地层包括下震旦统观音崖组、上震旦统灯影组。

观音崖组(Z_1g)：下段为灰白色、紫色长石石英砂岩、粉砂岩、页岩，偶夹白云岩；上段为紫红色、灰绿色钙泥质粉砂岩、页岩，偶夹灰色泥灰岩，厚 550~652m，与下伏盐边群乍古组为不整合接触，与上覆灯影组为整合接触。

灯影组(Z_2d)：按岩性分为上、下段，下段为灰白色、浅灰色层纹状、致密块状白云岩夹少量含藻白云岩、细晶灰岩；上段为燧石条带、燧石团块状白云岩夹致密状白云岩，顶部为白云质砂砾岩、长石石英粗砂岩、砂质白云岩夹燧石条带、燧石团块，厚 100~1017m，与上覆下寒武系整合接触。

3) 寒武系

区内仅出露寒武系下统的地层，缺失中、上统地层。紫红色、黄绿色长石石英砂岩、细砂岩、粉砂岩，底部为紫红色粉砂岩夹砂质页岩，厚约 564m，与上覆奥陶系为不整合接触。

4) 奥陶系

奥陶系下统红石崖组(O_1h)：下段为紫红色石英杂砂岩、长石石英砂岩，局部夹灰绿色—灰黄色泥岩；上段为灰白色长石石英砂岩、灰白色石英砂岩、钙质石英砂岩，偶夹灰绿色粉砂岩。厚 227~580m，与上覆巧家组为整合接触。

奥陶系中统巧家组(O_2q)：系区内含锰地层，为一套浅海海湾相的碳酸盐岩沉积（图 3-20）。岩层产状变化较大，矿区北部向南西倾斜，南部逐渐转向北西倾斜，倾角 10°~35°。下段为中-厚层状灰岩和结晶灰岩，局部为紫红色含生物碎屑白云质灰岩。中段为燧石条带白云质灰岩和泥质灰岩，其下部为泥质灰岩；中部从上至下其结构依次为含燧石条带灰岩→薄至中厚层状含锰泥质灰岩、局部夹白云岩、含锰矿层→白云质灰岩→含铁泥质灰岩、局部夹铁矿层→泥质灰岩，锰矿层与铁矿层一般间隔 3~6m，厚度 10~15m；上部为泥质灰岩和一层巨厚层状白云质灰岩。上段为灰色-深灰色含燧石条带和团块（结核）泥质灰岩，局部含白云质。该组厚度变化较大（40~180m），向南西方向有逐渐变薄的趋势，与下伏地层呈整合接触，与上覆龙马溪组(S_1l)为平行不整合接触。

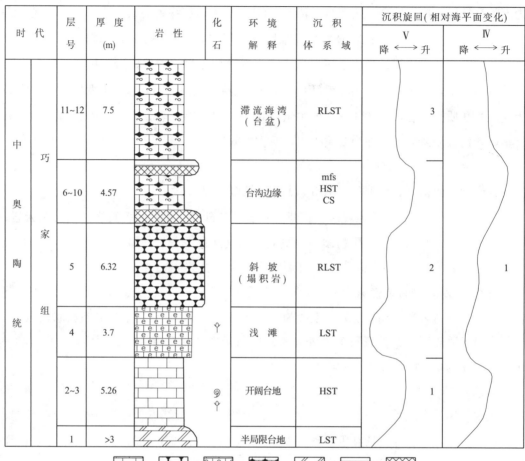

时 代		层 号	厚度 (m)	岩 性	化 石	环 境 解 释	沉 积 体 系 域	沉积旋回(相对海平面变化)		
								V 降←→升		IV 降←→升
中 奥 陶 统	巧 家 组	11~12	7.5			滞流海湾 (台盆)	RLST	3		
		6~10	4.57			台沟边缘	mfs HST CS			
		5	6.32			斜坡 (塌积岩)	RLST	2		1
		4	3.7		ψ	浅滩	LST			
		2~3	5.26		⑨	开阔台地	HST	1		
		1	>3			半局限台地	LST			

图 3-20　盐边东巴湾中奥陶世沉积旋回及层序图

(据曲红军，1993，修编)

1. 灰岩；2. 瘤状灰岩；3. 生物碎屑灰岩；4. 燧石条带灰岩；5. 白云岩；6. 黑色页岩；7. 菱锰矿；8. 头足类；9. 生物碎屑；10. 高水位体系域；11. 低水位体系域；12. 相对低水位体系域；13. 最大海泛面；14. 凝缩层段

5) 志留系

出露下、中统地层，缺失上统。

龙马溪组（S_1l）：下部为灰色-黑色硅质页岩（燧石岩）与灰黄色泥质页岩和浅灰色钙质页岩互层，局部夹含炭灰岩；中部为浅黄色泥质页岩及含炭质灰岩，局部夹硅质页岩；上部为灰色-灰白色钙质页岩夹灰色炭质灰岩。厚度 78~187m，向北有变薄的趋势，与下伏巧家组为假整合接触。

2. 构造

东巴湾锰矿床位于扬子地台西南缘，川滇台隆中段西侧，盐源—丽江台缘拗陷之东南缘。区域内褶皱、断裂较为发育，并伴有多期次的岩浆岩活动。根据区内各构造形迹的展布规律和组合形式以及岩浆岩特征，可分为北东向和北西向两个构造体系。北东向构造主要由金河—箐河—红宝断裂（矿床处亦称箐河断裂）及其相关的断裂和少量褶曲组成；北西向构造带分布于金河断裂之西侧，由一组走向彼此近于平行的北西向褶皱及少量的断裂构造所组成。

金河—箐河断裂：为区内北东向断裂带的主体断层，呈北东向展布，北与小金河断裂相交，经芭蕉湾、红宝、箐河、冷山、竹麻地等地，南延至云南程海，走向长度大于100km，倾向北西，倾角$35°\sim70°$。走向变化较大，总体走向北东—南西向，箐河一带近东西向展布（见图3-19），东巴湾—国胜以北走向$60°\sim70°$，形成一向南凸出的弧形断层，断层面向北西或北倾斜，倾角$38°\sim45°$，属逆断层。沿断层带具平行于主断层的、岩层具拖曳现象、局部见宽约100m的挤压带。断层具继承性，具多期活动的特征，明显控制着区内古生界以来地层的沉积，对区内沉积矿产的形成和分布有着明显的控制作用，如中奥陶世的锰矿即位于断裂的西侧。

青山向斜：位于青山西侧，长约20km，轴向北东，轴面产状略向南东倾斜、倾角$85°$，核部为志留系地层，北西翼被断裂破坏；南东翼出露为奥陶系、志留系地层。已发现择木龙、水银厂锰矿点。

吊钟岩向斜：位于金河—箐河断裂西侧吊钟岩一带，长约8km，轴向北东，对称褶皱，轴面产状略向南东倾斜，倾角$85°$，核部为志留系中统地层，两翼出露志留系下统、奥陶系下统和中统等地层，南东翼部分被断裂破坏，北西翼倾角$42°\sim50°$，南东翼倾角$43°\sim52°$。

国胜背斜：分布于国胜、盐水河之间，长约20km，轴向北东，轴面产状略向北西倾斜，总体斜歪不对称，核部为寒武系下统地层，南东翼被断裂破坏，仅部分保留。其北西翼奥陶系中统有盐水河锰矿床。

河坝村背斜：位于东巴湾南东部位，长约12km，轴向北东，轴面产状略向北西倾斜，核部为震旦系地层，北西翼为奥陶系、志留系；南东翼被金河—箐河断裂破坏，仅部分保留；出露下寒武系、下奥陶系地层。东巴湾位于河坝村背斜北西翼，构造较单一，褶皱不发育，断层较发育。主要表现为一单斜构造，倾向$210°\sim230°$，倾角$10°\sim15°$。矿区内断层主要有F_1、F_2、F_3、F_4、F_5、F_6、F_7断层。F_1断层分布于矿区北部，为一近直立正断层，走向变化较大，西段为东西向、向东变为北东东向，倾角$80°$，走向长大于800m，横贯整个矿区，对各地层错移距离不同，以奥陶系中统巧家组错距最大，约36m。总体看，断层具较强的继承性。

F_2断层位于矿区北部，为一正断层，长400m，倾向$184°$、倾角$85°$，估计发育于晚志留世，对锰矿体的连续性有较大的破坏，将矿体完全切断（错切）。

F_3、F_4断层位于矿区中部，F_5、F_6、F_7断层位于矿区南部，均为逆断层，长$400\sim700m$，走向北西西，倾向$180°\sim220°$，倾角较陡（$70°\sim85°$），对含锰地层和锰矿体均有错切，错距 3~24m 不等。

3. 岩浆岩

区内岩浆岩总体较发育，有中元古界盐边群暗灰绿色块状、枕状、杏仁状玄武岩、安山岩，华力西早期的基性-超基性侵入岩(辉长岩、辉绿辉长岩等)及晚期的峨眉山玄武岩等。

(三)矿体地质

1. 矿体特征

锰矿体(层)赋存于巧家组中段中部薄至中厚层状含锰泥质灰岩中，矿床共圈出 3 个锰矿体(图 3-21)，呈层状、似层状、"透镜状"产出，产状与围岩产状一致，锰矿体与围岩界线清楚，并随地层褶曲而一起变化，矿区北半部向南西倾斜，倾向 210°~230°，倾角 10°~15°；向南部逐渐转向北西倾斜，倾角逐渐变大 20°~35°。矿层剖面结构主要为单锰矿层结构，仅局部有夹层。

Ⅰ号锰矿体：为矿床主矿体，沿岩腔湾、蜂子岩一带展布，海拔标高 2119~2156m，北段被 F_2 断裂、中间被 F_3 断裂将矿体横向错切、南端被 F_4 错断，出露长约 600m，控制长约 468m，走向平均宽 220m，控制延深最大 610m(图 3-22)。矿体厚度 0.24~1.62m、平均 0.72m，总体变化较小，但中间地段厚度较大。Mn 品位 11.33%~52.78%、平均 27.46%，品位变化较均匀，但总体看中间地段锰品位较高，多为 30%~35%，为富锰矿石。有害杂质 P 含量较低，一般 0.013%~0.191%、平均 0.018%；TFe 平均 2.50%，属低铁矿石。地表以及有断裂破坏地段，矿石为氧化矿；深部为原生矿石。

Ⅱ号矿体：出露于Ⅰ号矿体的南侧，海拔标高 2188~2196m，两端被 F_6、F_7 断裂错断，出露长约 80m，控制长约 25m，由 2 个探槽控制。厚度 0.27~1.91m，Mn 为 12.76%~20.52%。

Ⅲ号矿体：出露于Ⅰ号矿体的北侧，与Ⅰ号矿体之间被 F_2 断裂错断，海拔标高 2160m，出露长约 50m，由 1 个探槽控制。厚度 0.27m，Mn 为 16.35%。

锰矿层之下含铁泥质灰岩中局部有铁矿层分布，其间夹有 3~6m 的白云质灰岩或泥质灰岩；铁多以赤铁矿的形式赋存于矿石中，少部分以铁菱锰矿的形式存在。如 ZK007 锰矿体之下(约 5m)有铁矿分布，见铁矿厚度 0.27m，TFe 为 43.20%；ZK103 锰矿体之下(约 3m)见铁矿，厚度 0.28m，TFe 为 30.66%；ZK101 锰矿体之下(约 4m)见铁矿，厚度 1.96m，TFe 为 55.40%。

2. 矿石化学成分

据基本分析结果，矿石 Mn 品位 11.33%~51.14%、平均 27.46%。有害杂质 P 含量 0.013%~0.191%、平均 0.018%，P/Mn 为 0.001~0.004，从冶金工业用锰指标看属优质富锰矿石。SiO_2 为 3.20%~15.02%、平均 8.12%；TFe 为 1.05%~10.18%、平均 2.50%，Mn/Fe 为 2.3~48，其中大于 6 者占 89%；CaO 为 5.77%~27.36%、平均

12.89％；MgO2.21％～10.94％、平均6.71％％；Al₂O₃含量1.10％～2.45％、平均
1.72％；矿石碱度（CaO+MgO/Al₂O₃+SiO₂）为0.9～3.5，其中95％大于1.2。初步分
析在矿体中间地段，Mn品位较高，有害杂质P含量则较低，二者呈负相关关系。

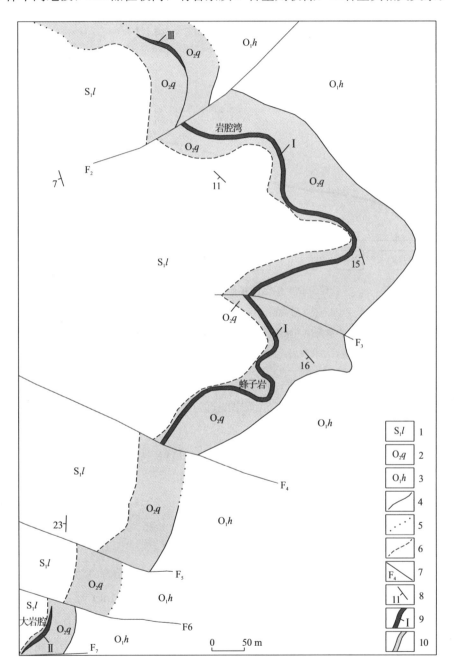

图3-21　东巴湾锰矿床地质略图

（据冶金工业部西南地质勘查局601队，1994，修编）

1. 下志留统龙马溪组；2. 中奥陶统巧家组；3. 下奥陶统红石崖组；4. 地质界线；5. 推测地质界线；6. 平
行不整合界线；7. 断层及编号；8. 产状；10. 锰矿体及编号；10. 含锰地层

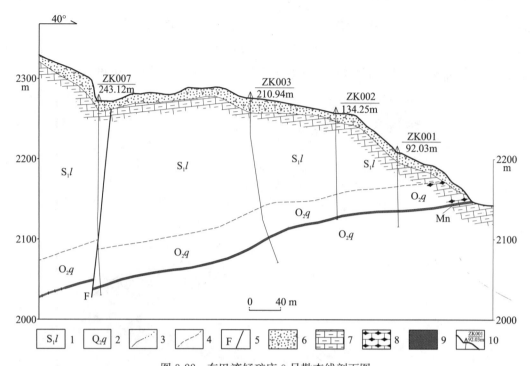

图 3-22　东巴湾锰矿床 0 号勘查线剖面图

（据冶金工业部西南地质勘查局 601 队，1994，修编）

1. 下志留统龙马溪组；2. 中奥陶统巧家组；3. 实测、推测地质界线；4. 平行不整合界线；5. 断层及编号；6. 浮土；7. 泥质灰岩；8. 含燧石结核灰岩；10. 锰矿体；10. 钻孔编号及进尺

主要元素锰的含量与变化规律：矿区内锰元素的富集主要受沉积环境以及由此产生的物理化学条件的制约，因此形成了距海岸线远近不同的分带现象。

组合样分析结果，P 为 0.017%～0.037%，SiO_2 为 7.20%～9.71%，CaO 为 5.77%～14.28%，MgO 为 5.57%～7.83%，Al_2O_3 为 1.10%～2.30%，烧失量 13.62%～21.88%。其碱度 1.37～2.16，为碱性矿石。

矿石多项分析结果（刘红军等，1994），SiO_2 为 7.07%、Al_2O_3 为 1.24%、TFe 为 1.90%、Mn 为 38.61%、MgO 为 4.40%、CaO 为 9.75%、P 为 0.03%，Mn/Fe 为 20.32，属低铁矿石，P/Mn0.0008、属低磷矿石（5 件样品）。

据矿石化学全分析成果（刘红军等，1994），矿床锰矿石 SiO_2 为 7.96%、TiO_2 为 0.03%、Al_2O_3 为 0.99%、Fe_2O_3 为 5.28%、FeO 为 0.27%、MnO 为 28.32%、MgO 为 6.74%、CaO 为 18.25%、Na_2O 为 0.03%、K_2O 为 0.12%、P_2O_5 为 0.05%、H_2O^+ 为 3.47%、CO_2 为 23.80%，Mn/Fe 为 5.6，属低铁矿石，P/Mn 为 0.0010，属低磷矿石。

经光谱半定量分析（表 3-36），区内锰矿石中，除主要元素 Mn 外，伴生有 Co、Cu、Ni、Pb、Zn、Mo、Sn 等，仅仅 Co 在局部的含量为 0.020%～0.035%，达到了综合回收的工业要求，但因含量分布不均匀，无规律可循，且未形成规模而无法进行综合评价。其余组分含量均极低，无综合回收价值。

表 3-36　东巴湾锰矿伴生元素光谱分析结果表(%)

含量	Co	Cu	Ni	Pb	Zn	Mo	Sn
最高	0.0350	0.0300	0.0350	>0.10	0.030	0.080	0.020
最低	0.0010	0.0020	<0.0015	0.0010	<0.005	<0.0010	<0.0010
平均	0.0086	0.0121	0.0084	0.0227	0.0065	0.0045	0.0051

3. 矿物组分

矿石矿物成分原生锰矿矿物主要为钙菱锰矿、菱锰矿,以及钙铁菱锰矿、方锰矿、锰镁方解石等;次生锰矿主要为软锰矿、硬锰矿。脉石矿物有方解石、白云石、石英、燧石、玉髓、绿泥石、高岭石等,以方解石、白云石为主。

4. 矿石结构构造

矿石结构有他形粒状-交代结构、隐晶质结构、显晶质-隐晶质结构、半自形-自形晶粒镶嵌结构、隐晶质-鳞片集合体结构。隐晶质结构见于以钙菱锰矿或硬锰矿为主的矿石中,锰矿物以隐晶质集合体的形式存在于矿石中。显晶质-隐晶质结构见于菱锰矿-硬锰矿矿石中,菱锰矿呈显晶质,粒径 0.005~0.02mm,而硬锰矿呈隐晶质存在于矿石中。他形粒状-交代结构见于钙菱锰矿-硬锰矿矿石中,氧化锰矿物呈粉末状或隐晶质集合体于裂隙中交代钙菱锰矿。半自形-自形晶粒镶嵌结构主要见于次生氧化锰矿石中,铁锰矿呈微小晶粒 0.02~0.03mm 和柱状晶体>0.06mm 混生于矿石中,具强非均质性,分布有良好定向性。

矿石构造有条带状构造、块状构造、胶状构造、角砾状构造,另有次生的蜂窝状构造、网脉状构造。条带状构造见于以钙菱锰矿为主的矿石中,局部以硬锰矿为主的矿石中也可见,矿石中伴有少量的菱锰矿、铁菱锰矿和方锰矿,局部夹有赤铁矿。钙菱锰矿和硬锰矿呈均匀的条带状分布,该类主要见于锰矿层的上部及中部。块状构造主要见于锰矿层下部,以硬锰矿为主的矿石中,部分以钙菱锰矿为主的矿石也可见该类矿石的构造,硬锰矿或钙菱锰矿呈隐晶质结合体较均匀地分布于矿石中。胶状构造见于以氧化锰为主的矿石中,锰矿物以隐晶质形式分布于矿石中,普遍见有生物碎屑,并有藻类痕迹。角砾状构造主要见于断层附近的矿体中,主要是钙菱锰矿角砾被碳酸盐物质胶结而形成,钙菱锰矿角砾为 0.2~3cm,大小不等。网脉状构造见于钙菱锰矿和硬锰矿为主的矿石中,是由硬锰矿沿裂隙呈网脉状交代钙菱锰矿而形成。蜂窝状构造见于以软锰矿为主的矿石中,分布于断层中及其附近,因矿石中钙质等流失而形成。

矿物共生组合及生成顺序:矿区内锰矿矿物组合有:钙菱锰矿-方解石(白云石、石英),钙菱锰矿-铁菱锰矿-方解石(石英),硬锰矿-钙菱锰矿-方解石(石英),硬锰矿-软锰矿-水锰矿-褐锰矿-方解石(石英)。矿区内锰矿物的生成分为两个截然不同的时代。早期生成的原生矿物有钙菱锰矿、菱锰矿、铁菱锰矿、方锰矿及大部分硬锰矿；后期生成的次生氧化而形成的矿物有软锰矿、水锰矿、褐锰矿和极少部分硬锰矿。

5. 矿石类型

根据矿区内锰矿石的矿石矿物成分的不同，锰矿石的自然类型可分为碳酸锰矿石、氧化锰-碳酸锰矿石。以碳酸锰矿石最多，约占2/3。地表矿石多已经氧化，但氧化深度有限，仅仅断裂破坏处氧化深度较大。

碳酸锰矿石：浅肉红色-肉红色，隐晶质结构为主，显-隐晶质结构次之，条带状构造为主，少量块状构造。矿石矿物以钙菱锰矿为主，菱锰矿和铁菱锰矿次之，少量方锰矿、锰方解石和锰白云石，局部含少量硬锰矿。脉石矿物主要为方解石和石英，次为白云石和燧石，极少量绿泥石和高岭石等。局部地段矿石中含少量赤铁矿和黄铁矿。

氧化锰-碳酸锰矿石：黑色，局部见肉红色，主要为隐晶质结构，次为隐晶质-鳞片状集合体结构和他形粒状交代结构等，以条带状构造和块状构造为主，少量胶状构造和网脉状构造。矿石矿物以钙菱锰矿和硬锰矿为主，次为菱锰矿，少量锰方解石、锰白云石、软锰矿和褐锰矿等，含少量赤铁矿。脉石矿物以石英、方解石为主，白云石和燧石次之，极少量高岭石和绿泥石等。主要分布在1线及3线附近富锰矿层的下部。以上两类矿石均属原生矿石，在矿区内还见有少量的次生氧化矿石，以软锰矿为主要矿石矿物，主要分布于断层及其附近。

工业类型为冶金用锰矿石。根据样品基本分析统计 P/Mn 为 0.001～0.004，属低磷锰矿石；SiO_2 平均 8.12%，属低硅矿石；Mn/Fe>6 者占 89%，主要属低铁矿石；矿石碱度（$CaO+MgO/Al_2O_3+SiO_2$）>1.2 占 95%，属碱性矿石。矿床锰矿石主体属低磷低硅低铁碱性碳酸锰矿石。

6. 围岩及蚀变

矿体围岩底板为瘤状灰岩、燧石条带灰岩、泥质灰岩，顶板为白云质灰岩、含铁泥质灰岩。围岩的化学全分析（刘红军等，1994），SiO_2 为 96.26%、TiO_2 为 0.01%、Al_2O_3 为 0.47%、Fe_2O_3 为 0.74%、MnO 为 0.45%、MgO 为 0.24%、CaO 为 0.19%、Na_2O 为 0.02%、K_2O 为 0.12%、P_2O_5 为 0.042%、H_2O^+ 为 0.30%，总计 99.182%。多项分析（刘红军等，1994），SiO_2 为 94.91%、Al_2O_3 为 0.62%、TFe 为 0.88%、Mn 为 0.21%、MgO 为 0.28%、CaO 为 0.25%、P 为 0.050%，灰岩 SiO_2 为 6.04%、Al_2O_3 为 1.47%、TFe 为 1.10%、Mn 为 1.53%、MgO 为 14.74%、CaO 为 31.80%、P 为 0.014%。

围岩蚀变总体弱，主要为受区域断裂作用所产生的碳酸盐化、硅化等。

（四）矿床成因

1. 成矿地质环境

本区位于扬子板块西部边缘，康滇基底断隆带（地轴）中段西侧。大地构造分区为上扬子陆块盐源—丽江前陆逆冲-推覆带(三级)之金河—箐河前缘逆冲带(四级)。成矿区带属上扬子成矿省(Ⅱ)，盐源—丽江—金平(陆缘拗陷和逆冲推覆带)Au-Cu-Mo-Mn-Ni-Fe-Pb-S 成矿带(Ⅲ-75)盐源—丽江(陆缘拗陷)Cu-Mo-Mn-Fe-Pb-Au-Ni-Pt-Pd 成矿亚带(Ⅲ-75-①)，盐源盆地东缘裂谷带 Fe-Cu-Au-Mn-S 成矿带(Ⅳ-32)。

出露地层主要是元古界、古生界。元古界总厚 6000~10000m。中元古界为一套变质砂岩、板岩、变玄武岩等。上元古界青白口系为以基性为主的火山岩、火山碎屑岩；南华系、震旦系为砂岩、页岩、白云岩。古生界有寒武系、奥陶系、志留系和二叠系。其中与东巴湾锰矿成矿有关的为奥陶系中统巧家组，其赋矿系岩性为白云质灰岩、含燧石条带灰岩、含锰泥质灰岩夹锰矿，局部地段有锰矿产出。

大地构造相处于上扬子陆块西缘的盐源—丽江被动大陆边缘相的金河—箐河陆棚亚相之内。盐边—盐源锰矿带产在中奥陶统庙坡阶巧家组砂泥质碳酸盐及铁锰碳酸盐岩层系中上部，含矿层为赤铁矿、铁锰碳酸盐岩与碳酸锰矿的互层；受东侧金河—箐河大断裂、西侧小金河断裂控制。

2. 岩相古地理

区域上的沉积盆地为龙门山—锦屏山拗拉槽(刘宝珺等，1994)；奥陶世早期，本区沉积范围较为局限，一般为半局限滨、浅海的陆棚、潮坪和海湾环境。奥陶世中期，由于断陷作用，发育一系列走滑裂陷盆地，形成盐边—盐源陆缘裂陷成锰沉积盆地，锰矿形成于海平面上升的最大海泛期。

随着晚震旦世海浸形成巨厚的碳酸盐岩层之后，海水不断退却，至寒武世形成了一套陆相碎屑岩为主的地层；早奥陶世，区内又发生了一次海浸，先期形成了一套滨海相碎屑岩建造(O_1h)；随着海水不断加深，至中奥陶世，形成了一套泥质网纹状为主的碳酸盐岩(O_2q)，此时为本区的最大海泛期，由于海平面上升，海水水体由浅变深，陆源物质极度缺乏，盆地处于"饥饿"状态，锰质在台沟边缘、藻礁相环境中形成一套含锰(铁)碳酸盐岩建造。

本区当时处于上扬子陆块西部边缘，其古构造与上扬子板块的形成演化有着不可分割的亲缘关系；寒武纪末期澄江运动之后，上扬子陆块进入相对稳定时期。当时的古地理特征是：研究区东侧为川滇古陆，向北有龙门山古陆、汉南古陆等分布，其余上扬子陆块当时可能总体均属上扬子陆表海。川滇古陆西部因同生断裂沉陷作用，于川滇古陆西侧边缘盐源—盐边—丽江一带形成拗陷盆地，而中奥陶世锰矿则处于相对稳定的、已形成的上扬子陆块与拗陷盆地之间的过渡带。总的古地貌及沉积特征：东部川滇古陆为长期隆起，并遭受着剧烈的物理、化学风化剥蚀，为靶区提供了大量的陆屑碎屑物；而西部的火山活动及同生断裂等为本区提供了丰富的火山物质，尤其是深部的锰质，为区内锰矿的形成提供了充足的海源锰质。

扬子沉积区是扬子陆块的主体，在晚奥陶世中期之前，是中国南方碳酸盐岩沉积的主要地区，总体为开阔台地，潮下、潮间变化频繁，海平面变化较大，而且寒武世海侵、海平面总体处于最大时期，至晚寒武世海平面逐渐下降；奥陶世海平面总体看比寒武世低，海侵范围小。刘宝珺等（1994）将其划分为早奥陶世浅滩及开阔台地、中奥陶世为较深水开阔台地。

盐源—盐边成锰盆地发育于川滇古陆西侧，受金河—箐河同生断裂控制，具被动边缘性质。因断裂不同地段沉降幅度不同，当时盆地边缘的古地形存在差异，有古隆起、凹陷分布，如东巴湾矿床处，巧家组从北东向南西有逐渐变薄的趋势，可以推测该地段存在微隆起、凹陷现象。

总体上，该区在中奥陶世，海平面再次开始上升，但上升幅度有限，为海岸线弯曲处的半封闭状态的浅海环境，另外在这一时期该区属海进过程，由于受到岛屿的屏障作用，这里的海水相对较为平静，为潮下低能沉积环境，有瘤状灰岩和泥灰岩等形成（刘宝珺等，1994），这种环境对锰矿缓慢的沉积富集过程十分有利。这段时期该区形成了一套浅海相的碳酸盐岩沉积。而位于川滇古陆东侧的宁南、普格、布拖、会理、会东一带，为一套碳酸盐岩夹碎屑岩，产有鲕状赤铁矿。

中奥陶世之后，本区可能因海侵范围减小，海平面下降，或因构造导致等原因，晚奥陶世处于上升，并可能暂时遭受剥蚀，至早志留世才再次沉降、接收沉积（巧家组与龙马溪组为不整合接触）。

本区奥陶纪中期（巧家期）有菱锰矿、白云石、方解石、黄铁矿等标志矿物，可以据此推断水介质 pH 为弱碱-碱性。

自生矿物黄铁矿、海绿石及绿泥石，含矿段为黑色、灰黑色燧石条带白云质灰岩等，显示弱还原、强还原特征，Eh 推断为弱还原-强还原环境。

根据生物组合，特别是窄盐性生物（红藻、腕足类、三叶虫、头足等）的大量出现，表明海水为正常盐度，即含盐 3.5%；半闭塞台地可出现微咸化。

巧家组是以碳酸盐岩为主夹硅质岩等，颜色普遍较深、为灰黑-灰色，矿层下部为紫红色含生物碎屑白云质灰岩，有赤铁矿沉积，说明当时的气候为潮湿且炎热。

根据上述分析，中奥陶世巧家期的岩相古地理见图 3-23。东巴湾锰矿产于半局限台地相内，开阔台地相等则暂未发现锰矿分布，说明该类型锰矿的形成受岩相古地理环境、古生物（藻类）、岩石化学组分等条件控制。

3. 物质来源

锰质主要来源于远源海底火山（热液），其依据如下。

（1）微量元素地球化学的研究（刘红军等，1994），结果证实东巴湾矿床锰矿石、灰岩富 Ba、Pb、Zn、Co、Cu、Sr、B 等微量元素（表 3-37），硅质岩富 Pb、Zn、B 微量元素（与黎彤 1976 年的元素克拉克值比较）。含锰岩系中 Co、Ni 含量较高，并在地层剖面上 Co/Ni 比值具有交替变化的特点，亦反映为远程火山来源的特征（涂光炽，1989）。

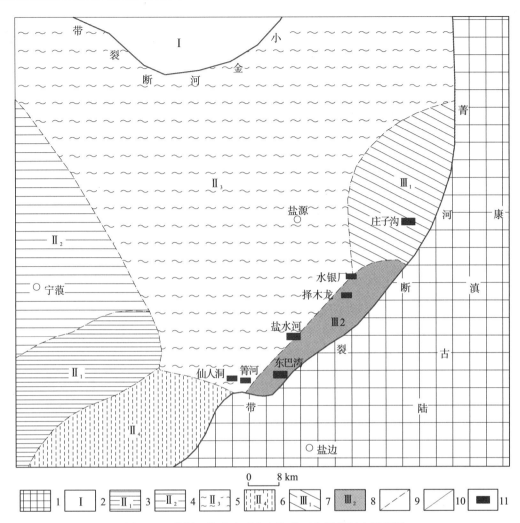

图 3-23　盐源—盐边地区中奥陶世巧家期岩相古地理图

(据曲红军，1993，修编)

1. 古陆；2. 盆地边缘相；3. 浅海海湾相；4. 浅海深水盆地相；5. 台盆相；6. 台沟相；7. 开阔台地相；
8. 半局限台地相；9. 岩相界线；10. 古断裂；11. 锰矿产地

表 3-37　东巴湾锰矿微量元素组成(W$_B$/10^{-6})

矿床	岩性(样品数)	Ba	Pb	Ga	Cr	Ni	Ti	V	Cu	Zn	Co	Sr	B
东巴湾	矿石(5)	11000	760	8	25	96	156	55	92	114	394	764	76
	硅质岩(3)	3	183	30	6	6	27	300	90	433	16	6	45
	泥岩(6)	2183	303	5	10	32	375	34	81	153	104	503	18
盐水河	矿石(4)	233	66	7	24	288	263	21	10	213	250	140	160
	灰岩(7)	2010	20	7	13	59	436	19	37	53	51	273	59

(据刘红军等，1994)

（2）奥陶世中期沉积区内古断裂构造较为发育，且位于深水沉积区与浅水沉积区之间的过渡带上，表明断裂在当时是活动的，推测上述火山碎屑物质很可能是沿断裂喷溢出来的。

（3）据刘红军等 1994 年对相邻的盐水河矿床进行研究的同位素地球化学资料，δ^{13}C（PDB）结果锰矿石平均值为−10.21‰、灰岩平均值为−3.887‰，δ^{18}O（PDB）结果锰矿石平均值为−7.185‰、灰岩平均值为−8.412‰；δ^{13}C 具有较大的负值，同样说明该区域的锰矿为非正常海相沉积的产物，具有幔源碳的同位素组成特征，揭示了锰质来源于上地幔，锰质来源与火山作用密切相关。

上述表明，奥陶早、中期，区域上可能发生了海底火山活动，并带出锰、钴等物质，使整个海域都富锰质，为锰矿的形成提供了物质来源基础。

4. 成矿作用

从原生锰矿矿物主要为钙菱锰矿、菱锰矿等看，沉积、成岩成矿作用是矿床形成的主体。以化学沉积作用、生物-化学作用为沉积的主要方式。由（远源）海底火山活动带出的锰质，进入海水运移，被迁移到相对较封闭的环境中，因物理、化学条件发生变化而沉积成矿。

东巴湾锰矿为与藻礁控制有关的矿床，它产于被动陆缘边缘附近。矿床可能是由藻类吸附锰质而形成的，在成矿过程中，藻类有选择地吸附锰、钴等物质，并且由于藻类的生长，改变了礁体附近水域的物理化学性质，使某些元素趋于沉淀，某些元素又趋于溶解，因此形成了礁体附近的地球化学异常。

综上所述，东巴湾锰矿矿体赋存于一定的层位，即赋存于奥陶系中统巧家组中段地层中部的燧石条带泥质灰岩或白云岩相中；矿体呈层状，产状与围岩一致；矿石中的锰矿物以原生的钙菱锰矿和硬锰矿为主，而次生氧化作用生成的软锰矿等极少；矿石中偶尔可见生物碎屑，如藻类痕迹等；矿体产出形态受岩相古地理条件的控制。东巴湾锰矿床应当是以海底火山来源为主、陆源为辅，以化学沉积为主，包括部分生物（藻类）作用沉积的海相沉积型锰矿床。

三、成矿模式

1. 成矿要素

通过对东巴湾式海相沉积型锰矿东巴湾典型矿床成矿规律的研究，总结出东巴湾式锰矿东巴湾典型矿床成矿要素如表 3-38。

表 3-38 东巴湾式锰矿东巴湾矿床成矿要素表

成矿要素		描 述 内 容
特征描述		产于中奥陶统巧家组中段的海相沉积型锰矿
地质环境	构造背景	位于扬子陆块西侧盐源—丽江断陷盆地带（局限于盐源—盐边凹陷盆地）
	成矿区带	盐源—丽江—金平（陆缘拗陷和逆冲推覆带）Au-Cu-Mo-Mn-Ni-Fe-Pb-S 成矿带（Ⅲ-75）
	成矿环境	半局限台地边缘浅海环境
	成矿时代	中奥陶世
	含矿建造	碳酸盐岩建造：由含锰泥质灰岩、白云岩、白云质灰岩、含铁泥质灰岩组成
矿床特征	控矿条件	含矿层位及岩性：中奥陶统巧家组中段（O_2q^2）；含锰泥质灰岩 沉积相：半局限台地边缘相 锰矿层：由浅灰色、肉红色钙菱锰矿、菱锰矿、钙铁菱锰矿和黑色软锰矿、硬锰矿组成，底部有玫瑰红色菱锰矿。主要为单层，局部有夹石（含锰灰岩），分为两层；局部有含黄铁矿、赤铁矿
	矿体特征	共有 3 个矿体，呈层状、似层状产出，其中 1 号主矿体长约 600m，平均宽 220m，控制延深最大 610m。厚度 0.24～1.62m、平均 0.72m，矿石 Mn 为 11.33%～52.78%、平均 27.46%；TFe 平均 2.50%，主要有害杂质 P 平均 0.018%。探获 332＋333 锰矿石量 32.14 万吨
	矿物组合	矿石矿物：以钙菱锰矿、菱锰矿（地表软锰矿、硬锰矿）为主，次为钙铁菱锰矿、方锰矿、锰镁方解石等，少许赤（磁）铁矿、黄铁矿、硫钴镍 脉石矿物：方解石、白云石、石英、燧石、玉髓、绿泥石、高岭石、重晶石
	结构构造	他形粒状—交代结构、隐晶质结构、显晶质—隐晶质结构、半自形—自形晶粒镶嵌结构、隐晶质—鳞片集合体结构；条带状构造、块状构造、胶状构造、角砾状构造、蜂窝状构造、网脉状构造

2. 成矿模式

根据以上分析，概括成矿规律如下：

（1）铁、锰矿赋存于奥陶系中统巧家组中段，这是矿床的必要条件；

（2）锰矿的层数、质量与巧家组中段的厚度呈正相关；

（3）锰矿层受一定的岩相控制，碳酸盐岩相对成矿有利；

（4）铁、锰矿的聚集与古陆的远近相关，物质来源可能主要为海底火山喷发带来的深部锰质；

（5）成矿作用与当时海域沉积环境中发育有一定的藻类有关，可能对该区锰、钴的聚集成矿有一定的作用。

根据上述成矿规律，按照岩相古地理特征，以及成岩（成矿）的空间分布构造特征，建立成矿模式（图 3-24）。

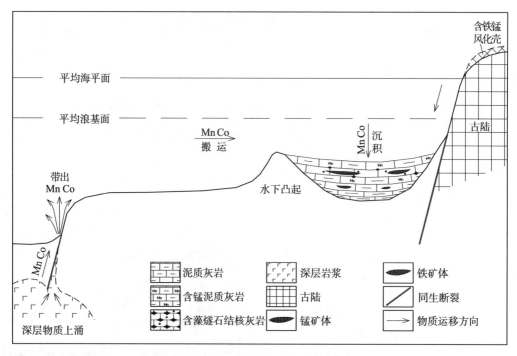

图 3-24　东巴湾式锰矿成矿模式图

四、找矿标志

1. 直接找矿标志

锰矿层、矿体地表露头,锰矿形成的锰帽一般较清楚;锰矿转石分散于近矿的残积、坡积及第四系沉积物中,这些锰矿块即为近矿的良好找矿标志。

2. 间接标志

1)赤铁矿

区内锰矿下部存在一层赤铁矿,与锰矿层相距 10m 之内,故铁矿地表露头,可作为锰的找矿标志。

2)地层岩性

①锰矿赋存于奥陶系中统巧家组中段的燧石条带白云质灰岩和泥质灰岩,其特殊的岩性组合可作为寻找锰矿的标志;②锰矿下部为紫红色含生物碎屑白云质灰岩,其紫红色带可作为找矿的标志;③锰矿产于瘤状灰岩与燧石条带灰岩之间的过渡地段,亦可以作为找矿的岩性标志。

3)化学异常标志

已知锰矿床(点)均位于锰元素异常的高值异常带或附近,锰等元素的综合异常对锰矿的指示作用较锰单元素好。

第四节　石坎式锰矿

一、概况

石坎式锰矿分布于四川省北部地区的青川县、平武县、北川县、茂县、朝天区等境内，因最早发现于四川省平武县石坎境内而命名（前人亦称为平溪式），总体上构成北东—南西向带状展布的锰矿带。从含矿地层寒武系下统邱家河组出露的地区看，锰矿带可分为三段，即茂县—北川段（西段）、平武—青川段（中段）、朝天段（东段）。按现有矿床的分布，中段平武、青川交界的石坎—关庄地区，为主要矿集区；东段仅有矿点分布；西段以往亦仅有矿点，但近年经四川冶金队伍普查，已经获得新的进展。

石坎式锰矿位于上扬子板块（地台）北缘，北为摩天岭陆块，锰矿即产于二者结合部位的龙门山断陷盆地内，成矿与青川断裂（龙门山断裂带的北界青川—茂汶深大断裂东段）、南坝—茶坝断裂（龙门山中央断裂）之间的同生断陷盆地有关。中段平武—青川矿集区受轿子顶背斜控制，已知矿床位于该背斜的南翼，属海相沉积型锰矿。现已经查明小型矿床 6 个（均集中在平武—青川地区）、发现矿（化）点 6 个（表 3-39），探获 332+333 类锰矿石量约 548.36 万吨。

表 3-39　石坎式锰矿床（点）一览表

序号	名称	矿种	勘查程度	规模	Mn(10^{-2})	含矿建造	成矿时代
1	朝天区陈家坝	锰	踏勘	矿点	24.08	含锰炭硅质岩建造	早寒武世
2	青川县董家沟	锰	普查	小型	24.42	含锰炭硅质岩建造	早寒武世
3	青川县东河口	锰	踏勘	矿点	20.19	含锰炭硅质岩建造	早寒武世
4	青川县石坝	锰	预查	矿点	22.54	含锰炭硅质岩建造	早寒武世
5	青川县马公	锰	预查	矿点	29.29	含锰炭硅质岩建造	早寒武世
6	平武县箭竹垭	锰	普查	小型	22.15	含锰炭硅质岩建造	早寒武世
7	平武县平溪	锰	普查	小型	18.11	含锰炭硅质岩建造	早寒武世
8	平武县马家山	锰	普查	小型	20.11	含锰炭硅质岩建造	早寒武世
9	平武县石坎	锰	普查	小型	28.81	含锰炭硅质岩建造	早寒武世
10	平武县高庄坝	锰	普查	小型	16.22	含锰炭硅质岩建造	早寒武世
11	茂县黄水沟	锰	预查	矿点	15.83	含锰炭硅质岩建造	早寒武世
12	北川县云龙	锰	踏勘	矿点	16.00	含锰炭硅质岩建造	早寒武世

含矿地层为寒武系下统邱家河组，矿层宏观上处于碳酸盐岩向碎屑岩-硅质岩过渡的部位，含矿建造为含碳碎屑岩、硅质岩夹碳酸盐岩建造，属浅海陆棚相沉积。含矿岩性为千枚岩、炭硅质板岩夹碳酸盐岩，局部夹锰矿，并呈韵律式，部分地段可有 3~4 个锰矿层产出。

二、马家山锰矿床

马家山锰矿床位于四川省平武县县城 115°方位平距约 38km，中心地理坐标：东经104°53′58″，北纬 32°15′44″，行政区划属平武县南坝镇管辖。矿区内有公路约 10km 至南坝镇，与 S205 省道公路(九寨沟旅游环线)相通，南坝向南行约 75km 至江油市，与宝(鸡)—成(都)铁路、北京—昆明 G5 高速(成绵广段)公路连通，交通方便。

(一)工作程度

1956 年冶金川鄂分局 606 队李建新等对本区进行路线地质调查，发现了石坎、马家山、平溪、箭竹垭等锰矿点，1957 年开展 1/50000 地质草测，并对矿点开展大比例尺草测等，对该区锰矿远景做出了初步评价。

1958~1960 年，绵阳地质队对平武石坝、马家山、箭竹垭等地的锰矿进行普查评价，1960 年 8 月提交了《四川县平武县马家山铁锰矿床详查报告书》。四川省地质局 211 地质队，1964 年 9 月提交了《四川省平武县、青川锰矿 1958~1960 年普查工作总体评价报告》。

1972~1975 年，四川省冶金地质勘探公司 602 队对石坎锰矿区(包括马家山)采用岩心钻探进行深部评价，1975 年 11 月提交了《平武石坎锰矿区普查(深部)评价报告》。

1998~1999 年，冶金工业部西南地质勘查局 604 队在收集石坎、箭竹垭、平溪、马家山等锰矿床以往资料的基础上，进行了部分补充普查地质工作，1999 年提交了《四川省平武县石坎锰矿普查地质报告》、《四川省平武县马家山锰矿普查地质报告》、《四川省平武县平溪锰矿普查地质报告》、《四川省平武县箭竹垭锰矿普查地质报告》，为平武锰业集团办理采矿权提供了依据。

2000~2002 年，四川省冶金地勘局 604 队对青川县马公锰矿、石坝锰矿分别进行初步普查，提交了《四川省青川县马公锰矿初步普查地质报告》、《四川省青川县石坝锰矿初步普查地质报告》，为矿山办理采矿权提供了依据。

2001~2002 年，四川省地质调查院开展了石坎—青川东河口地区优质锰矿资源评价，编写提交了《四川盆地西缘优质锰矿资源评价报告》。

2012 年起，四川省冶金地质勘查局 605 队对青川县马公锰矿开展普查、详查。

石坎式锰矿是我省锰矿开采利用较早的类型之一，自 1988 年以来，即开始锰矿开采，最初为民采、分散开采，2000 年组建了四川省平武锰业(集团)有限公司，并办理了采矿许可证，逐步规范开采、冶炼，形成四川省内重要的锰产业基地，成为省内冶金工业用锰的重要产地。

(二)矿区地质

本区地处扬子板块(地台)北缘、龙门山基底逆推带之北段,位于北川—南坝大断裂之北、青川断裂之南的区域内(后龙门山)。地层属华南地层大区扬子地层区,出露地层普遍浅变质,前人认为具地槽沉积建造的特征区内寒武系下统邱家河组为海相次稳定型黑色炭硅质建造,是"石坎式"锰矿赋存层位。

1. 地层

本区地层属扬子地层区上扬子地层分区九顶山小区,主要出露有前震旦系(中元古代蓟县系、晚元古代青白口系、南华系)、震旦系、寒武系、奥陶系、志留系、泥盆系等地层(图 3-25)。现将前寒武系、寒武系地层由老至新简述如下:

1)前震旦系

碧口群(AnZB):原 1/20 万为通木梁群,出露于轿子顶背斜的核部及青川断裂之北的摩天岭古陆,自下而上可分为大沙坝组、桂花桥沟组、阴平组,为一套由中基性至中酸性的变质火山岩组合,厚度 1934~3690m。

大沙坝组(中元古界)为深灰色—浅绿灰色长英绢云千枚岩、变砂岩;桂花桥沟组为一套海底喷发的细碧角斑岩、火山碎屑岩建造、岩性凝灰质绢云长英千枚岩,K-Ar 法年龄 808.9Ma±24.3Ma、U-Pb 法年龄为 1367Ma 及 1304Ma±196Ma(四川省岩石地层),属中元古界—晚元古界的蓟县系—青白口系;阴平组(晚元古界青白口系)变质碎屑岩(砂岩、粉砂岩)夹少量火山岩、沉凝灰岩。

南华系木座组(Nh_2m):主要为一套灰色厚层变质凝灰质砂岩、含砾凝灰质砂岩、绢云千枚岩组合,厚 225~469m。与上覆蜈蚣口组、下伏碧口群为不整合接触。区域上与省内南沱组、列古六组、澄江组等地层相当。

2)震旦系

主要出露于轿子顶背斜两翼,分为下统蜈蚣口组、上统水晶组(图 3-25)。

蜈蚣口组(Z_1w):灰色、绿灰色绢云千枚岩、绿泥千枚岩、石英千枚岩夹砂岩条带,出露厚度 45~213m,与下伏木座组为平行不整合接触,与上覆水晶组整合接触层。区域上与陡山沱组、观音崖组等地层相当。

水晶组(Z_2s):按岩性自上而下分为三段,下段为厚层白云岩,中段为灰色、灰白色薄层泥质灰岩、板状结晶灰岩夹千枚岩,上段为灰色厚层状灰岩、中厚层硅质白云岩夹黑色硅质岩透镜体,厚度 101~323m。与下伏蜈蚣口组、上覆邱家河组整合接触。该组地层沉积环境推测为上扬子板块浅海陆棚相(台地-台缘)之潮坪-潟湖环境,岩性主要为台地碳酸盐岩组合,区域上与灯影组地层相当。

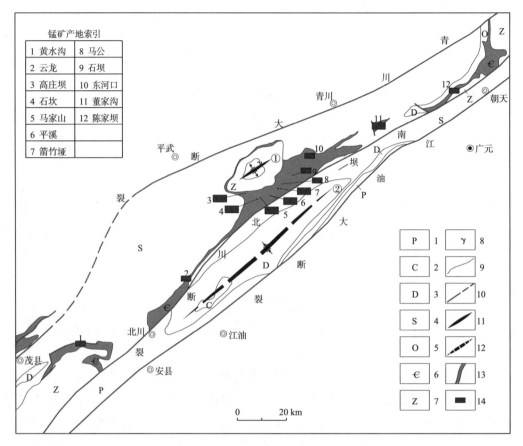

图 3-25 茂县—朝天区域地质略图

（据四川省冶金地质勘查局 604 队，2006，修编）

1. 二叠系；2. 石炭系；3. 泥盆系；4. 志留系；5. 奥陶系；6. 寒武系；7. 震旦系；8. 花岗岩；9. 地质界线；10. 古实测、推测断层；11. 背斜；12. 向斜；13. 含锰地层；14. 锰矿床(点)；①轿子顶背斜；②唐王寨向斜

3）寒武系

区内只有下寒武统，划分为邱家河组和油房组，其中邱家河组为重要的含锰地层。

邱家河组($\in_1 q$)：为区内锰矿、磷矿赋存层位，因断裂破坏多出露不全。总体呈北东—南西向狭长带状展布，分布在四川、陕西、甘肃三省交界的后龙门山一带，包括四川省茂县、北川、平武、青川、广元、朝天等，陕西省的宁强、汉中等也有分布(宽川铺组或塔南坡组)。为一套黑色含锰硅质岩系，薄层至中厚层状，因遭受后期区域构造的作用，岩石多已浅变质。岩性主要由褐灰色千枚岩、绢云千枚岩→棕黑色、深灰色硅质板岩夹泥质灰岩(或硅化灰岩)→棕黑色、黑色含炭质板岩、硅质板岩→黑色含锰炭硅质板岩夹锰矿层(矿层顶部为黑色含铁锰薄层硅质岩)组成，出现 3 或 4 个韵律式互层，同时有 3~4 个锰矿层分布(图 3-26)。轿子顶背斜南翼地段出露厚度大(青川、平武两县之交界地段)，为 154.23~508.82m，与上覆、下伏地层呈整合接触关系。为碎屑岩-硅质岩建造，浅海-半深海相沉积(缺氧环境)。该组在炭硅质板岩、含锰炭硅质板岩中含有锰矿层，且尚伴生有钴、铀、镍、钒、铜、锌等多金属，并在局部地段硅质岩中含磷较高或富集成磷块岩结核。组内未采获化石，根据岩性特征和层位推测或可与筇竹寺组及麦地坪段大致对比，其时代属早寒武世早期。

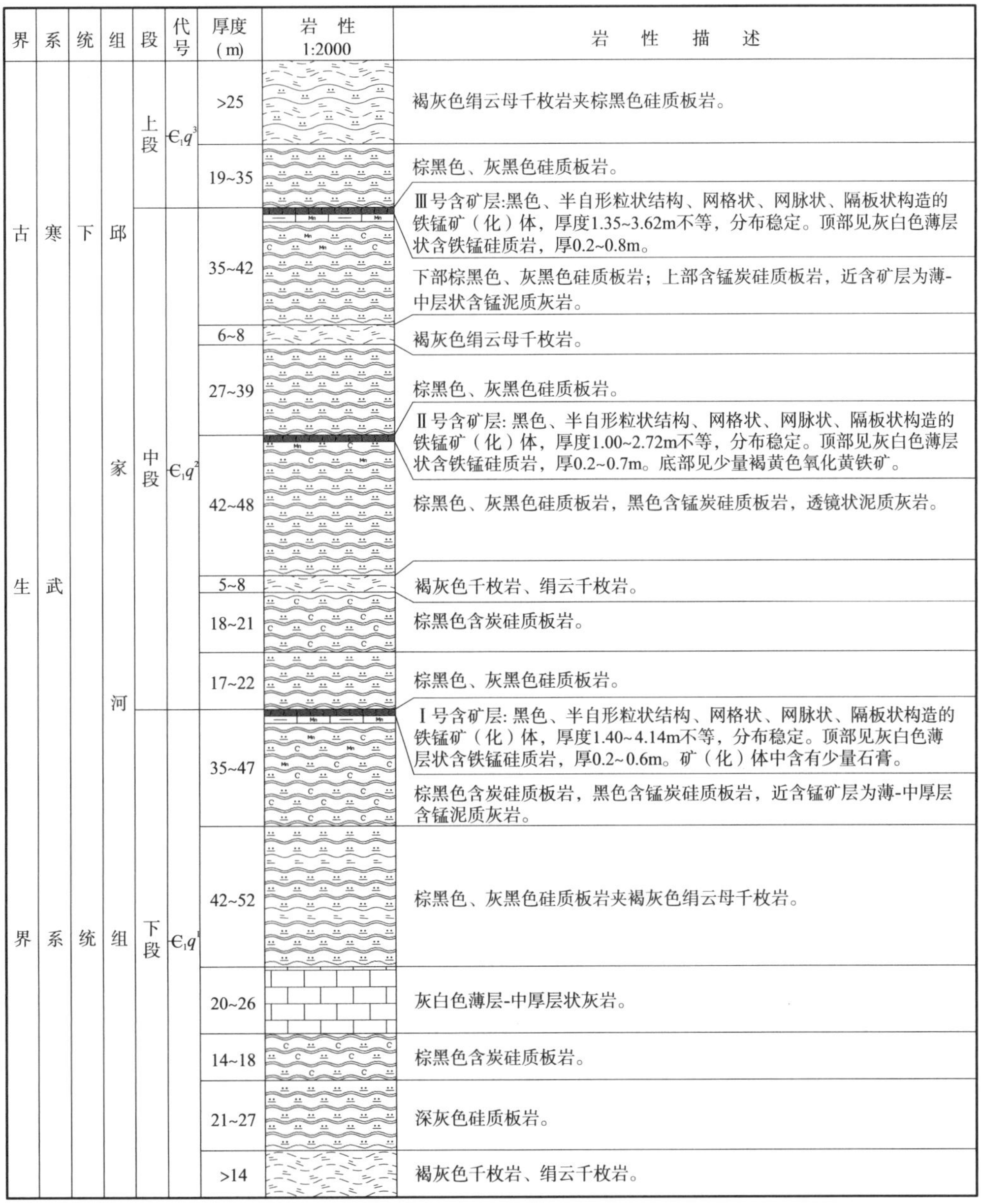

界	系	统	组	段	代号	厚度(m)	岩性 1:2000	岩 性 描 述
古	寒	下	邱	上段	$\epsilon_1 q^3$	>25		褐灰色绢云母千枚岩夹棕黑色硅质板岩。
						19~35		棕黑色、灰黑色硅质板岩。
								Ⅲ号含矿层：黑色、半自形粒状结构、网格状、网脉状、隔板状构造的铁锰矿（化）体，厚度1.35~3.62m不等，分布稳定。顶部见灰白色薄层状含铁锰硅质岩，厚0.2~0.8m。
						35~42		下部棕黑色、灰黑色硅质板岩；上部含锰炭硅质板岩，近含矿层为薄-中层状含锰泥质灰岩。
						6~8		褐灰色绢云母千枚岩。
						27~39		棕黑色、灰黑色硅质板岩。
			家	中段	$\epsilon_1 q^2$			Ⅱ号含矿层：黑色、半自形粒状结构、网格状、网脉状、隔板状构造的铁锰矿（化）体，厚度1.00~2.72m不等，分布稳定。顶部见灰白色薄层状含铁锰硅质岩，厚0.2~0.7m。底部见少量褐黄色氧化黄铁矿。
						42~48		棕黑色、灰黑色硅质板岩，黑色含锰炭硅质板岩，透镜状泥质灰岩。
生	武					5~8		褐灰色千枚岩、绢云千枚岩。
						18~21		棕黑色含炭硅质板岩。
			河			17~22		棕黑色、灰黑色硅质板岩。
						35~47		Ⅰ号含矿层：黑色、半自形粒状结构、网格状、网脉状、隔板状构造的铁锰矿（化）体，厚度1.40~4.14m不等，分布稳定。顶部见灰白色薄层状含铁锰硅质岩，厚0.2~0.6m。矿（化）体中含有少量石膏。
								棕黑色含炭硅质板岩，黑色含锰炭硅质板岩，近含锰矿层为薄-中厚层含锰泥质灰岩。
				下段	$\epsilon_1 q^1$	42~52		棕黑色、灰黑色硅质板岩夹褐灰色绢云母千枚岩。
						20~26		灰白色薄层-中厚层状灰岩。
						14~18		棕黑色含炭硅质板岩。
界	系	统	组			21~27		深灰色硅质板岩。
						>14		褐灰色千枚岩、绢云千枚岩。

图 3-26　石坎式锰矿含矿地层柱状图

（据四川省冶金地质勘探公司 602 队，1975，修编）

油房组（$\epsilon_1 y$）：为一套青灰色、浅灰色中-厚层状变质岩屑砂岩、石英砂岩和粉砂岩夹少量绢云母千枚岩，偶夹结晶灰岩，厚 200~312m，与下伏邱家河组整合接触，与上覆志留系茂县群为不整合接触。说明油房组之后，该区域可能整体抬升，并遭受剥蚀，直至志留系时该区域因海平面的上升才又接受沉积。沉积环境为浅海相，岩性为远滨泥岩粉砂岩组合，区域上省内与沧浪铺组、磨刀垭组、金顶山组等相当。

2. 构造

石坎式锰矿总体位于龙门山北段。龙门山构造带以南侧江油断裂、中间北川—南坝断裂、北侧青川断裂构成（见图 3-25），北为龙门山后山断裂带（由前震旦系、震旦系、古生界及少量三叠系变质建造构成一系列紧密状同斜倒转褶皱、冲断裂），南为龙门山前山断裂带。晋宁构造运动导致前震旦纪细碧角斑岩建造发生褶皱、断裂，同时伴有强烈的多期次的岩浆侵入活动，构成了古龙门山北东向构造带的雏形和片段。古生代时期古龙门山整体表现为北东向的沉降带，并开始以南坝断裂为界，分为后山带、前山带。

轿子顶复背斜：位于龙门山后山断裂带内的腹心地带，由基底和盖层组成。基底部分出露在青川县轿子顶一带，由前震旦系细碧角斑岩建造及晋宁期侵入杂岩所组成，整体走向北东 $50°\sim60°$，倾向北西，倾角一般 $>50°$。盖层部分由变质的震旦系、寒武系下统及志留系地层组成，沿背斜的核心周缘分布，北西翼出露狭窄，南东翼则展布较广，且次级构造发育。石坎式锰矿主要分布在该背斜的南东翼。

包包上—陶平山向斜：总体呈北北西—南南东展布，陶坪山一带为扬起端，北西被断裂错切，北翼地层倾向为南东—南东东，倾角 $10°\sim25°$；南翼倾向北西—北西西，倾角 $11°\sim18°$，比北翼缓些。控制含矿地层邱家河组的展布，控制Ⅰ号、Ⅱ号矿体的分布。

南坝—茶坝断裂：为龙门山前陆逆冲-推覆带的中央断裂之北段，该断裂几乎斜贯整个龙门山区，全长约 500km，走向北东 $48°$左右，倾向北西，倾角 $25°\sim50°$，以压性为主兼具扭性，具有多期性特征，并将龙门山分为后山带、前山带。

青川断裂：为龙门山后山带的北界断裂，走向北东 $62°$左右，倾向北西，倾角一般在 $60°$以上，所经之处地貌上多反映为构造凹地，炭化糜棱岩、定向排列构造透镜体及劈理化等标志，显示为强烈的挤压特征。具有多期性，两侧的岩石多遭受变质作用。

马家山矿床内见 12 条断裂，其中 F_1、F_2、F_3 为南坝断裂的次级断裂，规模较大，破坏了含矿地层邱家河组的分布，并部分错断锰矿体；F_4 等断裂规模小，多错断锰矿体。

F_2 断裂为逆冲断层，由南西石坎南，经田垭里、申家沟向北东展布，北东图幅外经平溪、马公北、周家沟、田坝里、红光等地，出露长度约 30km，断层总体呈北东走向，倾向北西，倾角较陡，一般大于 $60°$。

F_3 断裂：为逆冲断层，由南西石坎、猫儿洞、沟里延出图，经小盖垭到麻柳坝，在小箭竹垭与 F_2 断裂合并，出露长度约 10km，断层总体呈北东走向，倾向北西，倾角不详；断层北西盘（上盘）出露地层在陶坪山一带为邱家河组，在麻柳坝一带为水晶组；断层南东盘（下盘）出露地层均为邱家河组。

F_1 断裂：为 F_2 断裂的分支断裂，南西于田垭里、吴家坪，经马公到田坝里与 F_2 断裂交汇，长约 18km，断层总体呈北东走向，倾向北西，倾角不详。断层北西盘出露地层为邱家河组，南东盘出露地层多为油房组。

F_4 断裂：总体走向北西西—南东东，出露于马家山、杨家山，在杨家山东交于 F_3 断裂上，出露长度约 10km，断层错切水晶组、邱家河组及锰矿体，其断层性质不明。

3. 岩浆岩

区内岩浆岩主要为晋宁期，分布于轿子顶背斜核部，岩石类型比较复杂，从基性-酸性喷出岩到基性-酸性侵入岩皆有；加里东期、华力西期仅有零星辉绿岩脉分布。

晋宁期岩浆岩分布于轿子顶背斜的通木梁群(现归为碧口群)，由组成前震旦系通木梁群的变质基性-酸性喷出岩(以细碧角斑岩为主)，及侵入其间的各类基性-酸性侵入岩(岩石类型有辉绿岩、闪长岩、花岗岩等)，构成"轿子顶杂岩"，时代大体为中-晚元古代，为古老基底的组成部分。北侧摩天岭地区则全为变质基性-酸性喷出岩，为碧口群的主要组成部分。区域对比与相邻龙门山的"彭灌杂岩"颇为相似，彭州马松岭铜矿的方铅矿同位素年龄 1045～1440Ma(U-Pb 法)，汶川县侵入黄水河群的闪长岩 U-Pb 法年龄 1043Ma(四川省岩石地层)。

4. 变质作用

区内经过多期次构造活动，使区域内的各类岩石均经历了变质作用，在先后的区域动热变质作用下，由于温度大大升高，压力显著增大，产生重结晶、变质改造作用。变质岩系为低绿片岩相，岩石主要有千枚岩、板岩、变质砂岩等，千枚岩类有钙质千枚岩、含炭质千枚岩、砂质千枚岩等，板岩类有炭硅质板岩、含锰炭硅质板岩、砂质板岩、炭质板岩、硅质板岩等。变质作用对本区锰矿无明显的富集作用。

(三)矿体地质

1. 矿体特征

矿床于寒武系下统邱家河组黑色含锰炭硅质板岩内，共圈出主要锰矿体 4 个，累计探获 332+333 类锰矿石资源量 137.80 万吨。

1)Ⅰ号矿体

该矿体大致沿陶坪山至龙王包山脊两侧的包包上、岭后头、陶坪山、杨柳垭一线分布(图 3-27)，受褶皱龙王包—陶坪山向斜控制，呈近似圈闭状，北西被走向北东的 F_{12} 断层向南西错断出区外，总体呈层状、似层状产出。出露标高 1260～1595m，呈南东—北西向层状展布，南西翼倾向北东、北西翼倾向北西，倾角 4°～21°。矿体长度约 3500m，宽 200～1000m，厚度 0.84～2.60m、平均 1.63m；Mn 含量 12.81%～31.84%、平均 21.56%，为普通锰矿。

2)Ⅱ号矿体

该矿体与Ⅰ号矿体大致平行，空间上位于其之下，分布于仓子山、吴家山、张家山、石板坡一带，受龙王包—陶坪山向斜控制，呈半圈闭状出露，西端南翼被 F_{11} 错失，北翼被 F_{13} 错动，北西角被 F_{12} 错失。出露标高 1200～1565m，呈南东—北西向分布，南西翼

倾向北东、北西翼倾向北西，倾角 10°～28°，矿体长约 4800m，厚度 1.30～2.54m、平均
1.90m；Mn 含量 12.62%～34.49%、平均 20.78%，为普通锰矿。

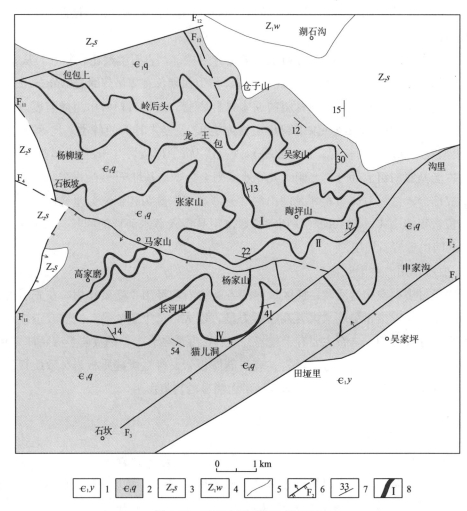

图 3-27 马家山锰矿床地质略图

(据四川省冶金地质勘探公司 602 队，1975，修编)

1. 寒武系下统油房组；2. 寒武系下统邱家河组；3. 震旦系上统水晶组；4. 震旦系下统蜈蚣口组；

5. 地质界线；6. 实测、推测断层及编号；7. 产状；8. 锰矿体及编号

3）Ⅲ号矿体

该矿体沿山脊的两侧分布于马家山东侧、长河里、杨家山一带，呈层状、似层状产
出，北东被 F₄ 错失；出露标高 1190～1330m，走向北东，倾向北西或南东，倾角 14°～
32°。矿体长约 900m，厚度 1.40～2.91m、平均 2.35m；钻孔控制最大斜深约 350m
（图 3-28）；Mn 含量 16.26%～33.26%、平均 22.26%，为普通锰矿。

4）Ⅳ号矿体

该矿体与Ⅲ号矿体大致平行分布并位于其之下，分布于马家山、高家磨、猫儿洞一

带，呈半圈闭状出露，层状、似层状产出，北东被 F_4 错失。矿体出露标高 1145～1280m，呈南东—北西向似层状产出，走向北东，倾向北西或南东，倾角 6°～35°。矿体长约 950m，厚度 1.86～2.70m、平均 2.33m；Mn 含量 16.54%～33.08%、平均 22.66%，为普通锰矿。

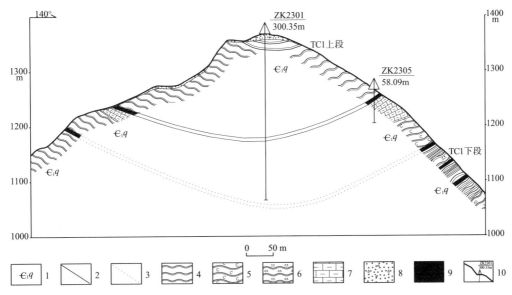

图 3-28　马家山锰矿 23 号勘查线剖面图

（据四川省冶金地质勘探公司 602 队，1975，修编）

1. 寒武系下统邱家河；2. 地质界线；3. 推测地质界线；4. 板岩；5. 炭质板岩；6. 硅质板岩；

7. 泥质灰岩；8. 浮土；9. 锰矿体；10. 钻孔编号及进尺

2. 矿石化学成分

Mn 品位最低 12.62%、最高 34.49%、平均 21.49%。TFe 最低 2.51%、最高 9.33%、平均 5.11%；有害元素 P 含量最低 0.11%、最高 1.51%、平均 0.24%；SiO_2 最低 6.14%、最高 42.33%、平均 27.43%（深部多在 26% 之下，地表则较高）。深部 Mn 品位均为 15%～20%，地表氧化矿石 Mn 品位比深部高，但总体属低品位贫锰矿。

氧化矿、原生矿经光谱分析（表 3-40），结果表明锰矿石中可利用的有益元素为 Mn。

表 3-40　矿石光谱分析结果（$W_B/10^{-2}$）

项目	MnO	Fe_2O_3	MgO	Al_2O_3	SiO_2	As_2O_3	SrO	CuO	ZnO
氧化矿	24.77	8.39	0.893	1.88	51.78	0.011	0.066	0.125	0.049
原生矿	12.515	7.422	2.793	1.698	36.097	0.015	0.023	0.012	0.022
项目	CaO	K_2O	TiO_2	V_2O_5	Cr_2O_3	CO_3O_4	NiO	P_2O_5	BaO
氧化矿	4.78	0.349	0.049	0.053	0.014	0.021	0.015	0.839	0.922
原生矿	11.125	0.292	0.066	0.036	0.015	0.029	0.032	0.277	0.106

锰矿石化学多项分析结果显示，有益元素 Mn 为 $10.32\% \sim 19.48\%$，有害元素 P 为 $0.111\% \sim 0.280\%$，微量元素 Co 为 0.012%，Ni 为 0.022%，其余均很低。

矿石组合分析（表 3-41）结果显示：可利用成分为 Mn，有害元素 P 含量较高。

表 3-41　样品组合分析结果表

样品编号	Mn(10^{-2})	TFe(10^{-2})	P(10^{-2})	SiO$_2$(10^{-2})	CaO(10^{-2})	MgO(10^{-2})	Al$_2$O$_3$(10^{-2})	碱度
ZH1（氧化锰矿）	24.25	6.44	0.48	41.15	2.45	0.66	1.57	0.1
ZH2（原生锰矿）	16.14	4.80	0.28	22.04	13.16	2.88	0.74	0.7
ZH3（原生锰矿）	16.39	6.33	0.36	25.41	15.34	2.74	0.77	0.7
ZH4（原生锰矿）	14.55	4.51	0.29	20.15	13.95	3.19	0.81	0.8
ZH5（原生锰矿）	18.05	5.47	0.25	25.98	10.35	3.21	0.62	0.5

3. 矿石矿物组分

根据岩矿鉴定，矿石矿物原生矿为钙菱锰矿（约 60%）、菱锰矿、锰白云石及少量锰方解石，氧化矿主要为软锰矿、硬锰矿（大于 50%），尚见水锰矿、褐锰矿等。脉石矿物为方解石、白云石、石英，另有少量炭质、磷质物、黄铁矿（褐铁矿）等。

根据矿石化学物相分析（表 3-42），原生锰矿主要以碳酸锰矿为主，其分布率为 $75.15\% \sim 97.17\%$，其次为氧化锰和水（褐）锰矿；氧化锰矿主要以软锰矿为主，占 78.50%。

表 3-42　锰矿石化学物相分析结果表（$W_B/10^{-2}$）

	样号	碳酸锰矿	软锰矿	水（褐）锰矿	合计	备注
Mn1	锰含量	0.88	15.48	3.36	19.72	氧化矿
	分布率	4.46	78.50	17.04	100.00	
Mn2	锰含量	10.35	0.102	0.222	10.67	原生矿
	分布率	97.00	0.96	2.04	100.00	
Mn3	锰含量	9.95	0.21	0.08	10.24	原生矿
	分布率	97.17	2.05	0.78	100.00	
Mn4	锰含量	12.25	2.17	0.88	15.30	原生矿
	分布率	80.07	14.18	5.75	100.00	
Mn5	锰含量	16.72	4.92	0.61	22.25	原生矿
	分布率	75.15	22.11	2.74	100.00	

4. 矿石结构构造

原生碳酸锰矿石以自形、半自形粒状结构（粒径一般 $0.01 \sim 0.1$mm）、显微粒状为主；以条带（纹）状构造、致密块状构造为主，层纹状构造次之。

氧化锰矿石以半自形粒状结构为主，少量显微粒状结构、隐晶质结构；粉末状、土状、团块状构造。

5. 矿石类型

矿床地表氧化程度较高，氧化深度有限。锰矿石自然类型深部为原生矿（主要），地表为氧化矿，浅部为混合矿石；以组成矿石的主要矿石矿物划分为以碳酸锰矿石为主，地表主要为氧化矿石（软锰矿、硬锰矿），故有人认为此矿床属"锰帽型"。

锰矿工业类型为冶金用锰矿石。根据基本分析统计锰矿石 P/Mn 为 0.007~0.025，据组合分析统计，P/Mn 为 0.014~0.022，属高磷锰矿石。Mn/Fe 为 2.4~3.8，原生矿石多为 3~4，主体属中铁锰矿石；碱度$(CaO+MgO)/(SiO_2+Al_2O_3)$氧化矿石为 0.1、原生矿石 0.5~0.8，属酸性矿石（深部原生矿石碱度明显比地表高、局部可能存在自熔性矿石）。矿石工业类型属高磷中铁酸性矿石。

6. 矿体围岩及蚀变

矿体顶板围岩为硅质岩、硅化白云岩，矿体底板围岩为炭硅质板岩、千枚岩。

矿体围岩蚀变总体弱，可见碳酸盐化、硅化等，主要是遭受区域性断裂活动所产生的变质作用所致，与成矿作用的关系不大。

（四）矿床成因

1. 成矿地质环境

本区位于上扬子板块的北缘（北北西），龙门山断裂带北段。大地构造分区为上扬子陆块龙门山前陆逆冲-推覆带（三级）之后山基底逆推带（四级）。大地构造相位于上扬子陆块大相，龙门山被动大陆边缘相$(Z-T_2)$之轿子顶古岛弧亚相(Pt_{2-3})南缘的唐王寨陆棚碳酸盐台地亚相（Pz）。成矿区带属特提斯成矿域（Ⅰ），扬子成矿省（Ⅱ-15）上扬子成矿亚省（Ⅱ-15-B），龙门山—大巴山（陆缘拗陷）Fe-Cu-Pb-Zn-Mn-V-P-S-重晶石-铝土矿成矿带（Ⅲ-73），广元—江油（仰天窝向斜两翼）Fe-Mn-Pb-Zn-S-Ag-铝土矿-砂金四级成矿带（Ⅳ-24）。

区内中—晚元古界碧口群（原通木梁群）组成晋宁褶皱基底，盖层有晚元古界（岩石地层单位划分为南华系木座组、震旦系蜈蚣口组和水晶组）和古生界寒武系（区内只有下寒武统，划分为邱家河组和油房组）、志留系（茂县群）等；岩浆活动主要有青川轿子顶晋宁期及晚印支-燕山期中酸性侵入岩；区内褶皱、断裂构造发育，区域构造线总体呈北东向的展布格局。

经晋宁、澄江构造运动之后，上扬子陆块处于相对稳定的时期，震旦世开始接受海相沉积，在川、滇、黔、陕、鄂、湘广大区域形成了一个浅水碳酸盐台地。四川省在麦地坪组沉积时期、筇竹寺组沉积时期，明显地继承着灯影晚期沉积特点，随着大规模海进，台地范围逐步缩小。龙门山北段在邱家河组沉积时期，处于上扬子板块北部边缘与北侧摩天岭古陆结合部位的拗陷带，沉积环境受到此环境的控制，在晚震旦世碳酸盐岩沉积基础上，沉积了一套以碎屑岩为主夹碳酸盐岩，因沉积海域此时锰质含量高，在此有限的区域内形成了锰矿。该区以及相邻的地区是我国此时期成锰的主要区域。

区内地层展布受区域构造作用的控制，含矿地层下寒武统邱家河组亦呈北东向展布。在平武石坎—青川东河口，是含矿地层下寒武统邱家河组最发育的地区，以 Mn 为特征的 Mn、Cu、Pb、Zn、Ni、Co、Fe 组合化探异常，大多伴随着邱家河组出现，呈现出地球化学趋同性的伴生元素组合的富集趋势。

处于龙门山构造带北段，属成矿地质构造有利位置，区内矿产资源丰富，已发现的矿产种类有黑色金属、有色金属和非金属，已知主要矿产有：锰、铅、锌、金、铁、锰、硫、磷、硅、石棉和水晶等矿种。

南坝断裂为龙门山前、后山断裂带的次级构造，锰矿分布于断裂北侧的后山带，南侧则无锰矿分布。邱家河组含锰岩系的沉积岩相沿南坝断裂走向有较明显的差异，石坎—东河口段厚度较大、向两侧则明显变薄；标志含锰层沉积结束的硅质岩，不仅厚度明显有变化(东河口以东变厚)，甚至有的地段变为含硅质团块的碳酸盐岩。

该区长期处于构造活动地带，龙门山断裂带至今仍然处于活动中，2008 年 5 月 12 日发生的里氏 8.0 级汶川地震，即是此构造带的最近活动。

根据区域化探资料，平武幅 Mn 元素平均值为 635×10^{-6}，调查区 Mn 含量在部分地段为 1036×10^{-6}，是平武幅平均值的 1.63 倍。在含矿地层下寒武统邱家河组分布区，除 Mn 异常外，还表现有 Cu、Pb、Zn、Ni、Co、Fe 元素的组合异常特征。

位于该成矿带北东方向的陕西省汉中市天台山锰矿(据吕志成等，《危机矿山接替资源勘查找矿案例》中册"陕西省汉中市天台山锰矿接替资源勘查"，2014)，含矿地层为寒武系下统塔南坡组，分三个岩性段，第一岩性段是区内工业磷块岩矿床的赋矿层位，下部由炭质千枚岩及含锰白云岩组成，上部为磷矿层，厚度 0~65m。第二岩性段是矿区工业锰矿床的赋矿层位，以含锰白云岩为主，下部夹锰矿层；含锰白云岩，灰白色中厚层状，风化后为棕褐色，微晶及球粒状结构，块状构造，表面具刀砍纹；局部夹绢云千枚岩及含锰千枚岩，向西泥质成分逐渐增高变为泥质白云岩，且千枚岩夹层增多；锰矿层主要分布在灵官垭背斜北翼，矿体呈层状及透镜状产于本段下部，分上、下两个矿层，以下矿层为主；地表为氧化锰矿石，深部为原生碳酸锰矿，矿石为灰白色中厚层状，主要含锰矿物为锰白云石、含锰白云石及硫锰矿等。第三岩性段为薄—中厚层状白云岩，灰色、青灰色，块状及层纹状构造，微晶结构，以含锰低或不含锰和夹灰白色钙质石英岩条带为特征，底部普遍夹一层含炭绢云千枚岩，且其间夹有较多的黑色硅质岩条带或薄层。Mn 含量 20.26%~26.99%，一般为 19.05%~23.62%，主要存在于锰白云石中，经勘探矿床共探获锰矿石资源量 981.40 万吨，规模达中型，另外还探获有磷矿 7117.61 万吨。其含矿地层层位、岩性、沉积环境等可与省内进行对比，说明龙门山北段成锰盆地可能延伸到了汉中一带。

2. 岩相古地理

本区锰矿为沉积成因，从沉积原岩看，区内含锰岩系总体反映碎屑岩相→硅质岩相的韵律组合，可大致划出两个沉积旋回，代表一个由浅水到深水的海进序列，含锰岩层位于碎屑岩相和硅质岩相之间的过渡部位。

从成矿环境分析，晚元古代震旦纪末期到早寒武世，海水一度从高水位碳酸盐沉积转换为低水位碎屑岩沉积，从低水位碎屑潮坪转向高水位的硅泥质沉积过程中的浓缩（饥饿）沉积作用为锰矿富集提供了有利的古地理环境。

龙门山构造带自晚印支期后，大规模的逆冲推覆作用使地壳裂解为多个相互叠加的岩片，古陆源区及其与邱家河组沉积盆地之间的冲洗带均卷入逆冲推覆构造带中，恢复古地理概貌十分困难。其岩相古地理发生了极大的变化，已经难以恢复该区寒武世的概貌了，但从保存的地层情况，分析推测岩相古地理概况如下。

晋宁—澄江构造岩浆活动后，晚震旦世为间歇平静期。在川西北龙门山一带为拗陷带，为白云岩、含藻白云岩沉积（厚度大于1000m）；成都、广元以东，至达县之间为宽缓的水下隆起（川中隆起）。

四川东部（青川断裂、茂汶断裂、小金河断裂之东）寒武纪的古地理地貌，基本继承了晚震旦世的格局形态。龙门山北段仍然属上扬子板块北缘，北侧（青川断裂带之北）为位于川、陕、甘三省接壤地带的摩天岭古陆，该古陆东延至陕西省城固一带；南西为彭灌古岛（当时面积可能不大），南侧大片为上扬子陆块的四川地块，向东为南秦岭洋。

早寒武世邱家河组为区内含锰地层，区内与北川断裂之南的清平组、长江沟组相当；区域上与扬子板块西缘康定—攀枝花一带的筇竹寺组、川南的牛蹄塘组、北东缘城口—镇巴一带的水井沱组、万源—紫阳鲁家坪组、南江地区郭家坝组等相当，与陕西南部宁强—汉中一带的宽川铺组和塔南坡组大致相当。

早寒武世上扬子为陆表海，龙门山北段为四川地块与摩天岭地块之间的拗陷盆地，受青川断裂、北川断裂、江油断裂等同沉积断裂的控制，其沉降幅度比两侧要大，古地形比之北的摩天岭古陆、之南的四川地块均要低。青川断裂、北川断裂沉降幅度可能比北川断裂、江油断裂之间要大一些。此时，摩天岭古陆可能露出地表，遭受风化剥蚀，为区内提供了丰富的陆源物质。四川地块虽然为海洋，但与龙门山北段相比海水深度要浅一些，部分可能为台地边缘的浅滩环境；而龙门山北段后山则位于台地边缘，属陆棚相；前山海水深部比后山要浅，属开阔台地潮坪相。

邱家河组为一套浅变质岩系，由炭质千枚岩、炭质板岩、黑色含磷硅质和硅化灰岩、白云岩夹锰矿组成，炭质含量较高。沿走向该地层厚度变化较大，青川、平武交界地段厚度大，约500m；茂县土门一带厚约141m，陕西汉中天台山（塔南坡组）厚度约80m左右。从出露厚度变化可以初步分析，沿龙门山后山带邱家河组沉积时，其水下地形地貌不是水平的，有相对隆起区、凹陷区，可能青川、平武交界地段是一个凹陷区，向东朝天陈家坝厚度约185m，再向东宁强一带虽然有此地层分布但厚度小可能为隆起区域；天台山一带可能为东侧已知的另一个相对凹陷区，但海水深度可能比青川—平武凹陷要浅，这从天台山锰矿体下部分布有磷矿或许可以得到佐证。平武至北川复兴之间，地层厚度较小，可能为另一个相对隆起区，至复兴一带地层厚度约170m，之西可能是另一个水下凹陷区。

　　邱家河组之后，沉积了油房组，其岩性为一套灰色厚层变质岩屑砂岩、石英砂岩和粉砂岩，为前滨砂坝相。矿床处与志留系直接接触，沿走向有的与下奥陶统、中奥陶统接触，可见在下寒武世沉积之后，该区整体抬升，局部可能还遭受剥蚀。

　　邱家河组岩石颜色以灰色、灰黑色为主，普遍颜色较深，其间夹有白云岩，可以推断当时的气候潮湿或潮湿炎热。

　　矿层中有黄铁矿等标志性矿物（星点状、细条带状），并含有炭质，局部形成石炭，可以推断其为弱还原—还原环境。

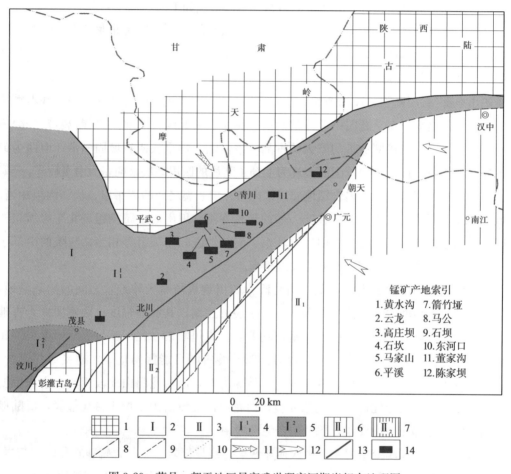

图 3-29　茂县—朝天地区早寒武世邱家河期岩相古地理图

(据曾良鐥等，1992，修编)

1. 古陆；2. 浅海陆棚相区；3. 台地相区；4. 陆棚硅、锰、泥质岩微相区；5. 陆棚硅、泥质岩微相区；6. 开阔台地-潮坪亚相区；7. 开阔台地-台地边缘浅滩亚相区；8. 相界线；9. 亚相界线；10. 微相界线；11. 物源方向；12. 海进方向；13. 古断裂；14. 锰矿床(点)

　　综合上述，邱家河组含锰岩系分布范围仅限于龙门山北段后山茂县、北川、平武、青川、朝天一线及陕西省宁强、汉中一带，与区域构造线大体平行展布。就邱家河组组成的岩性和相标志特征分析，沉积物以泥质为主，主要沉积方式为垂向加积作用，沉积物中炭、硅质成分富有，可能与盆内较深水生存的生物作用关系密切，炭硅质物质的富集可能形成于成岩阶段。水动力条件一般较弱，仅少量粗屑组分的搬运可能具有稍高的能量。结合区域大地构造特征，邱家河组沉积的背景应属被动大陆边缘，这一背景也由其后的整个古生代所继承。由于后期构造破坏强烈，重塑龙门后山早寒武世岩相古地理面貌可能性不大，现仅可大体按变形后的轮廓，以北川—映秀断裂带为界，概略划分为两个相区：断裂带以北为陆棚相，断裂带南部为开阔台地相。早寒武世邱家河组岩相古地理见图 3-29，锰矿分布于浅海陆棚硅锰泥质岩相中。

3. 成矿物质来源

根据已有资料分析，龙门山北段地区锰矿的成矿物质来源可能有两种：一是摩天岭古陆风化剥蚀的产物，二是远源海底火山喷发（喷气）从深部带上来的锰，其依据如下：

（1）摩天岭古陆分布的碧口群地层含锰较高，局部已经形成锰矿床，其风化产物可能为本区提供大量的陆源锰质，经地表搬运至成锰盆地内沉积成锰。

（2）在南东的早寒武世清平组内，因沉积环境变化、形成沉积磷矿，该地层中含有火山物质，由此可见，区内在早寒武世成锰时期，区内存在火山活动，可能从深部带来一定的锰质。

（3）矿床部分矿石 Co 含量可达 0.02％，根据矿石光谱分析结果（见表 3-40）计算锰矿石 Co/Ni 为 0.67～1.03；相邻的石坎锰矿床矿石中也有 Co/Ni>1 者，说明有来自深部锰质参与该区锰矿的成矿（涂光炽等，1989）。

根据上述，推断区内锰矿的物质来源可能以陆源锰质为主，海底火山喷发（喷气）的锰质是次要来源。

4. 成矿作用

根据马家山矿床含矿层的岩石、矿石特征看，属胶体化学沉积、生物-胶体化学沉积作用形成的矿床。成矿过程同样经历了沉积成矿、成岩成矿阶段。马家山沉积型锰矿的成矿作用分为：①陆源区含锰高的岩石或矿床的风化、剥蚀，即形成含锰风化带（壳）阶段；②含锰物质的搬运、沉积，包括陆源锰质，以及海源锰质（可能来自地壳深部的火山活动）的运移，即矿源层的形成阶段；③成岩过程中铁锰质的迁移、富集，即矿体的形成阶段，从矿床的特征分析主要是成岩成矿作用；④成矿后地表次生富集阶段。

矿床锰矿石既有原生锰矿石，也有氧化锰矿石，氧化锰矿分布于各个矿体的地表，原生锰矿石则分布于深部。

1）矿体的次生变化特征

矿物及化学组分的变迁：根据岩矿鉴定资料，原生矿石主要由钙菱锰矿、石英、玉髓及少许方解石组成，在氧化条件下，钙菱锰矿在水及二氧化碳的作用下，生成碳酸锰（不稳定）→氢氧化锰（脱水）→氧化锰（即软硬锰矿），如脱水不完全者成偏锰酸矿，在氧化锰的形成过程中同时生成 $CaCO_3$，含 $CaCO_3$ 的水溶液沿裂隙渗透，在一定时机即沉淀下来，而有次方解石细脉的产出，石英为原始胶体沉积在玉髓经变质作用生成。

此外由于风化作用使矿石中 Ca、Mg 物质流失而氧化锰因不易溶解而残留下来，使得氧化矿石的品位较原生者为高(一般高 5%~15%)，很显然矿体的次生变化是矿产重要的富集过程。

矿石结构构造的变化：原生矿石中钙菱锰矿主要为半自形粒状、微粒状结构。氧化矿石主要为网格状、格板状、层纹状、胶状、葡萄状、团块状等构造，后三种构造主要是由锰质次生淋滤作用生成；网格状、格板状构造是原生矿石中部分物质淋蚀掉的结果，硅质物组成了残留网格及格板的骨架，氧化锰充填其间，形成了所谓次生的格板构造；层纹状构造由硅质物与锰质平行层理排列而成，氧化的原生矿石均具此种构造。层纹构造越明显，含锰越低。

地表由于风化作用，矿体形态发生一定变化，淋滤作用使锰质发生迁移而沿各种节理裂隙随地下水向下渗透，使含锰岩石变为品位较高的富矿石或中品位的锰矿石，氧化带中矿体厚度产生比原生矿体"变厚"的假象。

2)次生富集规律

风化作用使矿体原来面貌产生一系列变化，次生变化的过程是地表氧化锰矿重要的富集过程，影响次生变化强度的各种因素即构成氧化矿的富集规律。

①原始组分含量的影响：在风化作用进行的速度和程度上，与原始组分中 Ca、Mn 物质含量的多少有密切关系，含量较高时易受溶蚀，利于矿产次生富集，易形成较富的氧化矿石。②原始结构构造的影响：原生矿石显微层理发育时，易受风化，显微层理愈细，含锰愈高，则形成隔板状构造的富锰矿石。③构造的影响：褶曲、断裂构造发育，由此产生的节理、裂隙较多，加剧了矿体的次生风化，是有利因素，在一系列节理裂隙中，一般倾角陡者，地表水最容易沿层理面渗透，对锰的次生富集特别有利，并控制氧化带深度。局部地段含锰岩石如构造发育，水文条件较好，地貌有利，则可能在地表形成氧化锰矿，产生"锰矿体"的假象。④地貌条件与氧化带的界线息息相关：地形坡度平缓，地下水较丰富，则可能风化淋蚀作用较强，有利于锰质的次生富集，且氧化带深度相对较大；相反地形坡度较陡，地下水不充足地段，其风化作用则可能较弱，氧化带深度较小。

3)深部为原生碳酸锰矿

锰矿体经深部钻探、坑道等已经证实为原生碳酸盐锰矿，说明矿床形成时至少是以原生碳酸锰矿为主。地表的氧化矿，主要为原生碳酸锰矿氧化形成；少部分可能由原生含锰岩石(含锰灰岩、含锰板岩等)经后期风化作用形成风化残积型、风化淋漓型矿石，但这类矿体深部无延深，仅在氧化带局部富集成矿，是矿床锰矿的次要部分。

本区锰矿形成于海洋盆地近岸边缘的还原带，成矿后遭受轻微变质的影响，故一度曾有人认为属次生氧化锰矿或锰帽。但矿床深部已经证实为碳酸锰矿，主要为原生锰矿石，属海相沉积型碳酸锰矿。

综合上述，矿体产出具有固定层位，呈层状或似层状，严格受地层控制，与顶、底板围岩产状一致，整合接触。矿石结构构造及其围岩性质均显示了浅海相沉积的特征，矿石地表为氧化锰矿，但深部为原生碳酸锰矿，且矿床主要矿石是以后者为主体。围岩经后期轻微变质，形成板状、千枚状构造，并发生了重结晶，区域变质伴随有石英、重晶石脉的生成，但对锰矿来说在成岩作用阶段已经成矿，变质过程对锰矿的成矿、富集无明显的作用，矿石的物理化学性质没有本质上的改变。笔者认为仍应为沉积矿床，其成因应为浅海相沉积型锰矿。

三、成矿模式

1. 成矿要素

详细研究与成矿有关的各类地质要素，区分成矿与非矿要素，总结出 10 个具成矿意义的要素(表 3-43)。

表 3-43　石坎式锰矿马家山典型矿床成矿要素一览表

成矿要素		描 述 内 容
特征描述		产于寒武系下统邱家河组($\epsilon_1 q$)的海相沉积型锰矿
地质环境	构造背景	扬子地台北缘，龙门山基底逆推带北段的断陷盆地
	成矿区带	龙门山—大巴山成矿带(Ⅲ-73)广元—江油 Fe-Mn-Pb-Zn-S-Ag-铝土矿-砂金成矿带(Ⅳ-24)
	成矿环境	浅海到半深海海相沉积
	成矿时代	早寒武世
	含矿建造	含锰碎屑岩、含锰硅质板岩建造
矿床特征	控矿条件	含矿地层：寒武系下统邱家河组($\epsilon_1 q$) 沉积相：台地边缘浅海到半深海沉积岩相(陆棚-陆缘斜坡) 容矿岩石：含锰炭硅质板岩、碳酸盐岩、硅质岩
	矿体特征	共有 4 层矿，呈似层、透镜状产出，一般长 900~4800m，平均倾角 20°，厚 0.84~2.91m，平均厚度 1.84m。Mn 为 12.62%~34.49%，平均品位 21.49%，共获得资源量(333)137.80 万吨。其中主矿体呈南东—北西向层状展布，倾向以北东为主，局部倾向北西，倾角 4°~21°。矿体长约 3500m，宽 200~1000m，厚度 0.84~2.60m，平均 1.63m；Mn 含量为 12.81%~31.84%，平均 21.56%，Mn/Fe 为 2~4，P/Mn 为 0.007~0.025
	矿物组合	矿石矿物：钙菱锰矿、锰白云石、软锰矿、硬锰矿为主，少量锰方解石，尚见水锰矿、褐锰矿残留的菱锰矿 脉石矿物：方解石、石英、褐铁矿等
	结构构造	矿石结构以粒状结晶结构为主，隐晶质结构次之，矿石构造以条带(纹)状、致密块状构造为主，次为团块状、层纹状构造等
	地表风化	原生锰矿在地表氧化，有软锰矿、硬锰矿

2. 成矿模式

根据上述成矿条件及成矿规律分析，总结矿床的成矿模式如图 3-30 所示。

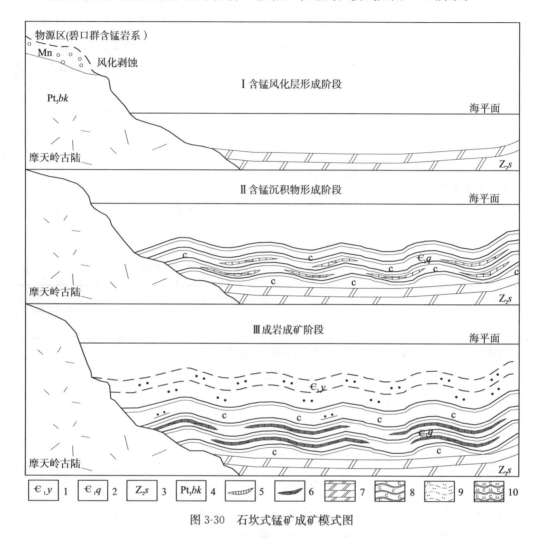

图 3-30　石坎式锰矿成矿模式图

1. 寒武系下统油房组；2. 寒武系下统邱家河组；3. 震旦系上统水晶组；4. 新元古代碧口群；

5. 含锰沉积物；6. 锰矿体；7. 白云岩；8. 炭质板岩；9. 粉砂质板岩；10. 含炭硅质板岩

四、找矿标志

1. 直接标志

地表可见锰矿体或钢灰色、灰黑色锰矿石的风化、淋滤堆积物或转石以及采矿老窑等。

2. 间接标志

(1)地层岩性标志：锰矿赋存于寒武系下统邱家河组，锰矿层直接顶板为硅质岩，野外易于识别，可以作为找矿标志之一；矿层上、下围岩主要为棕黑色硅质板岩，含锰岩系的层位稳定，与上下围岩岩性（颜色）差异较大，且锰矿赋存处有厚度不稳定的碳酸盐岩出露，同样可作为野外找矿的标志之一。

（2）地球化学标志：土壤地球化学测量锰含量高值异常区。

（3）地球物理标志：电法测量圈定的视电阻率异常中心往往见有锰矿体。

第五节　大竹河式锰矿

一、概况

大竹河式锰矿分布于四川省东北部的万源市境内，地理位置为川、陕、渝交界的大巴山脉，属我国有名的"巴山锰矿带"的一部分。

该锰矿带（图 3-31）是我国重要的锰矿产地之一，受大巴山深大断裂的影响，总体上呈北西—南东向带状展布，按含矿岩系的颜色可概略分为西带、东带。

西带分布于陕西省西乡县—镇巴县，系"杂色岩系"锰矿。经冶金地质队伍 20 世纪 60～80 年代的普查-勘探工作，主要锰矿区（床）有水晶坪、栗子垭、石堡山及屈家山等锰矿；矿石质量以屈家山锰矿最佳，为低磷低铁优质锰矿。

东带西起陕西镇巴县麻柳坝，经四川省万源市大竹河，东至重庆市城口县紫儿磅，为"黑色岩系"锰矿。经冶金及地矿部门多年的勘查，探获重庆市城口县高燕、大渡溪、修齐、上山坪（高燕式锰矿）及四川省万源市大竹河、田坝和陕西省镇巴县麻柳坝等矿床，以大渡溪、上山坪矿石质量最好，为优质富锰矿。

大竹河式锰矿属东带的西段，分布于米仓山—大巴山被动大陆边缘东缘之断陷带，主要包括大巴山深大断裂、星子山断裂和钟亭断裂之间区域，展布受田坝向斜控制。

大地构造相划分属米仓山—大巴山被动大陆边缘相（基底逆推带 I_{1-2}）、南大巴山陆棚亚相（$Z-T_2$）。含矿地层为震旦系下统陡山沱组（Z_1d），为一套海相碎屑岩-碳酸盐岩建造，为海相沉积型碳酸锰矿床。含矿岩性为炭质页岩（板岩）、碳酸盐岩、白云岩，锰矿赋存于碎屑岩向碳酸盐岩过渡的部位，属浅海-滨海相沉积，为陆表海碎屑岩-白云岩组合。

已探获有大竹河、田坝小型锰矿床 2 个（表 3-44），332+333 类锰矿石量约 122.37 万吨。四川省内大竹河矿床地质工作程度达到详查，综合研究工作程度相对较高，具有一定的代表性、完整性，故选择其为典型矿床。

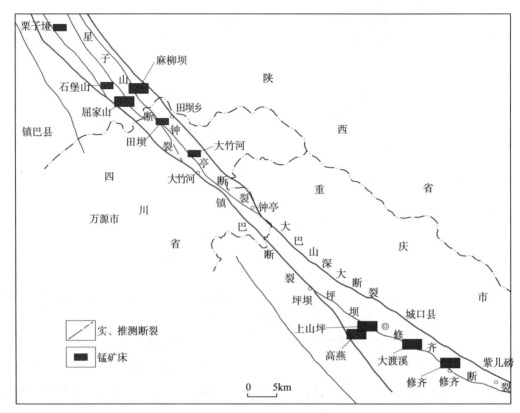

图 3-31　巴山锰矿成矿带分布图

（据冶金工业部西南地质勘查局 604 队，1995，修编）

表 3-44　巴山锰矿带东带矿产地一览表

名称	矿层厚度 (m)	组分（%）		资源量 （万吨）	利用 状况	勘查 程度	含矿建造	成矿时代
		Mn	P					
陕西麻柳坝锰矿	0.40~1.00	15.57	1.250	392.00	未利用	普查	炭质页岩-碳酸盐岩建造	早震旦世
四川田坝锰矿	0.33~1.20	23.36	1.176	35.15	未利用	普查	炭质页岩-碳酸盐岩建造	早震旦世
四川大竹河锰矿	0.38~2.22	21.51	1.599	87.22	拟开发	详查	炭质页岩-碳酸盐岩建造	早震旦世
重庆高燕锰矿	0.64~1.60	20.53	0.22	1941.35	利用	初勘	炭质页岩-碳酸盐岩建造	早震旦世
重庆上山坪锰矿	0.30~3.47	28.90	0.125	721.48	利用	普查	炭质页岩-碳酸盐岩建造	早震旦世
重庆大渡溪锰矿	0.30~3.69	35.68	0.342	1018.0	利用	普查	炭质页岩-碳酸盐岩建造	早震旦世
重庆修齐锰矿	0.31~1.71	32.73	0.295	502.70	利用	普查	炭质页岩-碳酸盐岩建造	早震旦世

二、大竹河锰矿床

大竹河锰矿床位于万源市 65°方位平距 29km 处，行政区划属四川省万源市大竹河镇所辖，中心地理坐标：东经 108°19′46″，北纬 32°10′18″。矿床 11km 至大竹河与城（口）万（源）公路相接，再西行 42km 至官渡与国道 210 线和襄渝铁路相通，交通较方便。

（一）工作程度

1958 年，四川省地质石油大队开展石油地质调查时，于巴山锰矿带东带发现城口地区的锰矿。1970~1978 年，四川省地质矿产局 205 队对高燕锰矿区进行详查、初勘工作，1979 年提交了《四川省城口县高燕锰矿区初步勘探地质报告》，矿石属于高磷贫锰矿石，以"高磷贫锰"著称，当时未能被冶金工业利用。

1992~1998 年，冶金工业部西南地质勘查局 604 队对城口县境内的大渡溪、修齐、上山坪锰矿等进行普查，1995 年提交了《四川省城口县大渡溪锰矿普查地质报告》，1997 年提交了《四川省城口县修齐锰矿普查地质报告》；1992~1995 年 604 队在大渡溪锰矿采用"分层取样法"，取得锰矿勘查的突破，探获中型规模的优质富锰矿，摆脱了城口锰矿"高磷"的帽子，提高了城口地区锰矿的利用价值，从此拉开了该地区锰矿的工业开发利用。

1999~2002 年，四川省冶金地质勘查局 604 队执行"陕渝相邻地区镇巴—城口优质锰矿调查评价"项目，对西北起自陕西镇巴县、东南至重庆城口县赋存于陡山沱组地层中的优质（富）锰矿作了调查评价，预测锰矿资源潜力 4000 万吨。

2001~2002 年，四川省冶金地质勘查局 604 队对田坝锰矿开展普查工作，提交了《四川省万源市田坝锰矿普查地质报告》。

2003~2005 年，四川省冶金地质勘查局 604 队对上山坪锰矿进行普查，2006 年提交了《重庆市城口县上山坪锰矿普查地质报告》。

原冶金部"八五"重点科技项目《扬子地台周边及其邻区优质锰矿成矿规律及资源潜力评价》，由冶金工业部西南地质勘查局和天津地质研究院负责组织实施，巴山锰矿带是该项目研究的地区之一。1994~1995 年，冶金工业部西南地质勘查局科研所开展了城口地区锰矿地质科研，提交了《四川省城口优质（富）锰矿成矿规律及成矿预测》科研报告。项目成果对指导本区锰矿勘查工作具有重要意义。

对大竹河锰矿床开展过以下工作。1980 年，四川冶金地质勘探公司 604 队曾对大竹河锰矿进行过调查。1989~1991 年，冶金工业部西南地质勘查局 604 队在大竹河开展普查工作，因矿石磷含量高，不符合当时冶金用锰的质量而停止。2006~2008 年，四川省冶金地质勘查院对大竹河锰矿进行详查，提交了《四川省万源市大竹河锰矿详查地质报告》。至目前为止，省内仅大竹河锰矿勘查程度较高，故选作典型矿床。

(二)矿区地质

1. 地层

矿区位于扬子板块(地台)北缘与秦岭造山带(地槽)接合部位,地层属扬子地层区,以大巴山深大断裂为界,北属陕南秦岭地层分区(简称北相区),出露自南华系下统至志留系的一套浅变质岩层,并伴随有少量岩浆活动;南属上扬子地层分区巫溪小区(简称南相区),主要出露有自南华系以来除泥盆系、石炭系、白垩系之外的各时代地层,因受大巴山变形作用影响,岩石多遭受浅变质,无岩浆活动。现将与锰矿有关的南华系、震旦系地层由老至新简述如下。

1)南华系上统南沱组(Nh_2n)

本组下段地层被大竹河—坪坝断裂(镇巴断裂的一部分)错缺,仅出露上段。下部为一套陆缘碎屑为主夹有少量火山碎屑的混合碎屑岩,以灰绿色、紫红色含砾凝灰质砂岩为主,杂基支撑,砾石含量10%~30%不等,且砾石大小不一(一般为数毫米至数厘米,大者可达约30cm),砾石分布杂乱,含量及大小从下往上含量增多、砾径变大,再往上含量又逐渐减少、砾径变小。形状多样,成分复杂(以花岗岩砾石为主,另外有闪长岩、硅质岩、凝灰岩等),砾石分选性差,磨圆度较差,砾石上有擦痕或凹坑,厚度>710m。上部为灰绿色、紫红色中厚层至厚层细至中粒长石、石英砂岩,层理清楚,厚160~273.2m。与上覆陡山沱组为整合接触。该组与东部城口境内的沉积特征相似,为南沱冰期的堆积物,与山岳冰川溶化密切相关,冰溶初期暂时性流水的网状河流十分发育,随着冰川不断消融,"类冰积物"沉积特征比较明显,总体看来为陆相环境,具有山麓沉积的特点,与该组命名地(湖北)的沉积环境具有相似的特征。

大巴山断裂以北南华系上统跃岭河群(陕西省),由绿色片岩系和千枚岩组成。

2)震旦系下统陡山沱组(Z_1d)

根据岩性组合特征划为上、下两个岩性段。

下段(Z_1d^1)下部为黄绿色、浅灰绿色细砂岩、粉砂岩及中厚层状长石砂岩夹绿色、土黄色页(泥)岩;上部为黑色、深灰色砂质页岩、粉砂岩互层,砂岩中普遍见黄铁矿结核;可见潮汐层理现象,应为海相沉积,分析其沉积环境可能为潮坪环境。该段地层地表风化强,厚度34.71~103.5m。

上段(Z_1d^2)为区内锰矿的含矿部位,下部为水云母页岩夹薄层粉砂岩,近顶部有不稳定白云岩分布;上部为含黄铁矿(星点状、细条带状)黑色页岩及炭质页岩、黑色含钙泥质页岩,局部炭质(有机质)富集,形成劣质煤(石煤),近矿部位偶夹透镜状含锰白云质灰岩;顶部为菱锰矿层,野外可见叠层石、藻类等;厚度21.7~79.41m,与上覆灯影组整合接触。层序上该段位于潮坪环境之上,海水变深,为较滞流的海湾环境,水平层理发育,含原生的黄铁矿条带(宽1~2cm)、草莓状黄铁矿,锰矿则产于该段上部,成透镜状或薄层状产出,表明海水加深的还原条件有利锰矿富集。矿床地段地层的总体走向北西—南东，倾向南西，倾角受断裂及次级褶曲影响变化比较大，一般35°～75°。

锰矿层剖面结构在矿床地段，底部为黑色（炭质）泥岩夹菱锰矿条纹，偶夹硅质条带或含磷泥质岩；下部常为厚层-块状、豆粒-鲕粒状菱锰矿层，向中上部逐渐过渡为鲕粒-显微鲕粒状及泥晶菱锰矿层或条带，其间夹黑色含磷页岩或胶磷矿条带页岩，多数有1个夹层，少量地段可能有2个或以上出现；与上部灯影组白云岩之间常见有透镜状的胶磷矿条带或磷块岩分布。锰矿层在非成锰地段则因沉积环境的变化，常为黑色页（泥）岩夹磷块岩，或为黑色泥岩夹磷块岩条带，局部可形成磷矿，如矿床之东的杨家坝磷矿。

3）震旦系上统灯影组（Z_2d）

根据岩性组合特征，分为三个岩性段（自下而上）。

第一岩性段（Z_2d^1）下部为浅灰-灰白色含锰泥质白云岩或含锰白云岩夹钙质页岩（地表氧化后多为特有的棕色），为锰矿层顶板；上部为浅灰色白云岩，黑色中至厚层状白云岩；岩石为泥质微晶结构，水平层理发育，含泥质及锰质较高，横向上稳定，说明其沉积环境由原来的滞流海湾发育而成为一咸化潟湖环境，厚度17.9～89.2m。

第二岩性段（Z_2d^2）为浅灰-灰色中厚-厚层状白云质灰岩夹薄层泥晶灰岩，局部夹燧石条带灰岩，底部为灰色薄层灰岩，本岩性段一般在地貌上形成山峰或陡崖，为浅海相碳酸盐陆棚环境产物，厚度88.4～778.3m。

第三岩性段（Z_2d^3）中、下部为薄层黑色硅质岩与白云岩互层（单层厚度小于0.10m），夹黑色炭质页岩，底部为薄层黑色硅质岩；上部为黑色薄-中厚层状致密块状硅质岩，夹浅灰色含硅质条带白云岩、炭质页岩，推断为深水陆棚环境沉积，厚度62.7～167.7m，与上覆水井沱组为整合接触。

4）寒武系下统（ϵ_1）

区域内出露的寒武系下统地层齐全，由下而上有水井沱组（ϵ_1s）、石牌组（ϵ_1sh）、天河板组（ϵ_1t）、石龙洞组（ϵ_1sl），以灰岩为主，次为砂岩、页岩，厚度368～1953m。

2. 构造

地处扬子板块（地台）北缘米仓山—大巴山台缘拗陷，晋宁运动后为相对稳定的地台发展阶段。北西走向的断裂发育，并因受米仓山—大巴山基底逆推带的影响褶皱多为紧密型。

大巴山深大断裂：该断裂为武当山—大巴山巨型推覆构造带的主滑脱面，西起陕西桑树坝，经四川田坝、钟亭，至重庆高观寺、紫儿磅，总长270km以上，断裂带宽1km以上。断面波状起伏，走向北西—南东向，总体倾向北北东，倾角40°左右，断裂严重破坏了田坝向斜北东翼及高燕—城口—修齐复向斜的北东翼。破碎带上常见有碎裂岩化、片理化及构造透镜体。

镇巴大断裂：西起陕西西乡县水晶坪以西，经四川紫溪、大竹河，进入重庆修齐，并被东西向横断裂干扰，区内延伸达100km以上，倾向北西，倾角65°，破碎带宽度100～200m，强烈糜棱岩化、片理化。

钟亭断裂：该断裂与大巴山深大断裂大致平行，在钟亭以东与大巴山深大断裂汇交，向北西方向撒开，断裂带宽 0.50～1.00km，破坏了田坝向斜南西翼边部。受断裂牵引、挤压，分布 F_1、F_2、F_3、F_4、F_5、F_6 等走向近东西的次级断层(表 3-45)，将含矿地层及锰矿体错断。

田坝破向斜：为一不完整线状向斜，轴向北西 300°。北翼被大巴山深大断裂切割；南翼主要由陡山沱组及灯影组地层组成，东至钟亭，西至麻柳坝以西，长大于 45km。褶皱紧密，次级褶皱断裂发育；该褶曲控制了麻柳坝、田坝、大竹河等锰矿床及磷矿的展布。

表 3-45   断层特征表

名称	位置	产状	备注
F_1	位于矿区的最北西部	走向 120°，倾向北东	横断层，错断Ⅰ、Ⅱ号矿体及地层
F_2	位于 F_1 南约 250m	走向约 90°，倾向北	横断层，错断Ⅱ、Ⅲ号矿体及地层
F_3	位于黄金坝一带	走向约 75°，倾向北北西	横断层，错断Ⅲ、Ⅳ号矿体及地层
F_4	位于仙鹅坝一带	走向约 75°，倾向北北西	横断层，错断Ⅳ、Ⅴ号矿体及地层
F_5	赵家坪至石门子一带	走向约 85°，倾向近北	横断层，错断Ⅴ、Ⅵ号矿体及地层
F_6	位于唐家湾一带	走向约 95°，倾向近北	横断层，错断Ⅵ、Ⅶ号矿体及地层

3. 变质作用

本区变质作用总体较弱，陡山沱组炭质页岩经变质作用成为炭质板岩等，对本区锰矿无再富集作用。

(三)矿体地质

1. 矿体特征

锰矿体(层)赋存于震旦系下统陡山沱组上段之顶部，共圈出 7 个矿体(图 3-32)。

矿体总体呈层状、似层状产出，产状与围岩产状一致，矿体与围岩的界线清楚，并随地层褶曲而变化，总体走向北西，并被成矿后的近东西向之横向断层将含矿地层、矿体错切；倾向南西，倾角 37°～85°。矿层剖面结构主要为单锰矿层结构，仅局部夹 1～5cm 厚的含锰页岩条带。

1) Ⅴ号矿体

Ⅴ号矿体为矿床的主矿体，位于仙鹅坝—石门子一带，海拔标高 756～930m，沿走向两端分别被 F_4、F_5 断层错切；地表出露长度约 1630m，控制长度 1370m；总体走向 140°，倾向南西，倾角 24°～85°。经地表探槽和深部坑道、钻孔控制，矿体呈层状、似层状产出，厚度 $0.33\sim1.96\text{m}$、平均 0.84m；矿石主要有益元素 Mn 品位 $10.54\%\sim$ 41.48%、平均 23.18%，其中氧化锰矿 Mn 品位 $18.25\%\sim41.48\%$、平均 24.17%，原生矿 Mn 品位 $10.54\%\sim21.42\%$、平均 19.49%。主要有害元素 P 为 $0.34\%\sim4.54\%$、平均 1.34%；TFe 为 $0.45\%\sim8.84\%$、平均 1.43%，SiO_2 为 $7.95\%\sim40.28\%$、平均 15.51%。Mn/Fe 比值为 16.2，P/Mn 比值为 0.058；矿石碱度 $(CaO+MgO)/(Al_2O_3+SiO_2)$，原生矿为 $0.84\sim3.66$，氧化矿为 $0.05\sim0.95$，可见原生锰矿石属低铁高磷碱性矿石。

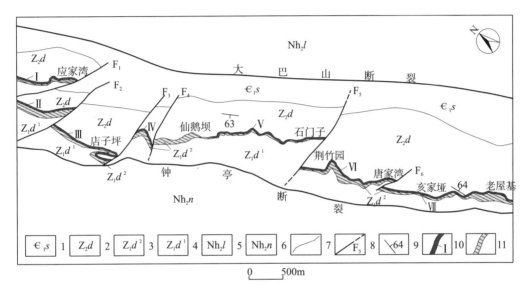

图 3-32　大竹河锰矿床地质略图

(据四川省冶金地质勘查院，2008，修编)

1. 寒武系下统水井沱组；2. 震旦系上统灯影组；3. 震旦系下统陡山沱组上段；4. 震旦系下统陡山沱组下段；5. 南华系上统跃岭河群；6. 南华系上统南沱组；7. 地质界线；8. 实测、推测断层及编号；9. 产状；10. 锰矿体及编号；11. 含锰层位

矿体主要为单锰矿层结构，局部地段有薄层含锰页岩夹石层。地表、探槽为氧化锰矿或半氧化锰矿，氧化深度 $1\sim5\text{m}$，坑道内均为原生碳酸锰矿石。矿体与围岩界限清楚，顶板为含锰白云岩(局部为含锰白云岩夹页岩)，底板为炭质页岩或黑色页岩。

2) Ⅰ号矿体

分布于矿区的西北角应家湾至火石梁一带，海拔标高 $730\sim854\text{m}$，南东被成矿后的横断层 F_1 错切，出露长约 1630m，控制长 440m，控制斜深约 120m(图 3-33)，倾向 $32°\sim70°$，倾角 $56°\sim81°$；厚度 $0.60\sim1.32\text{m}$、平均 0.82m；矿石 Mn 品位 $12.95\%\sim31.88\%$、平均 22.77%，有害杂质 P 为 $0.202\%\sim4.435\%$、平均 1.247%，TFe 为 $0.84\%\sim2.58\%$、平均 1.50%，SiO_2 为 $9.84\%\sim51.85\%$、平均 31.15%。氧化主要在地表，深度浅，一般不超过 5m，深部为原生矿石。

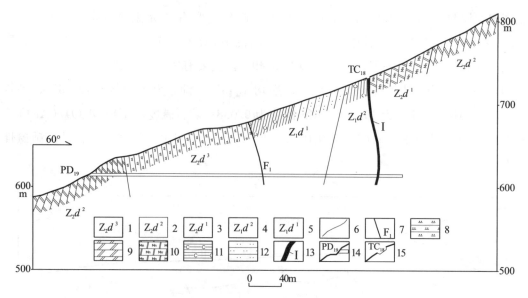

图 3-33　大竹河锰矿床 19 号勘查线剖面图

(据四川省冶金地质勘查院，2008，修编)

1. 震旦系上统灯影组第三岩性段；2. 震旦系上统灯影组第二岩性段；3. 震旦系上统灯影组第一岩性段；4. 震旦系下统陡山沱组上段；5. 震旦系下统陡山沱组下段；6. 地质界线；7. 断层及编号；8. 硅质岩；9. 白云岩；10. 含锰白云岩；11. 炭质页岩；12. 粉砂岩；13. 锰矿体及编号；14. 平硐及编号；15. 探槽及编号

3）Ⅱ矿体号

位于Ⅰ号矿体之南，分布于松树梁—亮垭子一带，海拔标高 527～590m，沿走向两端被 F_1、F_2 断层错切，呈似层状产出，倾向 211°～311°，倾角 30°～65°，控制长 200m，厚度 0.97～1.24m、平均 1.10m，Mn 品位 20.11%～35.71%、平均 26.31%，P 为 0.239%～1.713%、平均 1.132%，TFe 为 1.15%～1.53%、平均 1.27%，SiO_2 为 17.09%～22.31%、平均 18.91%。

4）Ⅲ号矿体

出露于店子坪—张家湾一带，沿走向两端被 F_2、F_3 断层错切，海拔标高 590～750m，呈似层状产出，倾向 211°～311°，倾角 41°～85°；出露长度约 1000m，经地表探槽、深部坑道控制长度 491m，厚度 0.38～1.25m、平均 0.84m；Mn 品位 14.92%～28.61%、平均 20.95%，TFe 为 0.39%～2.73%、平均 0.94%，SiO_2 为 4.17%～26.04%、平均 10.45%，有害元素 P 为 0.387%～3.935%、平均 1.599%。

5）Ⅳ号矿体

出露于黄金坝一带，倾向南西，倾角 40°～87°，控制长 415m，厚度 0.51～1.20m、平均 0.89m；Mn 品位 12.54%～20.25%、平均 16.34%，P 为 0.27%～2.22%、平均 1.255%，TFe 为 0.72%～8.50%、平均 3.41%，SiO_2 为 20.82%～39.04%、平均 27.89%。

6）Ⅵ号矿体

出露于荆竹园—唐家湾一带，总体走向135°，倾向48°～252°，倾角31°～70°，沿走向被F_5、F_6断层错切，经地表探槽及深部坑道控制长1328m，厚度0.55～1.25m、平均0.72m；Mn品位20.12%～37.74%、平均29.94%，P为0.70%～2.929%、平均2.082%，TFe为0.94%～5.44%、平均2.71%，SiO_2为6.24%～34.64%、平均19.60%。

7）Ⅶ号矿体

分布于F_6断层之南东的亥家垭至老屋基一带，海拔标高594～960m，经探槽、坑道控制，出露长度约1880m，控制长度1586m，总体走向135°，倾向北东，倾角31°～71°，厚度0.40～2.22m、平均0.97m，Mn品位11.69%～34.53%、平均20.22%，有害元素P为0.30%～8.328%、平均4.085%，TFe为0.63%～9.22%、平均1.73%，SiO_2为9.26%～48.05%、平均25.05%。地表多为氧化锰矿石，但深度小于5m，深部为原生碳酸锰矿石。

2. 矿石化学成分

Mn最低10.54%、最高41.48%、平均21.51%；TFe最低0.39%、最高8.84%，有害元素P含量最低0.202%、最高8.328%，SiO_2最低4.17%、最高51.85%，烧失量最低4.21%、最高34.66%，CaO最低4.85%、最高27.60%，MgO最低0.49%、最高9.46%，Al_2O_3最低0.32%、最高9.55%。据基本分析统计，Mn品位10%～15%占14.6%、15%～20%占31.3%、20%～25%占31.2%、>25%占22.9%，属普通锰矿。

矿石的主要有害杂质P，主要以胶磷矿赋存于含锰白云岩或少量赋存于含锰炭质页岩或黑色页岩中，一般矿石中P含量为0.3%～3.0%，其次，P的赋存状态还有细分散状的磷灰石；顶板中的P普遍高于矿体底板中P的含量，夹石中P含量普遍高于矿石中P的含量。

根据锰矿石光谱分析结果（表3-46），可利用的元素主要为Mn，其余如Pb、Zn、Ni、Co、Cu等含量均很低，达不到工业综合利用的要求。

从矿石全分析结果（表3-47）可以看出，无论是原生碳酸锰矿还是氧化锰矿，可利用的有益元素为Mn，TFe含量不高，有害杂质P含量高，原生矿SiO_2含量均小于15%，烧失量（Loss）均大于25%，与光谱分析、基本分析的结果一致。值得注意的是S含量较高，这是矿石中有少量草莓状黄铁矿引起的。

表3-46　大竹河锰矿石光谱分析结果表

样号	分析项目（$W_B/10^{-6}$）										
	Cl	S	P	F	Ba	Ce	Co	Cr	Cu	Ga	Y
H1	136	19834	3129	2449	387	14.3	8.4	13.9	28.2	7.0	15.3
H2	98.6	5563	824	2383	357	18.9	2.2	5.7	18	4.6	10.3

样号	分析项目($W_B/10^{-6}$)										
	Zn	Zr	Yb	Sc	Hf	La	Pb	Rb	Sr	Ta	Th
H1	66.3	20.7	3.0	3.9	<1	30.5	22.4	5.0	248	1.1	8.7
H2	17.1	17.2	1.2	4.9	1.7	28.2	11.8	3.6	213	1.2	7.1

样号	分析项目($W_B/10^{-2}$)								
	SiO_2	Al_2O_3	Fe_2O_3	CaO	MgO	Na_2O	K_2O	Mn	TiO_2
H1	6.00	1.06	1.5	15.72	7.51	0.11	0.27	14.26	0.063
H2	8.9	0.77	0.57	14.1	6.93	0.1	0.2	15.45	0.054

表 3-47　大竹河锰矿石全分析化学成分表

样品编号	矿石类型	矿石组分($W_B/10^{-2}$)							
		Mn	TFe	P	SiO_2	Al_2O_3	CaO	MgO	Loss
H1	原生	15.51	0.84	0.85	9.84	0.66	20.54	6.88	30.02
H2	原生	16.38	0.70	2.06	7.08	0.70	19.47	7.48	31.74
H3	原生	18.75	0.78	0.52	6.48	0.49	15.49	8.75	34.66
H4	原生	19.02	1.14	0.76	9.78	1.77	17.8	6.44	30.27
H5	原生	20.64	0.68	0.65	10.51	0.83	16.76	7.20	30.62
H6	原生	26.19	1.13	0.78	12.07	1.03	10.92	3.97	28.96
H7	原生	20.70	0.98	1.62	11.4	1.05	13.8	5.30	30.76
H8	原生	16.64	0.63	1.61	9.26	0.46	18.31	7.81	31.58
H9	氧化	31.21	1.47	1.52	24.19	2.87	9.04	0.97	12.42
H10	氧化	24.02	1.33	0.78	39.76	2.13	7.85	1.25	11.43
H11	氧化	31.16	1.43	1.78	15.38	2.68	10.52	1.59	14.11
H12	氧化	22.17	1.11	0.72	19.33	1.44	10.28	4.02	24.72

样品编号	矿石类型	矿石组分($W_B/10^{-2}$)						
		Fe_2O_3	FeO	K_2O	Na_2O	TiO_2	CO_2	BaO	S
H1	原生	0.23	0.88	0.21	0.04	0.04	28.45	0.07	1.48
H2	原生	0.08	0.83	0.15	0.29	0.05	29.64	0.04	1.01
H3	原生	0.17	0.85	0.10	0.09	0.03	33.35	0.02	1.12
H4	原生	0.26	1.23	0.33	0.03	0.11	28.70	0.10	1.28
H5	原生	0.13	0.76	0.22	0.02	0.05	29.96	0.03	0.69
H6	原生	0.40	1.09	0.26	0.03	0.06	27.71	0.04	1.20
H7	原生	0.22	1.06	0.24	0.03	0.09	26.91	0.02	1.29
H8	原生	0.03	0.78	0.10	0.01	0.03	30.58	0.02	0.93
H9	氧化	1.15	0.86	0.65	0.03	0.13	0.38	0.17	0.10
H10	氧化	1.23	0.60	0.55	0.04	0.11	2.59	0.10	0.04
H11	氧化	1.36	0.62	0.89	0.14	0.18	1.97	0.12	0.04
H12	氧化	0.52	0.96	0.4	0.09	0.09	23.92	0.06	0.48

矿石多项分析(表 3-48)结果，主要有益元素为 Mn，主要有害元素为 P，含量较高，TFe、SiO₂ 含量较低，S 元素含量较高，与全分析结果基本一致。矿石中所含其他元素，如 Co、Ni、Cu、Zn 等均未达到锰矿石伴生组分的评价指标要求。

表 3-48 样品化学多项分析结果表

项目	Mn	TFe	P	SiO₂	Al₂O₃	CaO	MgO
含量($W_B/10^{-2}$)	19.00	1.06	0.45	7.70	1.32	17.62	6.96
项目	Co	Ni	Cu	Zn	S	Loss	
含量($W_B/10^{-2}$)	0.003	0.011	0.002	0.006	0.91	31.54	

3. 矿物组分

原生矿石的矿物成分主要有锰白云石 65%、菱锰矿 13.73%、锰方解石 5%~10%，地表氧化矿石的矿物成分为硬锰矿、软锰矿。脉石矿物主要有石英、高岭石、方解石、白云石、玉髓、磷灰石、海绿石、粘土矿物及少量炭质(有机碳)、黄铁矿等。

原生锰矿石通过物相分析，碳酸锰类 98.32%~99.5%、氧化锰类(硬锰矿、软锰矿)0.37%~1.29%、硅酸锰 0.08%~0.39%，碳酸锰类矿物岩矿鉴定包括菱锰矿、钙菱锰矿、锰方解石、锰白云石。

4. 矿石结构构造

矿石结构主要为自形、半自形粒状结构(粒径一般 0.1~0.01mm)和砂粒变余结构，次为球粒结构(粒径 0.1~1mm)、豆粒结构、鲕粒结构，偶见胶状结构、微粒结构、粉晶结构、隐晶质结构。总体锰矿层位稳定、层理发育，自下而上碳酸锰矿粒度有变化，并多次反复、韵律变化频繁。下部的韵律层极薄仅 1~10mm，常见的韵律组合以粉屑-叠层石、粉屑-球粒-叠层石等为主；中部较厚达 20~100mm，以鲕粒-叠层石、鲕粒-豆粒等为主；上部多为 10~20mm，以球粒-叠层石等为主。

原生矿石主要为块状构造、条带状构造，层状、纹层状、叠层状、条纹状构造次之，氧化矿石一般为皮壳状构造、蜂窝状及土状构造。

矿石中有大量的藻类等遗迹及有机质(有机碳)分布，藻类遗体是锰矿层的重要组成部分，这些特征与矿床之南东的城口县高燕、大渡溪锰矿矿层结构特征具有相似之处(赵东旭，1994；王尧等，1999)，锰矿石的形成均与藻类等生物作用有密切的关系，属藻类成因。

5. 矿石类型

矿区地表矿石氧化程度高，但其氧化深度小于 5m。矿石的自然类型主要为原生碳酸锰矿石，仅地表有少量的氧化锰矿石。

工业类型为冶金用锰矿石。根据基本分析统计，P/Mn 比值 0.009~0.650，属高磷矿石；从(CaO+MgO)/(Al$_2$O$_3$+SiO$_2$)(碱度)比值看，氧化矿碱度 0.03~1.17，一般 0.1~ 0.7，原生矿碱度 0.84~3.48，其中碱度>1.2 的占 86%，可见主要属碱性矿石；Mn/Fe 比值为 1.48~72.89，比值<6 的仅占 7.9%，属低铁矿石。多项分析(见表 3-48)资料计算矿石碱度为 2.72，大于 1.2，为碱性矿石。可见，矿床锰矿石属高磷低铁碱性碳酸锰矿石。

6. 矿体围岩及蚀变

矿体顶板为泥质含锰白云岩夹钙质页岩，底板为黑色炭质板岩，含炭量较高，富有有机质。矿体围岩蚀变总体弱，可见碳酸盐化、硅化等，主要是遭受区域性断裂活动所产生的变质作用所致，与成矿作用的关系不大。

(四)矿石加工技术性能

大竹河锰矿区所属的巴山锰矿带的锰矿石，被工业利用已有超过 20 年的历史。与大竹河锰矿石类型极为相似的城口地区(高燕、上山坪、大渡溪、修齐)锰矿石早已被工业利用。

1. 氧化焙烧试验

2007 年中国地质科学院矿产综合利用研究所，对采自 V 号矿体的碳酸锰矿石进行氧化焙烧试验。分别对−5mm、−20mm 和直径约 100mm 粒度的样品进行了氧化焙烧试验。在粒度为−5mm、焙烧温度 1100℃、焙烧时间 2h 条件下，锰矿石烧失率平均为 33.00%，焙砂中的锰含量平均为 27.60%，锰回收率平均为 97.31%，焙砂中磷含量平均为 0.63%，磷残存率平均为 93.2781%。粒度为−20mm、焙烧温度 1150℃、焙烧时间 3h 条件下，锰矿石烧失率平均为 33.75%，焙砂中锰含量平均为 27.73%，锰回收率平均为 96.70%，焙砂中磷含量平均为 0.63%，磷残存率平均为 93.27%。100mm 样品在 1100℃焙烧 3h 后，烧失率最高，为 36.45%；焙砂中锰含量也最高，可达到 34.21%。试验结果表明，该矿经氧化焙烧后可显著提高焙砂锰品位，但磷的脱除率较低，不能达到有效除磷的目的。

2. "二步法"冶炼试验

大竹河锰矿东侧的重庆高燕锰矿初勘时曾经对碳酸锰矿石作了小型和半工业"二步法"冶炼试验，试验结果见表 3-49。

表 3-49　高燕锰矿冶炼试验结果表($W_B/10^{-2}$)

矿石及其产品名称	Mn	P	SiO$_2$	TFe	C	P/Mn	锰回收率	脱磷率
原矿石	21.15	0.211	21.86	1.95		0.0098		
富锰渣	29.22	0.038	37.80	0.58		0.0013	94.10	87.74
高磷生铁	34.12	5.61	[Si]0.77	52.91	3.37			
硅锰 17	68.82	0.156	[Si]18.14		1.50		64.67	
硅锰 20	69.46	0.194	[Si]20.17		0.89		59.92	

试验结论如下：

(1)对含铁仅为 2% 左右的高磷贫锰矿利用高炉冶炼，可冶炼出合格的富锰渣，而无需搭配铁屑和高铁锰矿。

(2)城口锰矿冶炼富锰渣，采用矿石自然碱度，渣型适宜，流动性能良好；锰回收率、高炉利用系数、焦比等项目技术经济指标均达到国内较高水平。

(3)该富锰渣具高硅低磷的特点，适宜冶炼锰硅合金，在冶炼过程中不加或少加硅石和石灰石，也无需萤石调渣。炉渣流动性能良好，渣铁分离比较彻底，没有出现翻渣和其他异常现象。

(4)对含磷较高的矿石单独冶炼也能达到良好的降磷效果，并能冶炼出合格的锰硅合金。

(5)高燕低铁贫锰矿石高炉-电炉"二步法"冶炼锰硅合金在技术上是可行的，在经济上也是比较合理的，该矿具有工业开采价值。

3. 高磷锰矿浸取除磷实验

高燕锰矿还做过浸取除磷实验。2007 年，重庆大学以城口高磷锰矿为原料，采用硫酸浸出方式，开展了浸出工艺条件的详细实验研究。在浸出的后期，通过改变矿浆的 pH，使得其中的铝、铁发生絮凝，并与溶液中的磷酸根发生作用。得到的结果显示，随着溶液 pH 的增大，其中磷的含量逐渐下降，当 pH＝7 时，浸出浆中磷的去除率可以达到 99% 以上，而对锰的影响却不是很大。

综上所述，通过火法、湿法对碳酸锰矿石的加工试验和近些年来与矿区相邻的城口锰矿冶炼工业的技术发展表明，无论采用高炉冶炼法，还是采用硫酸浸取法对本矿区的低品位碳酸锰矿中的锰都可以有效富集，并具有程度不等的脱磷效果，能够提供冶金用锰的合格产品。

(五)矿床成因

1. 成矿地质环境

大竹河式锰矿分布区位于扬子板块(地台)北缘与秦岭造山带(地槽)接合部位，大巴山断裂、镇巴断裂之间断陷盆地的中段。大地构造分区为上扬子陆块米仓山—大巴山前陆逆冲带-推覆带(三级)之南大巴山盖层逆推带(四级)。成矿区带属特提斯成矿域(Ⅰ-3)，扬子成矿省(Ⅱ-15)上扬子成矿亚省(Ⅱ-15-B)，龙门山—大巴山(陆缘拗陷)Fe-Cu-Pb-Zn-Mn-V-P-S-重晶石-铝土矿成矿带(Ⅲ-73)，大巴山 Fe-Mn-煤-毒重石-石灰岩-高岭土四级成矿带(Ⅳ-21)。区内早震旦世陡山沱组为锰矿的含矿地层，根据矿床(点)的分布、含矿地层、构造等大致在四级成矿带中进一步划分出大竹河锰成矿区(Ⅴ级)。

晋宁运动使中国南北古陆第一次碰撞造山，因华北古板块的俯冲，在扬子板块北缘形成了一条重要的近东西向高压变质带及古岛弧构造，夹于其间的古秦岭洋壳消失，南北古陆连为一体。这时陆块扩展到极大值，南华纪冰川事件发生，区域所在的扬子陆块的北部边缘和南秦岭处于低位水下环境,有滨海火山-陆源碎屑岩、冰水浅海盆地含砾砂泥岩相沉积。

从震旦纪陡山沱组到中三叠世末印支运动的整个时期,扬子陆块的构造环境是拉张、拗陷与局部隆升为特征。岩性、岩相简单,变化不大,以浅海碳酸盐岩、碎屑岩沉积为主;岩浆活动不发育。

南秦岭在晚南华世南沱末期局部隆升为陆,早震旦世陡山沱期由于南北古陆开始裂解,又渐变为活动环境,并拉张沉陷,成为南秦岭海盆,有盆地黑色含磷硅质泥岩相沉积,其基底属扬子被动大陆边缘。四川盆地及邻区在陡山沱期也发生广泛海侵,绝大部分地区被海水淹没,成为上扬子陆表海。陡山沱期四川盆地及其东南地区是以陡山沱组为代表的泥质及碳酸盐沉积;其北部因陡山沱期南秦岭的拉张沉陷、同生断裂的下陷,有海湾相含黄铁矿黑色炭质泥(页)岩及锰、磷矿沉积。

早加里东运动,古中国克拉通裂解,北秦岭—祁连洋盆新生。晚加里东运动,南北古陆又再一次拼接。印支运动使南北陆块拼接带的残余海盆封闭,秦岭山系崛起,中国大陆最终形成。此期陆内造山作用开始,扬子陆块北部边缘开始褶皱,区域内晚三叠纪和侏罗纪为陆内湖泊沉积。此间发生的大巴山巨型推覆构造作用,形成了目前的区域构造基本格局。

位于大巴山断裂、镇巴断裂之间的区域,镇巴—城口地区出露有南华系上统南沱组、震旦系下统陡山沱组、震旦系上统灯影组、寒武系(滨浅海相,下部碎屑岩、上部碳酸盐岩为主沉积)、奥陶系(滨浅海相碳酸盐岩与泥岩互层沉积)、志留系(滨浅海相砂页岩夹少量碳酸盐岩沉积、缺上统)、二叠系(浅海相碳酸盐岩夹泥页岩沉积),三叠系(中下统浅海相碳酸盐岩夹泥页岩)。含锰地层早震旦世陡山沱组,根据岩石颜色看,位于该区北西的镇巴—西乡地段为紫色页岩夹磷锰矿,而南东的万源—城口地段为黑色页岩夹磷锰矿,故镇巴—城口盆地可进一步划分为两个次一级的盆地,即镇巴—西乡杂色页岩系次级沉积盆地、万源—城口黑色页岩系次级沉积盆地。

大竹河锰矿产于上扬子板块北缘(台缘)万源—城口黑色页岩系次级沉积盆地。含矿地层为震旦系下统陡山沱组(Z_1d),为滨、浅海相的炭质页岩、菱锰矿、钙质砂质页岩、粉砂岩、白云岩组合,顶板为浅灰色薄至中厚层泥质白云岩,局部含硅质铁质和炭质;底板为黑色炭质页岩,局部为含白云质页岩。其中锰矿主要赋存于陡山沱组上部,常与磷矿共生,呈明显的消长关系,锰矿、磷矿横向变化明显。

由于南沱期的冰川事件将之前复杂的地势夷为较为平缓的地形,这便为早震旦世及以后阶段边缘海盆体系的碳酸盐台地沉积环境的形成创造了先决条件。另外,南沱冰川事件引起了古气候冷热的变化,加上构造拉伸的共同作用,控制着海平面的升降周期。从晚南华世南沱期到早震旦世,冰川活动由强减弱,研究区进入海侵期,由于冰川产生的底层水水温相对较低,富含 CO_2,海水 pH 为 7~8,Eh 为负值,属于弱碱性还原环境。在滨-浅海环境浪基面之下,底层流速开始趋于正常,水动力较弱,蓝藻生物等十分发育,这变为区内锰矿的形成创造了条件。

在滨-浅海相对闭塞海盆中,构造相对较稳定,处于滞留海湾,所以当时成锰盆地内沉积速率低且为非补偿-欠补偿环境,水动力低,在充足的物源保证下,加上弱碱性还原环境,有利于鲕粒的成长和保存。在成矿作用中,生物-化学作用占主导地位,Mn 质在运移过程中是以胶体形式存在,含 Mn 胶体在炭质页岩向碳酸盐岩建造过渡界面结合 CO_3^{2-},形成碳酸锰,一部分通过化学作用直接沉积,另外一部分在蓝藻类生物催促下,形成鲕粒状碳酸锰(藻类生物作用)。

含矿地层陡山沱组,其顶部为泥质锰质白云岩和炭质页岩夹锰质岩建造;含矿层位岩性组合,即陡山沱组磷锰矿含矿层主要岩性为泥质白云岩、磷块岩和菱锰矿层、黑色炭质页岩。矿石矿物:钙菱锰矿、锰方解石、锰白云石、菱锰矿,地表氧化有软锰矿、硬锰矿,脉石矿物:石英、高岭石、方解石、白云石、玉髓、磷灰石、海绿石、黏土矿物。陡山沱组含矿层沉积相特征属浅海陆棚相;成矿时代为早震旦世陡山沱晚期(Z_1d^2)。

大巴山锰、磷质富集期是陡山沱晚期阶段,从矿层结构看,又可细分为早、晚两期。锰矿以晚期为好,矿层较厚、矿体规模较大、质量较好、矿床规模较大,是区内工业锰矿的形成期;早期则矿层薄、规模小、质量差,磷矿主要位于该期。

2. 岩相古地理

本区的古构造与扬子板块、秦岭构造带的形成演化有关,尤其与扬子板块有着不可分割的亲缘关系。

晚南华世镇巴—万源—城口一带属沉降区,形成碎屑岩建造,早震旦世以后,古地理环境比较复杂,总体上形成一个较狭长的沉降带。在大竹河、杨家坝沉积厚度达 50~103m 的硅质岩,且从北西向南东递增,早震旦世末期(陡山沱晚期)沉积了由锰、磷交替沉积过渡为磷为主(杨家坝)的沉积,代表了海水由浅到深的沉积古地理环境。

晋宁运动之后该区处于相对平稳(地台)发展阶段。当时的古地理特征是:北西为长期隆起的汉南古陆,东为剧烈活动的南秦岭洋,而巴山锰矿带则处于相对稳定的、已形成的上扬子陆块与剧烈活动的秦岭洋之间的过渡带。总的古地貌及沉积特征:北—北西汉中古陆地形差异显著,遭受着剧烈的物理、化学风化剥蚀,为靶区提供了大量的陆屑碎屑物,而南秦岭洋的海底火山活动又为本区提供了丰富的火山物质。在海陆边界线以东的广阔海域里,古海底地貌为南北对称的海湾形海底凹地。

研究区属震旦纪至寒武纪时期上扬子古陆块北部,大巴山基底逆冲带,镇巴—城口拗陷成锰盆地(或称巴山成锰沉积盆地),滨-浅海陆棚环境。成锰盆地形成于晋宁期陆缘弧的外带及弧前盆地区,扬子陆块北缘于早震旦世,因扬子陆块与华北陆块的背向拉张和秦岭洋的扩张,形成南秦岭被动陆缘裂谷带,裂谷带的南西部为北西—北北西向米仓山基底和大巴山凹陷。南华纪时,基底部分上升为陆地,陆缘凹陷盆地堆积形成火山-沉积岩系。在本区形成由大巴山断裂及镇巴断裂控制的断陷盆地,边界断裂具有较强同沉积活动,它控制着盆地的范围、沉积的幅度、速率及其变化。

　　晚南华世，在盆地靠近古陆一侧边缘则发育了一套冲积相的沉积，其中夹有冰水-冰海沉积（即大巴山区的南沱组地层），构成层序地层中的低水位体系域。随着南沱期的冰川运动以及早震旦世陆块的强烈拉张，地壳发生沉降，使得海平面快速上升。

　　早震旦世开始，凹陷盆地系堆积浊积岩硅灰泥沉积组合为主的盆地，其沉积物构成的海侵体系域（即陡山沱组下部地层）。随着海平面上升到最大，在陡山沱组上部形成最大海泛面期的磷锰矿层，锰矿形成之后，晚震旦世灯影组是一套碳酸盐岩夹硅质岩沉积，是台缘或陆表海环境下的产物，代表向上变浅的高水位体系域。此后，南秦岭洋进一步扩张，同沉积断裂终止活动，形成了早古生代扬子板块北部特殊的被动大陆边缘。

　　研究区内锰矿形成时期整体上处于海侵环境。由南沱阶和陡山沱阶组成的层序在上扬子陆块对比标志明显。层序结构主要受冰川期和间冰期交替引起的海平面变化的影响，南沱组的冰积层在地台上表现为山岳冰川和大陆冰盖的陆相，向边缘盆地方向逐渐过渡为冰海沉积相。南沱期末，随着冰川相海的推进和消融，海平面开始回升，其结果是形成早震旦世陡山沱早期的海侵体系域，岩性开始由砂岩向黑色页岩过渡，此时工作区处于较深水滞留环境，随着沉积环境的不断改变，向上过渡逐渐为灯影组白云岩，指示海平面一个完整的升降周期。

　　镇巴—西乡次级沉积盆地位于星子山断裂之西的大巴山断裂、镇巴断裂之间，为杂色岩系盆地。南华纪时主要是接受汉中古陆陆源物质沉积，沉积物沉积幅度严格受基底构造格局控制，当时古陆地貌特征是地形差异较大，遭受着剧烈的物理、化学风化。但从南沱组至陡山沱组的粗砂岩→砂岩→页岩岩石粒度变化，所含微量元素渐次增高特征看，古陆又相对稳定。沉积区微量元素 Ba 在北部的司上一带含量最高，其他元素 Pb、Zn、Cr、Cu、Co、Ni、Mn、V、B 是北低、南高；说明北部接近古陆，而南部一带则相对远离古陆，即由北而南、由西而东，逐渐由滨海向广海过渡，沉积环境逐渐由氧化转化为还原。陡山沱期沉积物颜色从下部灰绿色页岩夹砂岩或砂岩夹灰绿色页岩，到上部变为紫色、紫红色、灰绿色页岩、粉砂岩夹碳酸盐岩，紫红色页岩、具龟裂纹的薄层灰岩等充分说明当时的古气候条件是由冷逐渐转为炎热干燥。属滨海相沉积环境，局部可能具有障壁，粗砾岩、砾岩应属近滨高能区环境，总体看来该盆地区域陡山沱期可能为潮坪潟湖杂色岩相（张恭勤等，1996）。

　　万源—城口次级沉积盆地位于星子山断裂之东的大巴山断裂、镇巴断裂之间，为黑色岩系成锰盆地。镇巴断裂以南的扬子陆块，南华世晚期为古陆或陆相冰川沉积。城口断裂、镇巴断裂之间，晚南华世与震旦系下统之间为整合接触，南沱末期为杂色凝灰质细砂岩、紫红色泥岩、长石石英细砂岩、灰白色细晶白云岩沉积，含石膏、白云石等；其 Sr/Ba 比值为 0.018，在 0.1~0.5 的陆相环境内（魏江川等，1994）。因此在南华世末期，万源-城口沉积盆地的地貌是一个四周为陆的湖泊相环境，其内还有河流相沉积（郑发模，1990）。早震旦世，测区陡山沱（末）期的古地理位置是处于上扬子陆表海与南秦岭海盆的过渡带上，古地理格局就是一片汪洋下呈北西西—南东东向延伸的槽状滞留水体——海湾。万源—城口海湾的宽度因大巴山断裂后期的推覆掩盖，目前无法恢复；据许志琴等(1986)的研究，大巴山断裂由北而南的挤压推覆至少使南秦岭地壳缩短100km以上，处于大巴山断裂南侧的前缘叠瓦摺断带亦强烈褶皱、压缩。沉积盆地古地理环境是在古构造背景上继承发展的结果。陡山沱期，基底属上扬子被动大陆的南秦岭渐变为活动环境，拉张沉陷，接受沉积，这与南北古陆初期裂解有关。受同生沉积断裂(大巴山断裂、镇巴断裂)的影响，控制了盆地的边界、沉降幅度，也控制了盆地内的古地形地貌。星子山断裂以东地区，早期表现为具障壁海岸的潮坪相砂泥沉积，晚期海侵范围进一步扩展，海平面上升，过渡到滞留的还原海湾黑色含磷锰质页岩相沉积。钟亭至坪坝东侧黄溪河段，因断裂的推覆破坏，导致含矿地层陡山沱组在此段地表未出露，是被断裂破坏，还是沉积时处于相对水下隆起而不利于成矿，目前暂无法判断，但从钟亭处出露杨家坝磷矿，黄溪河一带磷含量高的特点，或许可以认为该段可能是水下隆起地段。由此可以这样认为：万源—城口沉积盆地可能存在两个锰矿沉积中心(水下相对凹陷区)，即万源田坝—大竹河凹陷、城口高燕—修齐凹陷，并分别形成了麻柳坝锰矿、田坝锰矿、大竹河锰矿和杨家坝磷矿及高燕锰矿、上山坪锰矿、大渡溪锰矿、修齐锰矿和沱溪河磷矿等。

含矿地层陡山沱组下段有小型交错层理、透镜状层理，有大量细砂成分，表明海侵初期水动力相对较强。上段几乎全为具水平层理含黄铁矿黑色(炭质)泥岩，粉砂质含量极少，顶部锰磷矿层，多与纹层状泥岩互层，没有波浪、潮流影响的标志，但却见到藻鲕粒构造的正生长粒序，表明水体是逐步加深，为闭塞滞流低能环境。因此，锰矿沉积时的介质水动力条件是滞流的低能环境。

本区陡山沱晚期有菱锰矿、白云石、方解石、黄铁矿及胶磷矿等标志矿物，判断水介质pH为弱碱-碱性。

本区Eh推断弱还原-强还原环境，其依据为，①自生矿物黄铁矿、海绿石及绿泥石显示弱还原、强还原环境；②沉积物颜色标志，以黑色为主，少数灰绿色；③岩石中有机碳含量高，超过2%或3%，炭质页岩中达12.62%；④微量元素U、Cu、Ni、Co、Mo、Zn、Se、P、V等元素含量较高，它们是在氧化条件下迁移，还原环境下沉淀。

大致推断古盐度为2.6%~3.5%，属受限制的海湾环境。判断标志：①古生物蓝藻和微体藻属广盐性生物，而钙质红藻的生存盐度范围为2.6%~4.6%；②原生矿物海绿石、胶磷矿等表明海水为正常盐度；③城口锰矿测定了6个C、O稳定同位素样，$\delta^{18}O$值落入红藻区范围(魏江川等，1994)。

本区沉积岩系以黑色含炭质页岩为主，有大量菱锰矿沉积，是潮湿气候的可靠标志；据成都地质学院研究，本区陡山沱组的古纬度为北纬9°~29°；本区陡山沱期为低纬度热带潮湿气候。

从分布的岩性分布划分为白云岩相、钙泥质页岩相、页岩泥灰岩相、含锰磷质页岩相、含磷硅质泥灰岩相。结合陡山沱组上段岩性分析，可以大致划分陡山沱晚期的岩相古地理(图 3-34)。万源—城口次级沉积盆地锰矿产于海湾黑色含磷锰质页岩相，大巴山断裂之东为盆地黑色含磷硅质泥岩相，镇巴断裂之西(上扬子陆块北部)为潟湖相。

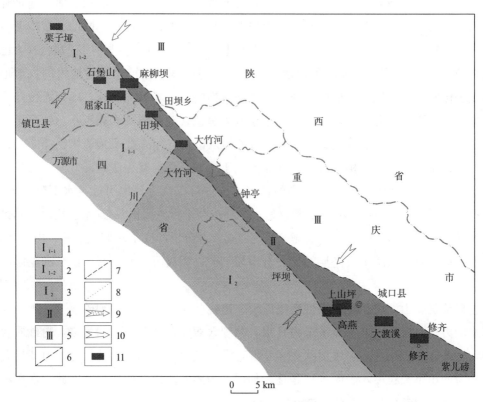

图 3-34　巴山地区早震旦世陡山沱晚期岩相古地理图

(据夏文杰等，1992，修改)

1. 潮坪含砂白云岩相；2. 潮坪潟湖杂色含锰钙质页岩相；3. 潟湖黑色页岩泥灰岩相；4. 海湾黑色含磷锰质页岩相；5. 盆地黑色含磷硅质泥岩相；6. 大相界线；7. 亚相界线；8. 微相界线；9. 物源方向；10. 海进方向；11. 锰矿床

3. 物质来源

根据已有资料分析，成矿物质来源可能有两种：一是北西汉南古陆风化剥蚀的产物，二是远源海底火山喷发(喷气)从深部带上来的锰，其依据如下。

(1)"巴山锰矿带"的西带，汉南古陆长期隆起遭受着剧烈的物理、化学风化剥蚀，为区内提供了大量的陆屑碎屑物、陆源锰质(张恭勤等，1996)。

(2)西带的屈家山锰矿床微量元素地球化学研究(刘红军等，1994)，锰矿石富 Pb、Zn、Cu、B 等微量元素(表 3-50)，泥岩富 Ba、Pb、Cu、B 微量元素；Co/Ni<1 反映锰来自陆源(涂光炽等，1989)。刘红军等(1994)对屈家山同位素地球化学研究，矿石 $\delta^{13}C$(PDB)平均值$-8.201‰$、$\delta^{18}O$(PDB)平均值$-12.930‰$，同位素组成特征表明了该区的锰有深部来源。

表 3-50　屈家山锰矿微量元素组成（$W_B/10^{-6}$）

矿床	岩性(样品数)	Ba	Pb	Ga	Cr	Ni	Ti	V	Cu	Zn	Co	Sr	B
屈家山	矿石(5)	280	37	5	43	71	2000	70	90	142	33	22	92
	泥岩(3)	400	27	12	50	65	2833	110	108	75	22	22	47

（据刘红军等，1994）

(3)矿床所处"巴山锰矿带"东带，其南东城口锰矿(高燕、大渡溪)的锰矿层之下部围岩，为纹理发育的黑色炭质泥岩、炭质页岩，富含有机质及少量火山源的晶屑和岩屑，这至少说明该区域伴随有海底及火山的喷溢活动，为此提供了 Mn^{2+} 等来源(王尧等，1999)。

(4)城口高燕锰矿床、大渡溪锰矿床之锰矿石的 CoO 含量 $0.016\%\sim0.125\%$，NiO 含量 $0.005\%\sim0.116\%$，Co/Ni 值为 $0.32\sim15.4$(王尧等，1999)。Co/Ni<1，说明该区锰质来源有来自陆源的锰；Co/Ni>1，则说明有来自深部锰质参与该区锰矿的成矿(涂光炽等，1989)。矿床同位素研究(魏江川等，1994)，矿石 $\delta^{13}C$(PDB)为 $-6.05\%_0\sim$ $-12.52\%_0$、$\delta^{18}O$(PDB)为 $-0.94\%_0\sim-6.41\%_0$，同位素组成特征表明了该区的锰亦有深部来源。

(5)城口境内南沱组凝灰质砂岩，锰含量 0.3%，显著高于地壳克拉克值，经风化后可以为区内提供锰质来源(魏江川等，1994)。

上述依据可以说明区域内锰矿的物质来源，并推断可能以海源锰质为主，陆源锰质可能是次要来源。根据古地理分析，初步认为城口地区的海源锰质要比大竹河地区的多，而大竹河地区的陆源锰质相对城口地区要多一些。

4. 成矿作用

按矿床的形成、演化特点，可将本区成矿作用分为沉积成矿作用、成岩成矿作用、表生风化作用。表生风化作用仅仅发生在矿床地表部分，作用甚微。

1)沉积成矿作用

从凹陷区与隆起区在成矿前和成矿期的地层厚度和岩性分析，本区陡山沱期成矿前盆地层补偿盆地，成矿期则属非补偿盆地，此时盆地处于饥饿状态。

在沉积环境中，锰、磷的沉积受其地球化学性质及介质氧化还原条件和酸碱度的影响。在还原条件下，锰沉淀的条件是 pH>8，而 pH>8.5 最有利于锰的沉淀。磷在还原条件下沉淀时条件为 pH=8.0 ± 0.5，最适合磷酸盐沉淀的 pH 为 $7.5\sim8.0$。据菱锰矿(磷块岩)的结构构造、物质组分及古生物特征，沉积成矿作用包括化学沉积和生物-化学沉积。

化学沉积是区内普遍的一种沉积方式，在菱锰矿、磷块岩中均有显示。化学沉积作用持续的时间长短和完善程度主要取决于沉积环境的稳定性，介质的物理化学性质、锰磷质的供给丰度和杂质的掺和程度。在地形低凹、环境比较稳定的凹陷区，水体较深，同时生物腐烂产生的 H_2S 水解，致使介质 pH 较低。pH 为 7.5~8 时，有利于磷块岩沉积，而无锰质的化学沉积。在凹陷区与隆起区的过渡地带，由于洋流的不断进入，但洋流本身涌入量和所含 CO_2 多少不定等原因，造成该带的水体性质不甚稳定，其 pH 变化较大。pH 为 8~8.5 时，既有锰沉淀也有磷的沉淀，常形成纹层状的泥晶菱锰矿和胶磷矿。

生物-化学沉积是锰矿沉积的重要成矿作用。生物特别是菌藻类对锰的沉积成矿作用早被有关学者注意(叶连俊，1963)，有的锰矿被认为是由于藻类对锰质直接吸取而成(季金法等，1984)。万源大竹河锰矿、城口高燕锰矿均有极丰富的藻类遗体及其分解后的有机碳，表明藻类在成矿过程中起着重要作用。

藻对锰的吸收或吸附有利于锰的富集成矿，锰是藻类不可缺少的营养元素，在海洋植物体内锰的富集系数为 26500 倍，仅次于铁和磷，藻类的腐殖质也富集锰，表明藻在生活和死亡分解过程中都有富集锰的作用。但锰是一种微量营养元素，超过一定数量则成为有害成分，因此藻类不能吸取大量锰，络合作用也只能吸附有限的锰元素。在成矿过程中藻类所起的作用可能是藻类长期的大量繁殖、死亡和最终分解，使分散的锰在盆地中大量积累，为沉积锰矿创造了物质条件。分散在泥岩中的有机碳和成层石煤，是大量藻类不断繁殖、死亡和分解的最终产物；盆地内的还原环境、酸性介质和滞流特点则为锰离子逐步积累富集提供了环境条件，一旦环境变化，浓度过饱和，锰质变沉积下来。

藻类遗体是锰质岩的重要组成部分。大量的表附藻体、藻屑和球形藻都构成锰质岩，表明藻类直接参与了成矿。但就藻体中的 Mn、Ca 和 Mg 的含量来分析，藻体成矿应是锰质交代结果。原生的藻体除含有少量的营养元素 Mn 以外，其成分应主要是含镁(镁也是必要的营养元素)的钙藻。这种钙藻可以在富锰的海水中生长和繁殖(如丛生状态的表附藻)并吸收一定量的锰，但是，大量的碳酸锰沉积则抑制了它的生长，并且对藻体进行了交代。交代作用延续到成岩阶段。

2)成岩成矿作用

此阶段由于沉积物与底层水隔绝，水的作用性质是颗粒与本层孔隙水、软泥水的作用；起主要作用的因素是厌氧细菌。成岩期由于厌氧细菌的作用，释放出 H_2S，同时有机质的进一步糜烂，分解出腐殖酸，随着厌氧细菌的消耗，藻类的糜烂分解完毕，pH 在此过程中随着发生变化。当 pH 较低时，锰碳酸盐物质被溶解改造，几乎不能残留下任何营养物质，细菌的数量急剧减少，因而细菌的 CO_2 不足以完全溶解碳酸盐，因此锰的溶解数量不大。本区锰矿与磷矿均赋存于陡山沱组中，有时共生构成磷锰矿含矿层。含磷物质较之于碳酸盐溶解、迁移、富集稍好，矿石中的部分显微团块、透镜状、脉状胶磷矿即是成带期的产物。pH 较低时有利于碳酸盐、磷酸盐的溶解，SiO_2 稳定；pH 较高时则相反。

锰矿中来自不同环境条件形成的颗粒都发生了矿化。形成于碳酸盐台地及其边缘的颗粒(鲕粒、豆粒)内部结构匀称,无"偏心"现象,外壳层圆而光滑,由于环境本身的水浅、动荡、氧化弱碱性等条件而不利于 Mn^{2+} 的富集和保存,所以原生颗粒内的锰含量是不可能高的,只能是后来发生的成岩交代作用而成矿。颗粒内锰含量不均匀,鲕粒、豆粒、球粒内的 $MnCO_3$ 含量由外向内是降低的,特别在球粒的核心有时还存在白云石(王尧等,1999)。矿石中的鲕粒或豆粒、球粒等均呈紧密接触,其间缺乏基质和胶结物,交代作用较为彻底。成矿作用主要为成岩阶段成矿,并且锰最终富集成矿主要为成岩阶段的早期(表3-51),成岩晚期对锰的成矿作用较小(王尧等,1999)。

表 3-51　成岩作用顺序及其阶段分析表

阶段 现象	早　　期	晚　　期
菱锰矿化	——	
硅化	——	
黄铁矿化及沥青充填	——	
压实	— — —	
重结晶及波状消光		——
压裂及变形		—
白云石脉及充填白云石		——
石英脉及充填石英		——
缝合线		— · —

(据王尧等,1999)

综合上述分析,大竹河锰矿产于早震旦世晚期,含矿地层为陡山沱组上段,含矿岩性为黑色页岩、碳酸盐岩,严格受地层层位控制,锰矿体随地层一起褶皱、变形。根据岩石组合特征、矿石物质成分、矿石结构构造、围岩特征等,说明为浅海相沉积碳酸锰矿床,其成因类型为赋存于黑色炭质岩系中的海相沉积碳酸锰矿床。

三、成矿模式

1. 成矿要素

按照全国锰矿预测类型和划分方案,确定大竹河式锰矿的预测类型为滨海-浅海沉积型锰矿,预测方法为沉积型。区域上与重庆市高燕锰矿床的沉积作用、沉积条件形成条件、成矿作用相似,结合区域对比,研究矿区含矿地层、岩石组合、矿层构造等,总结了矿床的成矿要素表(表3-52)。

表 3-52　大竹河锰矿床成矿要素一览表

成矿要素		描 述 内 容
特征描述		产于早震旦世陡山沱组上段海相沉积型碳酸锰矿床
成矿地质背景	成矿时代	早震旦世
	成矿区带	龙门山—大巴山(陆缘拗陷)成矿带(Ⅲ-73)大巴山 Fe-Mn-煤-毒重石-石灰岩-高岭土成矿带(Ⅳ-21)
	构造背景	上扬子板块北缘,镇巴—城口前陆盆地浅海环境
	成矿环境	滨-浅海相碎屑岩向碳酸盐岩转化的过渡沉积环境
	沉积相	海湾黑色含磷锰质页岩相
	含矿建造	炭质页岩-碳酸盐岩建造
地质特征	控矿条件	含矿地层:震旦系下统陡山沱组上段(Z_1d^2) 容矿岩石:炭质页岩、白云岩
	控矿构造	大巴山断裂、镇巴断裂控制的断陷盆地
	矿床特征	矿层位于陡山沱组上段之顶部,为炭质页岩、钙菱锰矿、锰方解石、菱锰矿组成,已经圈出锰矿体7个,呈层状、似层状产出,矿体控制长 200~1586m,厚 0.33~2.22m,Mn 品位 10.54%~41.48%、平均 21.51%。其中Ⅴ号矿体控制长 1370m,厚度 0.33~1.96m,平均 0.84m;Mn 为 10.54%~41.48%、平均 23.18%(原生矿 Mn 为 10.54%~21.42%、平均 19.49%),P 为 0.34%~4.54%、平均 1.34%,TFe 为 0.45%~8.84%、平均 1.43%,SiO_2 为 7.95%~40.28%、平均 15.51%;Mn/Fe 为 16.2,P/Mn 为 0.058,矿石碱度($CaO+MgO/Al_2O_3+SiO_2$)原生矿 0.84~3.66、氧化矿 0.05~0.95,原生锰矿石属碱性。Ⅶ号矿体控制长 1586m,厚度 0.40~2.22m,平均 0.97m,Mn 为 11.69%~34.53%、平均 20.22%,P 为 0.30%~8.328%、平均 4.085%,TFe 为 0.63%~9.22%、平均 1.73%,SiO_2 为 9.26%~48.05%、平均 25.05%。矿床内已查明锰矿 332+333 资源储量 87.22 万吨
	矿物组合	矿石矿物:钙菱锰矿、菱锰矿、锰方解石、锰白云石,地表氧化有软锰矿、硬锰矿,脉石矿物:石英、高岭石、方解石、白云石、玉髓、磷灰石、海绿石、黄铁矿、黏土矿物
	结构构造	结构主要有隐晶质、胶状、微粒状、胶体团粒结构等,构造主要有条带状构造、(致密)块状构造、薄层状构造等
	蚀变	围岩蚀变总体较弱,有碳酸盐化、硅化

2. 成矿模式

根据以上分析,概括成矿规律如下。

(1)锰矿赋存于震旦系下统陡山沱组上段近顶部,这是成矿的必要条件。

(2)锰矿层受一定的岩相控制,滨-浅海相碎屑岩向碳酸盐岩转化的过渡沉积环境,对成矿较有利。

(3)锰矿的聚集、锰矿的质量与古陆的远近相关,在近古陆边缘,锰矿含磷较高、离古陆较远的地区则含磷相对较低。

(4)本区 Mn 的富集系数高,显示了高的区域背景值,但未发生明显的第二次富集作用，即与本区区域变质作用关系不大。

（5）本区高磷锰矿中赋存有低磷锰矿与距古陆较远的浅海滞流盆地中一定的沉积微相（内、外陆棚）有关，与锰质的多来源有关。

（6）锰矿层中可见藻类等生物遗迹，藻类等生物的发育程度，以及藻类对锰的吸收或吸附作用有利于锰的富集，可见区内藻类参与了锰矿的成矿作用，即区内锰矿的富集成矿与藻类等生物成矿作用有关。

根据上述成矿规律，按照岩相古地理特征、成岩（成矿）的空间分布构造特征，建立成矿模式（图 3-35）。

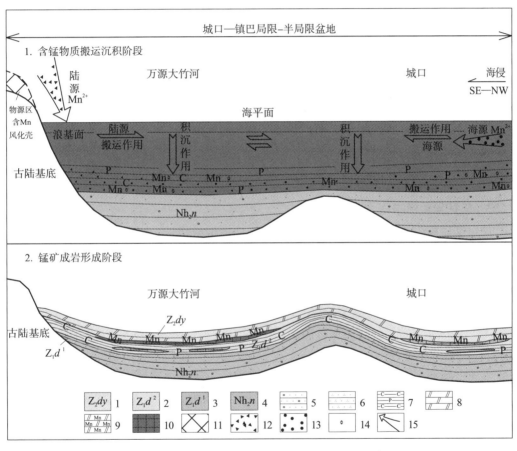

图 3-35　大竹河式锰矿成矿模式图

1. 震旦系上统灯影组；2. 震旦系下统陡山沱组上段；3. 震旦系下统陡山沱组下段；4. 南华系上统南沱组；5. 含砾砂岩；6. 石英砂岩；7. 含磷炭质页岩；8. 白云岩；9. 含锰白云岩；10. 锰矿体；11. 风化壳；12. 陆源碎屑物；13. 海源物质；14. 藻类；15. 含锰物质运移方向

由图 3-35 可见，靠近古陆边缘的浅海陆棚过渡带的低洼区富氧，水介质为弱酸-弱碱性；两种来源的锰质（临近古陆风化剥蚀提供的陆源锰质，以及海底火山活动从深部带出的"海源"锰质），经海水运移至该成锰区，在一套碎屑岩相基础上过渡到碳酸盐岩建造，形成以菱锰矿为主的高硅高磷贫锰沉积。

成矿作用以沉积分异作用和成岩作用为主，并有藻类等生物参与的生物成矿作用。

四、找矿标志

1. 直接找矿标志

矿层、矿体地表露头，区内锰矿锰帽一般较清楚；锰矿转石在重力作用下常分散于近矿的残积、坡积及第四系沉积物中，这些锰矿块即为近矿的良好找矿标志。

2. 间接找矿标志

(1)区内锰矿与磷矿赋存层位相同，有时共生，故磷块岩或含磷矿条带的地表露头，可以作为锰的找矿标志。

(2)地层岩性：①锰矿赋存于黑色炭质页岩与碳酸盐岩的过渡部位；②锰矿下部为黑色页岩，其黑色带可作为找矿的标志；③锰矿上部为含锰白云岩，其颜色为赭色，地表多表现明显，可作为标志；④白云岩之上为白云质灰岩夹有硅质条带，可以作为标志之一。

(3)地貌特征：锰矿上部为白云岩、白云质灰岩，常形成比较陡的地貌；而锰矿的下部为炭质页岩，相对易于风化，锰矿常常产出于陡崖的底部附近。

3. 化探异常标志

已知锰矿床(点)均位于锰元素异常的高值异常带或附近，锰等元素的综合异常对锰矿的指示作用较锰单元素好。

第六节　木里黄泥巴锰矿

近年，在四川省西部木里境内新发现的锰矿也为海相沉积型矿床，但其产出层位和分布地区均与前述各类型不同。由于目前研究程度较低，尚不具备建立矿床式的条件，本节仅将有关情况介绍如下。

一、概况

2009 年，四川省冶金地质勘查局 601 队在对布当冈地区进行金矿、铁矿预查时，在二叠系上统地层中首次发现了锰矿。随后，四川省冶金地质勘查局水文工程队等单位对该区及邻近范围进行路线调查。2010 年，四川省冶金地质勘查局成都地质调查所，在长枪穹窿西翼的黄泥巴地区进行调查时发现了锰矿，2011～2014 年对矿床开展预查、普查工作，2014 年对 1 个矿体进行深部钻探验证，初步证实深部为原生锰矿，矿床现基本达到初步普查程度。至今在木里县已发现布当冈、药普、卡拉乡、查尔娃梁子、小经堂等矿床(点)6个(表 3-53)。其中黄泥巴矿床规模较大,已达中型,矿床特征具有较强的代表性,工作程度相对较高。

表 3-53 "黄泥巴式"锰矿床(点)一览表

序号	名称	矿种	勘查程度	规模	Mn(%)	含矿建造	成矿时代
1	木里县黄泥巴	锰	普查	中型	20.42	碎屑岩夹碳酸盐岩建造	晚二叠世
2	木里县布当岗	锰	预查	矿点	25.87	碎屑岩夹碳酸盐岩建造	晚二叠世
3	木里县药普	锰	踏勘	矿点	11.00	碎屑岩夹碳酸盐岩建造	晚二叠世
4	木里县卡拉乡	锰	踏勘	矿点	18.71	碎屑岩夹碳酸盐岩建造	晚二叠世
5	木里县查尔娃梁子	锰	踏勘	矿点	29.28	碎屑岩夹碳酸盐岩建造	晚二叠世
6	木里县小经堂	锰	踏勘	矿点	19.30	碎屑岩夹碳酸盐岩建造	晚二叠世

四川省西部木里境内新发现的锰矿,分布于雅砻江之南,行政区划隶属于四川省木里县白雕乡。大地构造位置处于松潘—甘孜造山带南东侧的巴颜喀拉地块南缘,东与上扬子陆块相邻,属被动大陆边缘。已知矿床、矿点均分布于长枪背斜西部地段,含矿地层为二叠纪上统卡翁沟组上段,为一套浅海-半深海碎屑岩夹少量碳酸盐岩建造,含矿岩性为含锰硅质板岩夹碳酸盐岩。木里县境内发现的锰矿,是我省近年锰矿地质勘查工作中在新地区的新发现,同时也是新发现的含锰地层层位,可能找矿前景大。

二、黄泥巴矿床特征

黄泥巴锰矿床位于木里县城北西东 340°方向、直线距离约 10km 处,矿床中心点地理坐标:东经 101°14′25″,北纬 28°04′39″。矿区有乡村公路约 17km 至李子坪乡,李子坪乡沿省道 217 线至木里县城约 20km,木里县城约 120km 公路到西昌市,与(北)京—昆(明)铁路西昌站、京昆高速(G5)公路、国道 108 线相连,交通比较方便。

(一)矿区地质

1. 地层

本区地层属华南地层大区巴颜喀拉地层区的玉树—中甸地层分区木里小区,区内出露有奥陶系、志留系、泥盆系、石炭系、二叠系、三叠系及第四系(图 3-36)。

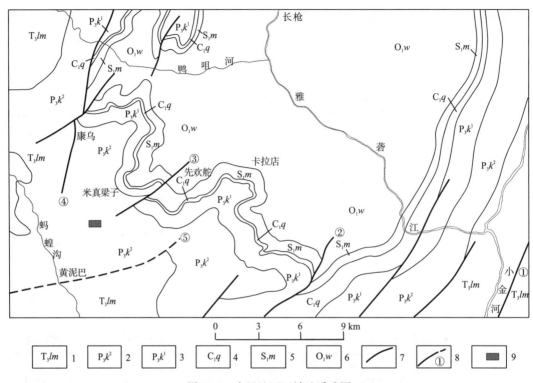

图 3-36　木里地区区域地质略图

(据 1：20 金矿幅区域地质图，1974，修编)

1. 三叠系上统喇嘛垭组；2. 二叠系上统卡翁沟组上段；3. 二叠系上统卡翁沟组下段；4. 志留系下统米黑组；

5. 奥陶系下统瓦厂组；6. 地质界线；7. 实测、推测断层及编号；8. 锰矿床

1）奥陶系下统瓦厂组（O_1w）

瓦厂组由一套浅海相碎屑岩组成。下部以灰黑色绢云千枚岩、炭质绢云千枚岩为主，次为粉砂质绢云千枚岩夹方解绿泥绢云千枚岩，普遍含炭质；中部以灰色-灰黑色绢云千枚岩为主，次为粉砂质绢云千枚岩夹灰色细粒石英砂岩；上部为深灰色、绢云千枚岩粉砂质绢云千枚岩、浅灰色细粒石英砂岩、深灰色炭硅质板岩。该组厚度 550～690m，与上覆志留系为不整合接触。

2）志留系下统米黑组（S_1m）

米黑组为一套浅海-半深海相富含炭、硅质的碎屑岩夹碳酸盐岩，主要岩性为灰-深灰色硅质板岩、炭硅质板岩，夹绢云千枚岩、变粉砂岩，厚度 224～320m，与下伏瓦厂组、上覆石炭系均为不整合接触。

3）石炭系下统邛依组（C_1q）

邛依组为一套浅海陆棚相碳酸盐岩夹硅泥质碎屑岩，岩性以灰—深灰色厚层至块状角砾状大理岩、细-微晶大理岩（局部有深灰色硅质团块及薄层硅质条带）为主，夹有薄层灰色细粒变砂岩、绢云千枚岩透镜体，厚度 265～300m，与上覆二叠系、下伏志留系均为不整合接触。

4)二叠系上统卡翁沟组(P_3k)

卡翁沟组为一套浅海-次深海陆棚相碎屑岩夹碳酸盐岩,岩性主要为板岩,少量变砂岩和结晶灰岩等,根据岩性可分为上、下两段。

卡翁沟组下段(P_3k^1):岩性以灰-深灰色粉砂质绢云千枚岩为主,次为粉砂质板岩、绢云石英千枚岩、板状千枚岩,夹变细粒长石石英砂岩、角砾状大理岩、细-粉晶大理岩,米真梁子一带夹层以角砾状大理岩、细-粉晶大理岩为主,向南、向北夹层以砂岩居多。底为变含砾砂岩,厚度约740m,与下伏石炭系为不整合接触。

卡翁沟组上段(P_3k^2):岩性变化大,厚度相对稳定,620~894m,根据岩性可大致划分为上、中、下三个亚段。下亚段(P_3k^{2-1})岩性为深灰色硅质板岩、黄绿色板岩、灰绿色砂质板岩、灰绿色粉砂质板岩、浅灰黄色板岩,夹有少量灰黄色薄层变细砂岩、中细粒变长石石英砂岩和粉砂岩,局部有结晶灰岩、角砾状灰岩;下部近底部为黄绿色板岩,从颜色上可以与下段区分;上部板岩部分含碳较高、颜色较深,后期遭受的硅化较强,板岩多为硅质板岩。中亚段(P_3k^{2-2})岩性为浅灰色块状结晶灰岩(大理岩)、灰色块状角砾状交界灰岩,夹有薄层浅黄灰色板岩。上亚段(P_3k^{2-3})岩性以灰色硅质板岩、灰绿色砂质板岩、灰黄色板岩为主,夹有浅灰色块状角砾状结晶灰岩、深灰色结晶灰岩。下段为含锰地层,下亚段为锰矿的含矿地段,岩石含锰较高,尤其锰矿层上下部位的近矿围岩。

5)三叠系上统喇嘛垭组(T_3lm)

该组平行不整合于卡翁沟组之上,厚大于970m。岩性以灰色变细粒长石石英砂岩、变粉砂岩、砂质板岩为主,夹粉砂质绢云千枚岩、炭质绢云千枚岩。变含砾细-中粒长石石英砂岩。原岩为含砾砂岩、细砂岩、粉砂岩、粉砂质泥岩、含炭质泥岩。沉积环境为海陆交互-滨海。

2. 构造

锦屏山断裂:为上扬子陆块与西藏—三江造山系的交汇断裂,长度大于90km,可分为北段、中段、南段,矿区东部为南段。该段走向北东15°~30°,倾向东,倾角70°~80°,沿断层有挤压破碎带,片理化明显,节理发育。向南与小金河断裂相接,是上扬子陆块西部的边界分界断裂。

长枪短轴背斜:展布于白碉、长枪、马老一带,轴向北西340°,南北向长约36km,东西向宽约31km,为一短轴背斜,南倾没于白碉、药普一带,北在卡拉乡、韭菜坪一带倾没。核部最老为下奥陶统,下志留统、中上石炭统、二叠系组成两翼,倾角40°~50°。与江浪穹窿、踏卡穹窿组成加里东期的岛状隆起带。北北东次一级褶皱叠加其上,加之断裂破坏,使其边部形态复杂、呈花边状。其西翼次级褶皱发育。

康乌断层:北起喇嘛西巴附近,经小经堂,于康乌南消失于二叠系中,全长约18km,走向北东15°,倾向东,倾角50°。

保古断层：出露长度约 6km，北东—南西，产状倾向 150°、倾角 78°，破碎带宽度 40～60m。该断裂的次级断层 F_1、F_2 对黄泥巴锰矿床的矿带、矿体有一定的破坏。

斯洛沟向斜：位于矿区南西侧，处于长枪背斜之南西翼，从西侧苦巴沟延至蚂蟥沟一带，长约 28km，槽部地层为喇嘛垭组，两翼地层为卡翁沟组，总体走向北北西—南东东，北翼倾向 110°～240°、倾角 43°～63°，南翼倾向 310°～26°、倾角 38°～65°，东段轴面产状倾向 132°、倾角 87°。黄泥巴锰矿即位于该向斜东段之北翼。该向斜两翼次级褶皱发育，如位于斯洛沟向斜东段北翼的大湾子次级背斜，保古断层东的地带，长约 6km，北西翼倾向 290°、倾角 28°，南东翼倾向 130°、倾角 48°，轴面倾向 302°、倾角 11°。

3. 变质作用

因遭受后期的区域变质作用（主要）、动力变质作用（次要），区内岩石普遍具浅变质特征，主要表现为碎屑岩类的千枚岩、板岩及绿片岩化及碳酸盐岩类的重结晶等，属低绿片岩相，岩石组合为千枚岩、板岩、片岩及结晶灰岩（或大理岩化灰岩）等。变质作用形成的新矿物主要有绢云母、绿泥石和蔷薇辉石等。

（二）矿体地质

1. 矿体特征

矿区内在二叠系下统上段地层中圈出了 I、II 号 2 个锰矿带（图 3-37），I 号锰矿带出露高标较低，II 号锰矿带出露高标较高，总体上构成北高南低的单斜构造。I、II 号锰矿带属同一含矿层位，具有较好的对应关系，两矿带之间受地形影响，矿体已被剥蚀。通过初步普查工作，目前 2 个锰矿带中已圈出了 5 个锰矿体。

1) I-1 矿体

I-1 矿体为矿床的主矿体，位于矿区南西，出露于作作沟、泉水沟地段（图 3-37）。经地表探槽、浅部坑道、深部少量钻探控制，总体呈层状、似层状产出，但沿矿体走向西侧被 F_1 断层错断、东侧被 F_2 断层错断。矿体出露标高 3030～3280m，呈近东西向层状展布，总体走向 97°，倾向 145°～185°，倾角变化大（19°～56°）。地表矿体长度约 580m，控制矿体最大斜深约 119m（图 3-38）；厚度 1.68～14.58m，平均 4.50m；矿石 Mn 含量 11.09%～39.77%、平均 21.17%。有害杂质磷含量低，P 含量 0.021%～0.076%、平均 0.028%；TFe 为 1.01%～3.93%、平均 1.94%；SiO_2 为 36.58%～70.94%、平均 56.99%。P/Mn 比值 0.0008～0.0041、平均 0.0013，属低磷锰矿石；Mn/Fe 比值 4.2～35.53、平均 10.9，属中铁、低铁锰矿石。地表锰矿石多已经氧化成氧化锰矿石，经深部钻孔以及坑道验证为原生锰矿。矿体顶板为灰色硅质板岩，底板为灰黑色夹灰白色含锰（矿化）硅质板岩。

2) I-2 矿体

该矿体位于矿区东南部，I-1 矿体北东方向，出露于石包谷、猫子沟南、金子沟西的地段（图 3-37）。经地表探槽工程控制，矿体总体呈层状、似层状产出，出露标高约

3375～3560m，呈近北西—南东向展布（受出露地段地形影响），总体走向 114°，倾向 156°～197°，倾角变化大（23°～65°）。地表工程控制矿体长度约 520m，厚度 1.95～17.72m、平均 3.66m；Mn 含量 10.16%～37.35%、平均 20.44%。有害杂质磷含量低，P 含量 0.014%～0.110%、平均 0.039%；TFe 为 0.59%～5.39%、平均 1.93%；SiO_2 为 27.41%～74.53%、平均 52.01%。P/Mn 比值 0.0010～0.0046、平均 0.0019，属低磷锰矿石；Mn/Fe 比值 3.22～36.15、平均 10.6，属中铁、低铁锰矿石。

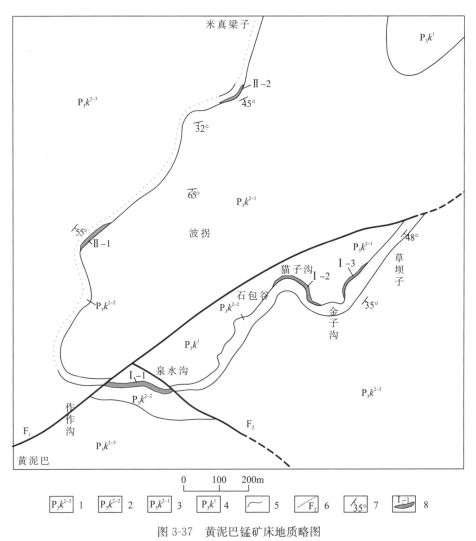

图 3-37　黄泥巴锰矿床地质略图

（据四川省冶金地质勘查局成都地质调查所，2014，修编）

1. 二叠系下统卡翁沟组上段上亚段；2. 二叠系下统卡翁沟组上段中亚段；3. 二叠系下统卡翁沟组上段下亚段；4. 二叠系下统卡翁沟组下段；5. 实测、推测地质界线；6. 实测、推测断层及编号；7. 产状；8. 锰矿体及编号

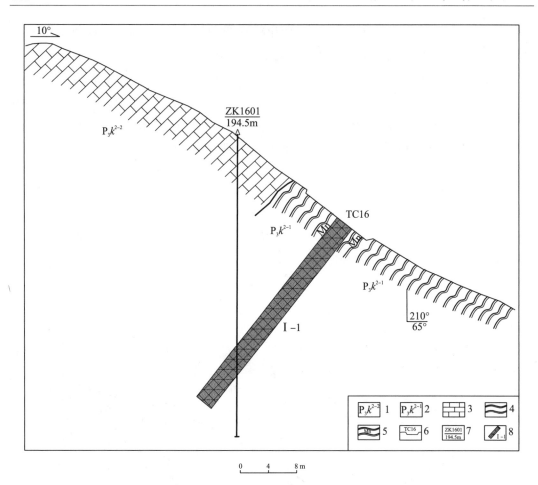

图 3-38　黄泥巴锰矿床 16 号勘查线剖面图

（据四川省冶金地质勘查局成都地质调查所，2014，修编）

1. 二叠系下统卡翁沟组上段中亚段；2. 二叠系下统卡翁沟组上段下亚段；3. 灰岩；

4. 板岩；5. 含锰板岩；6. 探槽及编号；7. 钻孔编号及进尺；8. 锰矿体及编号

3）Ⅰ-3 矿体

位于矿区南东部，Ⅰ-2 矿体之东侧，出露于金子沟—草坝子地段（图 3-37），经地表探槽、少量浅部坑道等工程控制，总体呈层状、似层状产出。出露标高 3260～3520m，呈近南西—北东向展布，总体走向 36°，倾向 122°～172°，倾角变化大，20°～47°。矿体长度约 720m，厚度 2.09～6.39m、平均 4.35m；矿体 Mn 含量 10.17%～34.08%、平均 18.22%。有害杂质 P 含量 0.026%～0.033%、平均 0.030%；TFe 为 0.79%～4.01%、平均 2.13%；SiO_2 为 18.04%～32.24%、平均 25.14%。

4）Ⅱ-1 矿体

分布在矿区西部，位于Ⅰ-1 矿体的北侧，出露于波拐之西，呈似层状、透镜状产出。总体走向 48°，倾向 165°～242°，倾角 28°～53°（变化大）。地表工程控制矿体长度约 230m，厚度 1.80～5.96m、平均 3.65m；矿体 Mn 含量 10.32%～28.67%、平均

19.33%。地表氧化较强，主体为氧化锰矿石。

5) Ⅱ-2 矿体

分布于矿区北部，出露于卡拉烧香梁子南侧，呈似层状、透镜状产出。总体走向53°，倾向148°~186°，倾角21°~67°（变化大）。地表工程控制矿体长度约450m，厚度1.35~5.72m、平均3.15m；Mn含量10.17%~34.01%、平均20.41%。地表氧化强，主要为氧化锰矿。

2. 矿石化学成分

矿石主要有益组分 Mn 最低 10.17%、最高 39.77%，平均 20.42%。TFe 最低 0.59%、最高 5.39%，平均 1.97%；有害元素 P 含量最低 0.014%、最高 0.110%，平均 0.031%；SiO₂ 最低 18.04%、最高 74.53%，平均 49.56%。据基本分析结果统计，Mn 含量≥25%者仅占 25.66%，属普通锰矿。

根据坑道、钻孔内的少量样品分析（表 3-54），烧失量（Loss）2.96%~23.70%，CaO 为 0.11%~1.42%，MgO 为 0.15%~3.57%，Al₂O₃ 为 0.025%~1.72%，SiO₂ 为 12.51%~46.77%。

表 3-54 化学样品分析结果表

名　称	分析项目（%）							
	Mn	Fe	P	SiO₂	CaO	MgO	Al₂O₃	Loss
灰白色锰矿石	28.58	0.7	0.035	28.76	1.36	3.57	1.72	23.70
含蔷薇辉石锰矿石	29.96	0.22	0.03	46.77	1.42	0.67	0.11	10.74
含蔷薇辉石锰矿石	23.38	0.49	0.02	44.83	1.30	1.25	1.08	18.23
含蔷薇辉石锰矿石	41.52	0.4	0.06	12.51	1.06	2.66	1.12	23.38
黄白色锰矿石	12.45	0.16	0.015	79.5	0.11	0.15	0.025	2.96

根据组合样品分析结果（表 3-55），矿石中除主要有益元素为锰外，尚伴生有钴、镍、铜等，但均未达到可利用含量要求。

表 3-55 锰矿组合分析结果表

编号	分析项目和含量（10⁻²、＊为10⁻⁶）						
	Au＊	Ag＊	Cu	Pb	Zn	Co	Ni
组合 1	<0.1	<1	<0.01	<0.01	<0.01	0.0044	<0.01
组合 2	<0.1	<1	0.015	<0.01	0.010	0.0074	<0.01
组合 3	<0.1	<1	0.011	<0.01	<0.01	0.0056	0.010

编号	分析项目和含量(10^{-2}、＊为10^{-6})						
	Au＊	Ag＊	Cu	Pb	Zn	Co	Ni
组合4	<0.1	<1	<0.01	<0.01	<0.01	0.0055	0.014
组合5	<0.1	<1	0.010	<0.01	<0.01	0.0060	0.019
组合6	<0.1	<1	<0.01	<0.01	<0.01	0.0024	<0.01
组合7	<0.1	<1	<0.01	<0.01	0.011	0.0038	0.010

　　光谱分析结果(表3-56)表明，锰矿石中可利用的有益元素主要为锰。与黎彤等(1990)值比较，岩、矿石中微量元素Sr、V、Ni等含量低；Cu在锰矿及近矿围岩部分含量比其高，个别是黎彤值的近9倍；Pb仅在近矿围岩中部分含量比黎彤值高，但富集程度低；Ba含量总体较低，仅在近矿围岩有富集现象；B在该区域可能含量普遍较高，锰矿及围岩均有不同程度的富集，是黎彤值的1.3~61倍；Co在锰矿、近矿围岩均有富集现象，是黎彤值的1.68~3.45倍。

表3-56　黄泥巴锰矿矿(岩)石光谱分析结果表

样号	分析项目及含量(10^{-6}、＊为10^{-9}、＊＊为10^{-2})										备注
	Cu	Pb	Zn	Ni	Co	Li	Mo	As	Sb	Bi	
H1	18.0	7.98	28.2	6.12	1.49	6.46	0.21	0.64	0.21	0.098	板岩
H2	48.8	8.62	43.8	28.4	6.92	21.7	0.27	0.47	0.23	0.16	板岩
H3	59.0	7.96	109	34.4	14.6	82.4	0.27	0.34	0.20	0.28	板岩
H4	206	22.6	346	16.6	9.86	3.06	0.34	6.57	0.18	0.31	板岩
H5	39.9	9.78	24.6	23.0	10.8	7.53	1.04	0.82	0.18	0.080	板岩
H6	16.0	7.56	17.8	44.6	1.86	1.99	1.24	2.47	0.60	0.032	含锰板岩
H7	97.6	39.8	51.8	73.2	86.3	15.6	26.2	14.4	0.41	0.68	含锰板岩
H8	5.64	9.42	21.9	25.3	53.2	6.89	3.76	29.0	2.94	0.12	含锰板岩
H9	68.4	14.5	73.6	160	11.3	4.03	1.70	97.2	5.18	0.11	锰矿
H10	556	14.8	77.6	141	42.1	2.79	6.96	13.8	36.0	0.21	锰矿
H11	16.4	11.8	58.4	49.5	19.8	2.10	1.44	3.30	9.68	0.077	锰矿
H12	28.0	15.0	124.0	270	77.5	34.1	9.00	10.7	5.96	0.078	锰矿
H13	8.00	11.8	40.6	36.0	16.8	5.29	1.54	3.30	4.12	0.15	锰矿

续表

样号	分析项目及含量(10^{-6}、＊为10^{-9}、＊＊为10^{-2})										
	Hg＊	Sr	Ba	V	Zr	Hf	Be	B	Sn	Mn＊＊	
H1	33.8	6.80	152	37.4	28.5	1.08	0.61	16.5	1.50	0.048	板岩
H2	30.8	12.7	218	25.1	208	1.00	0.53	21.0	1.34	0.136	板岩
H3	22.2	39.1	362	122	208	5.50	1.48	68.4	1.99	0.026	板岩
H4	61.8	196	17.2	23.2	26.5	0.86	0.32	5.04	0.47	0.216	板岩
H5	23.8	35.6	120	41.3	21.2	0.74	0.28	7.74	1.30	0.808	板岩
H6	24.6	55.0	30.6	28.2	7.00	0.28	0.098	2.21	0.52	5.59	含锰板岩
H7	25.4	160	440	76.9	92.7	2.80	0.62	28.1	1.64	6.80	含锰板岩
H8	26.8	140	92.0	48.5	15.1	0.52	0.24	2.55	0.49	6.83	含锰板岩
H9	30.4	101	110	37.5	14.1	0.59	0.39	3.90	0.61	10.38	锰矿
H10	27.2	30.4	69.8	57.1	11.9	0.53	0.95	796	0.61	43.83	锰矿
H11	54.0	20.6	38.4	28.9	7.60	0.27	0.60	4.18	0.61	19.68	锰矿
H12	39.2	48.3	184	136	28.2	0.70	0.72	572	0.66	40.36	锰矿
H13	38.1	86.8	67.9	55.0	9.70	0.40	0.63	4.69	0.58	29.24	锰矿

据西南冶金地质测试中心分析(2014.09.20)

3. 矿物组分

根据岩矿鉴定，锰矿矿石矿物主要为菱锰矿(50%～60%)，其次蔷薇辉石、锰方解石、锰白云石等(15%～25%)，地表有硬锰矿、软锰矿。脉石矿物以石英、长石、方解石及泥质为主，少量云母、褐铁矿(黄铁矿)、绿泥石等，因遭受后期热液叠加、局部石英含量高。

根据矿石化学物相分析(表3-57)，原生锰矿主要以碳酸锰为主，其分布率68.71%～98.44%，其次为氧化锰、水(褐)锰矿和硅酸锰。地表氧化锰矿主要以氧化锰为主、分布率55.47%～83.23%，水(褐)锰矿分布率15.32%～40.91%，碳酸锰仅占1.45%～3.62%，可见锰矿石地表氧化强。

表 3-57　锰化学物相分析结果表（10^{-2}）

样号		碳酸盐锰	氧化锰	水（褐）锰矿	硅酸锰	合计
Mn1（原生）	含量	25.22	0.13	0.04	0.23	25.62
	分布率	98.44	0.51	0.15	0.90	100.00
Mn2（原生）	含量	34.08	0.56	0.56	2.12	37.32
	分布率	91.32	1.50	1.50	5.68	100.00
Mn3（氧化）	含量	0.44	25.16	4.63	—	30.23
	分布率	1.45	83.23	15.32		100.00
Mn4（氧化）	含量	0.69	10.59	7.81	—	19.09
	分布率	3.62	55.47	40.91		100.00
Mn5（原生）	含量	18.52	1.39	5.71		26.62
	分布率	72.29	5.42	22.29		100
Mn6（原生）	含量	15.92	1.25	6.00		23.17
	分布率	68.71	5.39	25.90		100

经 X 衍射分析（表 3-58），黑色氧化矿石中矿石矿物主要是斜方软锰矿，少量含菱锰矿（未氧化完全的剩余？）；黑白相间花斑状氧化锰矿石中的黄白色、灰白色氧化物基本是石英粉末（脉石矿物），还有少量伊利石、绿泥石、斜长石等。

灰白色、灰黄色条带状、纹层状锰矿石中锰矿物基本全为菱锰矿，玫瑰红色锰矿物中大部分为菱锰矿，少量三斜锰辉石（蔷薇辉石？），少量菱硅钾锰石（？）；脉石矿物有菱铁矿、方解石、伊利石、绿泥石、钾石盐（？）、斜长石等。

表 3-58　锰矿物粉晶 XRD 物相定性、半定量分析结果表

	石英	菱锰矿	三斜锰辉石	斜方软锰矿	菱铁矿	方解石	伊利石	绿泥石	菱硅钾锰石？	钾石盐？	斜长石	非晶及其他
黑色氧化锰	75	—	—	12	—	—	2	—	—	—	—	10
黑色氧化锰	75	3	—	5	—	—	—	5	—	—	—	10
黑色氧化锰	80	0	0	15	—	0	0	—	0	0	0	5
黑色锰矿物	68	15	—	8	—	—	2	2	—	—	3	2
黄白色氧化物	99	0	0	0	—	0	0	—	0	0	0	1
灰白色氧化物	98	—	—	—	—	—	—	—	—	—	—	2
灰白色锰矿物	70	20	0	—	—	—	—	—	—	—	7	3
灰白色锰矿物	60	15	—	15	—	5	2	—	—	1	2
灰黄色锰矿物	50	40	—	0	—	1	8	—	—	1
玫瑰红色锰矿物	25	40	20	—	1	0	2	2	5	0	5
玫瑰红色锰矿物	74	10	8	—	—	0	0	—	0	3	—	5

4. 矿石结构构造

矿石结构以自形粒晶结构、半自形晶结构为主，其次为填隙结构、交代结构、残余结构等。

原生锰矿石构造有块状、条带状、层纹状、斑块状构造；氧化锰矿石具网脉状、海绵状、蜂窝状、钟乳状构造。

5. 矿石类型

矿床锰矿石自然类型深部为原生矿，地表为氧化矿；以组成矿石的主要矿石矿物划分为以碳酸锰矿石为主，少量硅酸锰矿石。

锰矿工业类型为冶金用锰矿石。根据基本分析统计，矿石 P/Mn 比值 0.0006～0.0053，属低磷锰矿石；Mn/Fe 比值为 3.22～36.26，比值为 3～6 者占 17%、>6 者占 83%，可见主要属低铁锰矿石，少部分为中铁锰矿石；SiO_2 为 18.04%～74.53%，平均 49.56%。根据表 3-54 的分析结果计算，$CaO + MgO/Al_2O_3 + SiO_2$（碱度）比值为 0.003～0.27，属酸性矿石。总的来看，黄泥巴矿床锰矿石属低磷低铁高硅酸性碳酸锰矿石。

6. 矿体围岩及蚀变

矿体直接顶板主要为灰色、浅灰色硅质板岩，其上围岩为灰岩（大多大理岩化）。矿体底板为薄层状灰黑色夹灰白色含锰（矿化）硅质板岩，局部含碳较高、含炭硅质板岩。

围岩蚀变比较强烈，主要有碳酸盐化、硅化、褐铁矿化、黄铁矿化、绿泥石化、绢云母化等；其中硅化表现的十分强，分布较广，初步推断可能与该区遭受后期变质作用有关。这也可能是导致锰矿石 SiO_2 整体含量高的原因。

(三)矿床成因

本区位于四川省西部，上扬子板块（地台）西侧的三江造山带内，大地构造分区为松潘—甘孜造山带雅江残余盆地（三级）之江浪—长枪变质核杂岩带（四级）。成矿区带属巴颜喀拉—松潘成矿省（Ⅱ），南巴颜喀拉—雅江 Li-Be-Au-Cu-Zn-水晶成矿带（Ⅲ-31），九龙断块 Cu-Zn-Au-Ag-Li-Be-Mn 成矿带（Ⅳ-12）。

宏观上看，锰矿产于上扬子板块西部与松潘—甘孜造山带东南部之结合部位。从演化阶段上看，雅江残余盆地奥陶纪至石炭纪为大洋裂陷时期，含锰矿的二叠系地层形成于大洋扩张时期，三叠纪为大洋封闭、衰亡时期；侏罗纪开始区内进入碰撞造山时期、逆冲-滑脱时期，之后进入新构造运动时期。

根据已有资料分析，成矿物质来源可能有两种：一是东部川滇古陆风化剥蚀的产物，二是远源海底火山喷发（喷气）从深部带上来的锰，其依据如下。

(1)川滇古陆长期隆起遭受着剧烈的物理、化学风化剥蚀，为区内提供了大量的陆屑碎屑物，可能也带来了陆源锰质。

(2)根据微量元素分析结果（见表 3-56）计算，黄泥巴锰矿床 Co/Ni 为 0.27～2.10，近矿岩石 Co/Ni>1，由此推测，卡翁沟组中的锰质很可能有来自川西地区的火山活动。

尤其是华力西晚期的基性火山活动事件，可能为区域内海水带来大量海源锰质，并被强大的洋流带到盆地边缘沉积。

综上所述，黄泥巴锰矿产于晚二叠世，含矿地层为二叠系上统卡翁沟组下段下亚段上部，含矿岩性为含锰硅质板岩、含锰炭质硅质板岩，严格受地层层位控制，锰矿体随地层一起褶皱、变形。根据岩石组合特征、矿石物质成分、矿石结构构造、围岩特征等，说明为浅海相沉积碳酸锰矿床，并经历了区域变质作用，笔者认为矿床成因类型可暂归为海相沉积型矿床。

三、找矿标志

1. 直接标志

地表可见锰矿露头，或锰矿转石或灰黑色锰矿石的风化、淋滤堆积物(锰帽)等。

2. 间接标志

(1)地层岩性标志：二叠系上统卡翁沟组上段为含锰地层，矿体的顶、底板岩石为含锰硅质板岩，地表岩石氧化后的颜色具有明显特征，据此在此带附近有找锰矿的可能。

锰矿体的上部有一套薄层碳酸盐岩，在该区可作为间接找矿的标志。

(2)地球化学异常标志：区内1/5万化探异常中，已知锰矿床、锰矿点均有锰元素的异常，总体看含锰地层的分布于锰元素的异常范围比较吻合，该区锰元素异常对锰矿的指示作用较好。

第四章　四川省锰矿成矿规律

第一节　前人研究概况

一、区域成矿规律研究

20 世纪 70 年代末，中国地质科学院、地矿部成都地质矿产研究所、四川省地质矿产局、地质矿产研究所及冶金、煤炭、化工、石油、建材、核工业部的地质研究机构和地质院校，开展了对四川主要矿产成矿规律和典型矿床的研究。80 年代中期，开始编制《四川省区域矿产总结》，首次对省内单矿种进行时空分布规律总结，对主要成因类型建立了成矿模式，在该总结的结语部分，分析了沉积作用、火山活动、侵入活动、地质构造演化与成矿作用的关系，总结了省内主要矿产的区域成矿规律，指示了各种矿产的找矿方向。

1984 年，冶金工业部西南冶金地质勘探公司科研所开始对黑水地区的锰矿进行了研究，调查了解了区内锰矿的含矿地层，初步分析沉锰盆地的形成、演化、分布范围，研究了矿层顶、底板岩性及岩石化学成分、微量元素的含量及规律，初步分析、研究了当时的岩相古地理及微相特征等；于 1986 年提交了《四川省黑水地区低磷锰矿含矿岩系岩相古地理特征及成矿预测》科研报告，对黑水地区低磷锰矿的成矿规律进行了初步总结。1988 年完成《西南地区低磷富锰矿成矿规律及成矿预测研究报告》。

1985 年，冶金工业部西南冶金地质勘探公司 609 队开始对轿顶山式锰矿进行调查、研究，并在调查中新发现大瓦山锰矿床，1987 年完成《四川省峨边—汉源—泸定地区晚奥陶世五峰期岩相古地理特征及锰矿成矿预测研究报告》《四川省金口河区大瓦山锰矿微相研究报告》，1989 年完成的《川西南奥陶纪锰矿沉积学与轿顶山式锰矿找矿前景研究报告》，对轿顶山式锰矿分布区域进行了比较详细的研究总结。

20 世纪 90 年代开始至今，陆续开展了全省的区划工作，开展了全省金矿成矿预测、铜矿成矿预测、三江有色贵金属区划，中比例尺的甘孜—义敦地区有色贵金属，石棉—木里地区金、铅锌，康滇地轴东缘铅锌等预测项目，进行了区域成矿规律总结，划分成矿区带和远景区，但直接对锰矿的研究涉及较少。

冶金工业部西南地质勘查局 604 队，1989 年开始对巴山地区的锰矿进行实地调查、资料收集整理及初步分析研究，1990～1991 年对万源市大竹河锰矿开展普查，1992～1998 年先后对城口县大渡溪、修齐、上山坪锰矿床等进行普查。

二、锰矿成矿规律研究

1991～1995 年，冶金工业部决定开展扬子地台周边及邻区优质锰矿地质科学研究工作，项目名称为"扬子地台周边及邻区优质锰矿成矿规律及资源评价"。该项目涉及湘、黔、桂、滇、川、鄂、陕、甘和粤、闽、浙、赣等 12 省（区），研究区内成锰地质时代跨度长，含锰层位多，矿床类型全，探明储量占全国 87.7%，矿石产量占全国的 97.9%。重点研究了中晚元古代、中晚奥陶世、三叠世优质锰矿带，以沉积构造环境、盆地性质、物质来源及成矿机制为主要内容，总结成矿规律，建立成矿模式，并预测了资源潜力。

1995 年侯宗林、薛友智等编写了《扬子地台周边锰矿》，总结各个时代扬子周边锰矿分布情况如下：

中元古界含锰地层带：环绕扬子陆块的边缘零星分布。西南缘外带有澜沧群，内带有昆阳群，北缘外带有碧口群，内带有神龙架群。矿化强度，外带高于内带，工业锰矿资源主要分布在外带，主要矿床有北缘的黎家营、两河口等地，探明储量 606 万吨；西南缘由勐宋、巴夜等地，为硅酸锰-表生氧化锰矿石，资源潜力很大。

晚元古界（南华系—震旦系）含锰地层带：南华系环绕—扬子陆块内带由南向北分布，即南起桂北三江、黔东从江，经松桃、秀山、花垣、洞口、湘潭等地，到长阳古城。工业锰矿主要赋存在南华系大塘坡组，探明储量 13894 万吨，潜在资源 14084 万吨，居该区第二位。震旦系下统陡山沱组锰矿零星分布，沉积中心向北转移到城口、镇巴、略阳等地，探明储量 2151 万吨，潜在资源 3053 万吨；矿化强度次于南华系。

寒武系含锰地层带：分布在扬子陆块的外带，呈南北对应分布。北缘位于汉中天台山至平武一带，赋存在邱家河组，探明储量 1294 万吨，潜在资源 5363 万吨；南缘位于海南崖县大茅等地，赋矿地层为中寒武统，探明储量 9.8 万吨。该带锰矿都属高磷锰矿石，矿化强度前者强，后者弱。

奥陶系含锰地层带：分布在扬子陆块的内带，呈东西对应分布。西亚带位于汉源—盐源—盐边一带，赋锰地层为上巧家组（O_2）和五峰组（O_3），探明储量 225 万吨，潜在资源 336 万吨；东亚带位于桃江—安化一带，赋锰地层为磨刀溪组（O_2），探明储量 1507 万吨，潜在资源 2353 万吨，矿石质量，前者以优质富锰矿为主，后者以优质锰矿为主，矿化强度，前弱后强。

三叠系含锰地层带：分布在扬子地台西南缘的内带到西北缘的外带，地域跨度大，工业矿床在带上分段集结分布，由南到北主要有东平、龙怀、足荣地段——含锰地层北泗组（T_1），探明储量 1622 万吨，潜在资源 2627 万吨，工业矿床为表生氧化铁锰矿石；斗南—白显地段——含锰地层为法郎组（T_2），探明储量 4428 万吨，潜在资源 2650 万吨，该段是我国优质(富)锰矿资源的主要基地之一;鹤庆—丽江地段——含锰地层为松桂组(T_3),探明储量 297 万吨,潜在资源 883 万吨,是我国近年新发现的、重要优质富锰矿资源基地;黑水—虎牙地段——含锰地层为菠茨沟组(T_1),探明储量 2686 万吨,潜在资源 5533 万吨,矿石以普锰-铁锰矿石为主,该带含锰层位及沉降中心由老到新自南东向北西呈顺时针方向演化迁移,矿化强度呈分段富集趋势,矿石质量为中间高,两端低。

因当时以寻找低磷锰矿、优质锰矿为主要目标,对虎牙式锰矿的研究涉及极少,预测资源潜力时未包括平武、松潘等地区虎牙式锰矿的主要分布区。

三、锰矿资源潜力评价

2007~2013 年,按照全国统一部署,四川省开展了矿产资源潜力评价工作。2011 年开始锰矿单矿种研究,2012 年提交了《四川省锰矿资源潜力评价成果报告》、《四川省锰矿成矿规律研究成果报告》、《四川省锰矿资源潜力评价预测资源量估算报告》。其成果如下。

(1) 通过四川省锰矿产勘查、研究等有关资料综合研究,在全国项目办Ⅲ级区带划分的基础之上,进一步划分了Ⅳ、Ⅴ级成矿区带,对四川省锰矿确定了 4 个预测亚类型(1 个预测类型)、4 个预测工作区,4 个预测亚类型分别为虎牙式海相沉积(变质)型锰矿、石坎式海相沉积型锰矿、轿顶山式海相沉积型(钴)锰矿、高燕式海相沉积型锰矿。

(2) 通过对全省锰矿资料的搜集综合研究,选定大坪铁锰矿、马家山锰矿、轿顶山(钴)锰矿等 3 个矿区(床)进行典型矿床研究,在充分搜集已有地质资料的基础上按技术要求开展了典型矿床的成矿地质条件、控矿因素、物化探异常等研究工作,建立了典型矿床的成矿模型和预测模型,编制了典型矿床的成矿要素图、预测要素图,为开展区域成矿规律研究和成矿预测奠定了基础。

(3) 开展了四川省虎牙式海相沉积(变质)型、四川省石坎式海相沉积型、四川省轿顶山式海相沉积型、四川省高燕式海相沉积型等 4 个预测工作区区域成矿规律研究、区域物化遥自然重砂异常与成矿的关系程度等工作,建立了区域成矿模式和区域预测模型,编制了各区锰矿的区域成矿要素图、区域预测要素图,对各区锰矿区域成矿规律进行了系统论述,为锰矿预测奠定了基础。

(4) 在典型矿床研究和区域成矿规律研究的基础上,开展了最小预测区圈定、优选分级,以及预测要素变量的研究、选择及构造预测变量等工作。

(5) 采用特征分析法、证据权法、地质综合因素分析等对预测区进行了优选,利用地质体积法对各预测区进行了资源量估算,同时化探利用信息总量法进行资源量预测,并与体积法预测结果对比,经分析认为体积法预测的资源量是可信的。

(6) 通过物化遥等综合信息研究的预测成果,同时对找矿远景区利用地质条件、成矿潜力、工作程度、自然地理、经济条件、环境等进行分析,对各区锰矿地质勘查工作部署、矿产开发等方面提出了初步建议。

第二节　锰矿的成矿地质环境

四川大地构造位于中国东部陆块区和西部造山带接壤部位，跨滨太平洋、特提斯、古亚洲三大构造域。四川省地质条件复杂，不同地区，因大地构造环境差异表现出不同的沉积、变形、变质及岩浆作用，显示出不同的成矿地质背景。全省大体以龙门山—小金河断裂带为界，分为东、西两部分，东部和西部地质构造特征差异极大。西部为构造运动活跃的造山带，东部为相对稳定的陆块区。四川省锰矿在东、西部均有分布，其中东部含矿地层较多、时代跨度大，在龙门山、大巴山等地区均有分布；西部有两个含矿地层，主要沿与东部的结合地带分布。

一、大地构造环境

(一)大地构造单元划分

在前人工作基础上，四川省矿产资源潜力评价项目(2013)进行了全省大地构造分区划分，共划分一级单元3个、二级单元4个、三级单元16个(图4-1)。四川省锰矿主要沿上扬子陆块西缘和北缘，以及松潘—甘孜造山带东缘分布(表4-1)。

表 4-1　四川省锰矿产出的大地构造位置

一级单元	二级单元	三级单元	次级构造单元及含矿性
扬子陆块区Ⅰ	上扬子陆块Ⅰ₁	龙门山前陆逆冲-推覆带Ⅰ₁₋₂	龙门后山基底逆推带，轿子顶岛弧南侧，于早寒武世产有石坎式锰矿，系我省比较独特含锰地层分布区
		米仓山—南大巴山前陆逆冲-推覆带Ⅰ₁₋₃	南大巴山盖层逆冲带，被动大陆边缘南大巴山陆棚，震旦纪地层之中产有大竹河式锰矿
		盐源—丽江前陆逆冲-推覆带Ⅰ₁₋₄	盐源—丽江前陆逆推带，东部边缘地带。中奥陶世地层中产有东巴湾式锰矿
		攀西陆内裂谷带Ⅰ₁₋₅	雅砻江—宝鼎裂谷盆地，盐边古弧前盆地，中元古代盐边群地层中局部地段产有锰矿
		上扬子南部陆缘逆冲-褶皱带Ⅰ₁₋₆	峨眉—凉山盖层褶冲带，汉源陆棚，晚奥陶世产有省内著名的轿顶山优质富锰矿，古弧后沉积盆地边缘峨边群有大白岩式锰矿
西藏—三江造山系Ⅱ	松潘—甘孜造山带Ⅱ₁	巴颜喀拉—松潘周缘前陆盆地Ⅱ₁₋₂	马尔康滑脱—逆冲带，复理石盆地边缘带东部边缘于早三叠世产出有虎牙式锰矿，在省内已知锰矿床中，分布集中，规模最大
		雅江残余盆地Ⅱ₁₋₄	残余盆地南部边缘带，长枪穿窿西部于二叠系地层中，近年新发现有锰矿产出
秦祁昆造山系Ⅲ	秦岭造山带Ⅲ₁		陕西省天台山式锰矿，产于扬子陆块北缘陆缘拗陷寒武系地层中

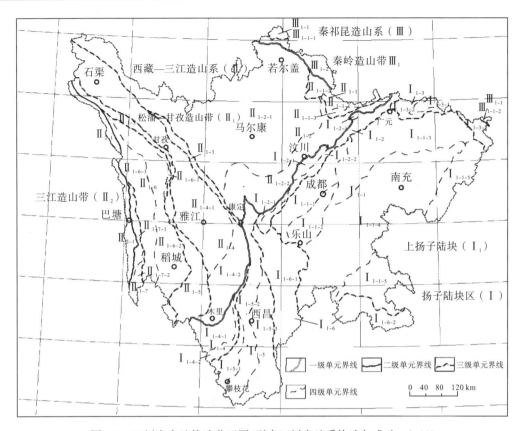

图 4-1 四川省大地构造分区图（引自四川省地质构造与成矿，2015）

I 扬子陆块区

I₁ 上扬子陆块

I₁₋₁ 四川陆内前陆盆地

I₁₋₁₋₁ 川西山前拗陷

I₁₋₁₋₂ 龙泉山前隆带

I₁₋₁₋₃ 川北压陷盆地

I₁₋₁₋₄ 川中拗陷盆地

I₁₋₁₋₅ 华蓥山滑脱-褶皱带

I₁₋₂ 龙门山前陆逆冲-推覆带

I₁₋₂₋₁ 后山基底逆推带

I₁₋₂₋₂ 前山盖层逆推带

I₁₋₃ 米仓山—南大巴山前陆逆冲-推覆带

I₁₋₃₋₁ 米仓山基底逆推带

I₁₋₃₋₂ 南大巴山盖层逆冲带

I₁₋₄ 盐源—丽江前陆逆冲-推覆带

I₁₋₄₋₁ 盐源盖层逆推带

I₁₋₄₋₂ 金河—箐河前缘逆冲带

I₁₋₅ 攀西陆内裂谷带

I₁₋₅₋₁ 雅砻江—宝鼎裂谷盆地

I₁₋₅₋₂ 康滇轴部基底断隆带

I₁₋₅₋₃ 江舟—米市裂谷盆地

I₁₋₆ 上扬子南部陆缘逆冲-褶皱带

I₁₋₆₋₁ 峨眉—凉山盖层褶冲带

I₁₋₆₋₂ 筠连—叙永盖层褶冲带

II 西藏—三江造山系

II₁ 松潘—甘孜造山带

II₁₋₁ 摩天岭地块

II₁₋₁₋₁ 碧口基底逆推带

II₁₋₁₋₂ 雪山—文县盖层褶冲带

II₁₋₁₋₃ 平武—青川盖层褶冲带

II₁₋₂ 巴颜喀拉—松潘周缘前陆盆地

II₁₋₂₋₁ 马尔康滑脱-逆冲带

II₁₋₂₋₂ 丹巴—汶川滑脱-逆冲带

II₁₋₃ 炉霍—道孚夭折裂谷

II₁₋₄ 雅江残余盆地

II₁₋₄₋₁ 石渠—九龙滑脱-逆冲带

II₁₋₄₋₂ 江浪—长枪变质核杂岩带

II₁₋₅ 甘孜—理塘蛇绿混杂岩

II₁₋₆ 义敦—沙鲁里岛弧带

II₁₋₆₋₁ 玉隆—雄龙西弧前盆地

II₁₋₆₋₂ 沙鲁里火山岩浆弧

II₁₋₆₋₃ 登龙—青达弧后盆地

II₁₋₇ 中咱—中甸地块

II₁₋₇₋₁ 中咱盖层逆推带

II₁₋₇₋₂ 盖玉—定曲前缘逆冲带

II₂ 三江造山带

II₂₋₁ 金沙江蛇绿混杂岩带

III 秦祁昆造山系

III₁ 秦岭造山带

III₁₋₁ 西倾山—南秦岭地块

III₁₋₁₋₁ 降扎—迭部盖层褶冲带

III₁₋₁₋₂ 北大巴山盖层褶冲带

III₁₋₂ 塔藏俯冲增生杂岩带

(二)主要大地构造单元基本特征

1. 上扬子陆块

四川省东部上扬子陆块(Ⅱ级)是省内沉积矿产的主要分布地区。对锰矿而言,物质来源和岩相古地理环境是最重要的控制条件。成矿物质来源在一定程度上控制着含矿沉积建造及矿产分布。海源是指物质来源远海并运移至沉积海域,经沉积成矿作用的物质来源总称,既包括由相邻陆源运移至海中形成的物质,也包括火山活动或海底喷气活动带来的深部物源;陆源是沉积成矿作用的主要物源,主要形成于沉积盆地靠近古隆起地带。镇巴—万源—城口一带的大竹河式(大巴山式)锰矿、茂县—平武—朝天一带的石坎式锰矿的物源主要是陆源。物质来源主要为火山活动或海底喷气活动提供的沉积矿床多形成于靠近有火山活动地区的盆地,如泸定—峨边一带的轿顶山式锰矿、盐源—盐边一带的东巴湾式锰矿。既有陆源物质,又有含有深部火山活动带来的深部物质的海源物质,在二者共同发生沉积的海域部位,如黑水—平武一带,形成有虎牙式锰矿。

1)米仓山—南大巴山逆冲-推覆带

该带介于秦岭造山带(北)与四川陆内前陆盆地(南)之间,西接龙门山基底逆推带,东延入省外。带内由中—新元古代基底变质岩系、南华纪中酸性火山岩、磨拉石建造和相关花岗岩,以及震旦纪—志留纪和二叠纪—中三叠纪稳定性海相沉积组成,缺失泥盆纪—石炭纪地层。先后历经古岛弧、后造山裂谷和被动大陆边缘演化过程,于晚三叠世因秦岭洋闭合引起碰撞造山,导致基底逆推上隆。其中南大巴山陆棚主要发育南华纪后造山裂谷环境形成的中酸性火山岩,以及震旦纪—中三叠世被动大陆边缘环境形成的浅海-滨海相碎屑岩-碳酸盐岩建造;大竹河式锰矿即产于被动大陆边缘南大巴山陆棚之震旦纪地层之中,系我国大巴山锰矿带的组成部分。

2)龙门山逆冲-推覆带

该带以丹巴—茂汶断裂为界与西部巴颜喀拉地块相接,东以江油—灌县断裂为界与四川陆内前陆盆地相邻,北接米仓山—大巴山基底逆推带,南止康滇基底断隆带,总体上呈北东—南西向展布。该构造带历经中—新古元代岛弧、南华纪后造山裂谷和震旦纪—中三叠世被动大陆边缘等主要演化过程,又遭受晚三叠世以来的强烈挤压,最终成为基底逆推带耸立于扬子陆块西缘。其中唐王寨碳酸盐台地主要由震旦纪—中三叠世浅海-陆表海碎屑岩-碳酸盐岩组成,为大陆架环境的稳定沉积。该带以北川—映秀断裂为界,分为西部(后山基底逆推带)和东部(前山盖层逆推带)二个次级构造单元。该带的轿子顶岛弧南侧,于早寒武世产有石坎式锰矿,系我省比较独特含锰地层分布区。

3)盐源—丽江逆冲-推覆带

该带位于锦屏山—小金河断裂(西)与金河—箐河断裂(东)之间,北端止于里庄以北西断裂交汇处,南延入云南境内。区内震旦纪—古生代海相沉积盖层分布较齐全,二叠纪玄武岩厚度巨大,三叠纪地层尤为发育且完整;历经震旦纪—古生代被动大陆边缘、二叠纪陆缘裂谷和三叠纪边缘拗陷等主要演化过程，自晚三叠世后遭受由西向东的挤压作用，形成前陆逆冲带。其中金河—箐河断裂位居东缘，构造上表现为前缘逆冲带，由一系列叠瓦状逆冲岩片构成，岩片以发育震旦纪—古生代，滨海-浅海相碳酸盐岩-碎屑岩建造为主要特征，显示大陆架稳定沉积环境。东部边缘地带中奥陶世地层中产有东巴湾式锰矿，其构造环境可能为板内裂陷盆地。

4）上扬子南部陆缘逆冲-褶皱带

该带属于上扬子陆块南部被动大陆边缘（陆缘褶冲带）的组成部分。西以小江断裂与康滇基底断隆带相接，东以峨边—金阳断裂与四川陆内前陆盆地相邻，北界为七曜山断裂，南延入滇、黔境内。区内主要分布震旦纪—古生代以及中生代地层，仅有少量基底变质岩系出露。中元古代变质岩系（峨边群）局限分布于峨边—金口河地区，以变质沉积岩为主，夹少量碳酸盐岩及酸-中基性火山岩。震旦纪—泥盆纪地层由扬子型稳定的碳酸盐岩-碎屑岩建造组成；受攀西裂谷作用影响，区内广泛分布晚二叠世大陆溢流玄武岩；下、中三叠统为海陆交互相碎屑岩建造和蒸发岩建造。自晚三叠世起，转化为陆内前陆盆地环境，堆积上三叠统和侏罗系陆相复陆屑建造和红色复陆屑建造；白垩纪卷入陆内挤压-走滑作用。区内可划分峨眉—凉山和筠连—叙永盖层褶冲带二个四级单元。在汉源—峨边一带的晚奥陶世与沉积型锰矿（轿顶山式）有关，峨边—金口河地区中元古代变质岩系有变质型锰矿（"大白岩式"）相关。

5）康滇基底断隆带

该带以金河—箐河断裂为西界，小江断裂为东界，北至康定，南经金沙河延入云南。带内中—新古元代基底变质岩系呈南北向展布，分布面积较大，构造环境应为岛弧或活动大陆边缘。其中盐边古弧前盆地的盐边群为一套浅变质岩系，主要出露在区内西南部，底部为砂泥质碎屑岩建造，中部由巨厚海相拉斑玄武岩组成，上部为具浊流沉积特征的砂泥质复理石建造，形成于弧前盆地环境。盐边古弧前盆地元古代盐边群变质岩系与锰矿有关，局部地段产锰矿（盐边县茨竹箐锰矿）。

2. 松潘-甘孜造山带

该带是西藏—三江造山系的一部分，也是四川省矿产资源最集中的区域之一，锰矿主要分布在其东部的松潘—甘孜造山带中，包括巴颜喀拉—松潘前陆盆地、雅江残余盆地等次级构造单元。

1）巴颜喀拉—松潘前陆盆地

该区北接南昆仑—玛曲—玛沁结合带，东以岷江—雪山—虎牙断裂和平武—青川断裂为界，南东以丹巴—茂汶断裂为限，南止于鲜水河断裂，西延入青海省。该盆地具有陆壳基底，震旦纪—早古生代时期原属上扬子陆块西缘的组成部分。自晚古生代起，因弧后扩张演变为裂离型陆缘，具"堑垒式"构造特征。中三叠末，由于北侧发生碰撞造山，则在此基础上，转化为晚三叠世前陆盆地，发育巨厚的浊积岩系。继之多层次逆冲-滑脱构造作用，叠置增厚引起地壳重熔，产生中生代中—晚期碰撞型花岗岩侵位。受新生代逆冲-走滑作用控制,在北缘若尔盖地区发育第四纪山前冲积扇堆积。其东侧之松潘—马尔康边缘海成锰盆地(省内习称松潘盆地),其东部边缘与上扬子陆块、摩天岭地块的交汇边界区域,于早三叠纪形成了虎牙式铁锰矿,为省内最主要的锰矿类型。含矿地层比较稳定,矿体的规模一般较大,如大坪锰矿延长10km,延深控制近2000m。

2)雅江残余盆地

该区位于鲜水河裂谷与甘孜—理塘结合带之间,东界以锦屏山—小金河断裂为限,西延入青海省境内。与巴颜喀拉—松潘前陆盆地同步发育和演化,但前者显示向上变浅-充填淤塞而结束的特征,推断是碰撞时受不规则大陆边缘控制而成为残余盆地。在南部的江浪、长枪穹窿分布区,可见前南华纪基底和古生代变质盖层出露,基底变质岩系由石榴二云石英片岩、石榴黑云角闪片岩夹大理岩组成,原岩应为火山-沉积建造;古生代地层显示绿片岩相变质,奥陶—志留系原岩为陆棚浅海-外陆棚半深海碎屑岩夹灰岩建造,偶夹火山岩;石炭—二叠系为砂板岩、结晶灰岩夹变质玄武岩和硅质板岩,推断构造环境应为陆缘裂谷海槽。长枪穹窿晚二叠世(卡翁沟组)地层中,已发现有黄泥巴锰矿床。

3)义敦—沙鲁里岛弧带

岛弧介于甘孜—理塘蛇绿混杂岩带(东)与中咱—中甸地块(西)之间,南延入云南境内是由甘孜—理塘弧后洋盆于晚三叠世向西俯冲导致在陆壳基础上而形成的,相继经历挤压-扩张更迭的复杂过程,形成东部弧前盆地、中部火山—岩浆弧和西部弧后盆地,由玉隆—雄龙西弧前盆地、沙鲁里岩浆弧和登龙—青达弧后盆地3个次级单元组成。出露地层以上三叠统为主,为巨厚的非稳定型建造系列,下部为钙碱性火山岩、碎屑岩、碳酸盐复理石建造组合,上部为杂陆屑建造组合,以海陆交互相至陆相砂板岩为主,在曲嘎寺组、图姆沟组中局部有锰矿富集现象,已发现有锰矿(化)点。

3. 秦岭造山带

四川省北部跨秦岭造山带很小一部分。该构造带地壳结构复杂,多旋回岩浆岩带很发育,活动期也较长,且后期构造活动强烈。中元古代碧口群地层含锰较高,有晚元古代古弧盆系形成的锰矿,如产于陕西省宁强县境内的黎家营锰矿和甘肃文县境内的铜、锌矿等。在与扬子陆块北缘交接的龙门山北段构造带,其构造比较复杂,早寒武世断陷盆地内陕西省有天台山式锰矿,省内有石坎式与之可能处于同一成锰盆地内。从时间演化上看,区内的成矿期存在晚元古代、早寒武世两个时期,显示多期成矿的特点,前者可能为后者提供了一定的成矿物质。

(三)大地构造环境对锰矿的控制

全国矿产资源潜力评价项目(2010)提出用大地构造相来反映特定演化阶段、特定大地构造环境中,形成的一套岩石构造组合。四川省矿产资源潜力评价项目(2013)开展了大地构造相研究,全省共划分9个大相,26个相,115个亚相。

大地构造演化控制区域成矿，成矿系统是大地构造相一个组成部分。四川锰矿的形成与地质构造演化阶段和大地构造环境密切相关，产于上扬子陆块西部边缘的锰矿，主要与古弧盆系相关；产于北部边缘的锰矿，则与震旦纪被动大陆边缘的断陷盆地有关；奥陶纪锰矿则与板块西部的板内裂陷盆地相关。全省各锰矿类型与大地构造相的对应关系见表 4-2。

四川锰矿 75.71% 的资源分布于巴颜喀拉地块，24.29% 分布于上扬子陆块。从已经探获锰矿资源量看，主要分布于巴颜喀拉地块，其中以可可西里—松潘周缘前陆盆地之松潘—马尔康边缘海成锰盆地最为重要；上扬子陆块则位于次席，在陆块的北缘大巴山被动大陆边缘、龙门山被动大陆边缘（北段），西缘盐源—丽江被动大陆边缘、凉山—威宁—昭通碳酸盐台地、康滇基底断隆带（中段）均有锰矿分布。

表 4-2　四川省锰矿与大地构造相对应关系表

矿床类型	成矿构造时段	分布范围	大地构造相
虎牙式锰矿（T_1）	俯冲碰撞阶段	平武虎牙—黑水瓦钵梁子	巴颜喀拉地块，可可西里—松潘周缘前陆盆地，马尔康前缘盆地亚相
"黄泥巴式"锰矿（P）	陆内裂解阶段	木里县白雕乡、卡拉乡	巴颜喀拉地块，雅江残余盆地，长枪穹窿二叠系地层中
轿顶山式锰矿（O_3）	陆块形成发展阶段	泸定—峨边地区	上扬子陆块，凉山—威宁—昭通碳酸盐台地，汉源陆棚亚相
东巴湾式锰矿（O_2）	陆块形成发展阶段	盐源—盐边地区	上扬子陆块，盐源—丽江被动大陆边缘，金河—箐河陆棚亚相
石坎式锰矿（ϵ_1）	陆块形成发展阶段	茂县—朝天地区	上扬子陆块，龙门山被动大陆边缘，唐王寨碳酸盐岩台地亚相
大竹河式锰矿（Z_1）	陆块形成发展阶段	大巴山万源大竹河地区	上扬子陆块，米仓山—大巴山被动大陆边缘，大巴山陆棚亚相
"大白岩式"锰矿（Pt）	基底形成阶段	金口河—峨边地区	上扬子陆块，凉山—威宁—昭通碳酸盐台地，汉源陆棚亚相
		盐边地区	上扬子陆块，康滇基底断隆带，盐边古弧前盆地亚相

从已经探获的锰矿床规模看，巴颜喀拉地块锰矿床规模大，且具有寻找大型矿的潜力，是我省最重要的锰矿类型；上扬子陆块现在已经探获矿床的规模较小。从矿石质量看，上扬子陆块锰矿质量较好，尤其是轿顶山式锰矿、东巴湾式锰矿，锰矿质量好、锰品位高，是我省乃至全国有名的优质富锰矿，因此就矿石质量看，是我省最为值得研究、勘查的锰矿类型；而从巴颜喀拉地块的锰矿质量总体看，相对于扬子板块的要差。

从锰矿类型的分布看，上扬子陆块最多，巴颜喀拉地块现探获资源量的仅有两个类型。在上扬子陆块西部边缘有 5 个锰矿类型，包括基底变质岩、古弧盆系及大陆边缘裂陷带等均有锰矿分布。在元古代古老地质体组成的构造单元中，有与海相火山-沉积的变质岩有关的锰矿，主要出现在凉山—威宁—昭通碳酸盐台地相(峨边群)和康滇基底断隆带(中段)的不同地段(盐边群)，有"大白岩式"锰矿；在米仓山—大巴山被动大陆边缘的南大巴山陆棚亚相，早震旦世黑色岩系与碳酸盐岩过渡部位有大竹河式锰矿；在龙门山被动大陆边缘(北段)断陷盆地，早寒武世黑色炭硅质板岩与硅质岩、碳酸盐岩的过渡部位有石坎式锰矿；在盐源—丽江被动大陆边缘金河—箐河陆棚亚相，中奥陶世碳酸盐岩中有东巴湾式锰矿；在凉山—威宁—昭通碳酸盐台地相，晚奥陶世碳酸盐岩与黑色页岩的过渡部位有轿顶山式锰矿。巴颜喀拉地块有 2 个锰矿类型。在可可西里—松潘周缘前陆盆地的马尔康前缘盆地亚相东侧边缘带，早三叠纪碳酸盐岩向碎屑岩过渡部位，分布有虎牙式锰矿，系我省最为重要的锰矿；在雅江残余盆地东侧的江浪—长枪陆缘裂谷亚相，晚二叠世碎屑岩夹碳酸盐岩的部位，近年新发现有锰矿产出("黄泥巴式"锰矿)。

区域性构造带是重要的控矿构造，四川省锰矿资源分布地区多与区域性构造有关。扬子板块北部边缘大巴山地区，分布有镇巴断裂、大巴山深大断裂，发育于其间的镇巴—城口成锰盆地，受这两条断裂发生、发展控制，早震旦世大竹河式锰矿即位于其中段。龙门山构造带北段地区，受青川断裂、茂汶断裂、南坝—北川断裂发生、发展控制，于震旦世末期开始形成断陷盆地，早寒武世石坎式锰矿即位于该盆地内。扬子板块西缘泸定—峨边地区，受小江断裂、峨眉—叙永断裂控制，晚奥陶世轿顶山式锰矿即位于其中。康滇断隆带西侧、盐源—丽江被动大陆边缘，受金河—箐河断裂带控制，中奥陶世东巴湾式锰矿即产于其中。巴颜喀拉地块东侧，受玛曲—荷叶深断裂带、茂汶深断裂带、岷江—虎牙断裂带控制的马尔康边缘海盆地，早三叠世产出有虎牙式锰矿。巴颜喀拉地块南东侧边缘，受小金河深断裂带控制的雅江残余盆地，晚二叠世产出有黄泥巴锰矿。

二、地层及岩相古地理环境

(一)前震旦系

四川省内前震旦系的变质岩系中仅有零星的锰矿分布，该时期锰矿在我省所占比例小，具明显的层控特征，目前已知的矿床、矿点均产于中元古代峨边群、盐边群地层之中，暂归为"大白岩式"锰矿。与全国及相邻省比较，南华系无锰矿产出。

1. 峨边群

峨边群出露于峨边—金口河地区，为一套扬子陆块边缘活动型变质的碳酸盐岩、中基性火山岩、火山碎屑岩组合，自下而上分桃子坪组、枷担桥组、烂包坪组、茨竹坪组等四个岩石地层单元。出露峨边县及金口河区的枷担桥组有小型锰矿床。该组创名于峨边县金口河枷担桥，在马边县的桐麻树及冕宁县的拖乌等地有少量分布，下段为灰白、深灰色中厚层至块状白云岩、硅化白云岩或大理岩、条带状结晶灰岩，近上部夹少量炭质板岩、砂质板岩和变质细—粉砂岩，厚200~400m；中段在金口河以北以黑色、深灰色炭质板岩、砂质板岩为主，夹薄至中厚层状炭泥质微晶灰岩和变质含炭岩屑砂岩及变质砂岩，部分地段夹安山集块岩、凝灰岩，黑色板岩中有铁、锰、磷的矿化，厚200~350m；上段浅灰至绿灰色板岩、千枚岩、炭质板岩夹变质含钙泥质粉砂岩，厚70~80m；与下伏层为整合接触。

该时期古地理环境主要是深水局限盆地-斜坡-槽盆-斜台槽盆不均衡且周期性地变化。据峨边群的展布，其中变质碳酸盐岩及火山岩的分布方向，推断其总的堆积环境为一近东西向的裂陷盆地(槽)。由于地处扬子陆块西缘，远离剥蚀区，随着盆地不断深陷、扩张，使盆地两侧大陆架全部被淹没，而边缘持续差异性裂陷，导致大量火山喷溢，形成"扩张脉动层"。由火山作用所带出的铁质、锰质或滞留在火山碎屑岩中，或经水(海)解而促使海水化学成分的改变，形成初始矿源层或胚胎矿，经后期各种成矿作用的叠加、改造构成工业矿体。

2. 盐边群

该群出露于攀西地区的盐边县境内，位于康滇基底断隆带(攀西上叠裂谷)西侧，盐边古弧前盆地环境，下部为巨厚的海相枕状玄武岩系，上部为变质的板岩、粉砂岩、砂砾岩组成的复理石沉积，具强烈的火山活动及快速沉降堆积的活动型特征，自下而上分为荒田组、渔门组、小坪组、乍古组等4个岩石地层单元。其中渔门组($Pt_2 ym$)为深灰色、灰黑色碳质绢云板岩、碳硅质板岩夹粉砂质板岩、砂质板岩、灰岩，灰岩段有锰富集，探获有茨竹箐锰矿点(暂归类为"大白岩式")。

(二)震旦系

省内产于下震旦统的锰矿分布范围有限，仅见于川东北的大巴山地区。该类型锰矿具明显的层控特征，并受岩相古地理环境控制，本书命名为大竹河式锰矿，可对比于全国的巴山式锰矿，以及重庆的高燕式锰矿。

在米仓山—大巴山被动大陆边缘的南大巴山陆棚，秦巴沉积盆地系之东部镇巴—城口成锰盆地中，含锰地层为早震旦世陡山沱组，岩性主要由黑色页岩、含磷硅质黑色页岩与碳酸锰矿层夹含磷硅泥质条带组成。含锰矿建造为浅海-滨海相碎屑岩-碳酸盐岩建造，四川境内探获有万源市大竹河、万源市田坝小型矿床；相邻的重庆市探获有高燕、大渡溪、修齐、上山坪等大、中型矿床，陕西则有麻柳坝中型矿床等。

(三)寒武系

与早寒武世有关的锰矿在本省占有一定比例，现探获资源储量居第二位。锰矿具明显的层控特征，主要产于寒武系下统邱家河组中，该组为一套碳硅质板岩、硅化灰岩(白云岩)、硅质岩，其中的锰矿为石坎式。

含锰层分布在扬子陆块西北缘外带的龙门山被动大陆边缘(基底逆推带)北段，局限在扬子陆块、摩天岭古陆间。在早寒武世时，古龙门山—锦屏山拗拉槽北段，构成龙门山成锰盆地，四川省内的平武、青川等地为盆地的一部分。含磷碳硅质岩建造形成于浅海-半深海环境，锰矿沉积形成后被后期的龙门山断裂带多次破坏，导致现探获的部分矿床矿体被断裂构造错切、错失等。在该地区有平武县石坎、平武县马家山、平武县平溪、青川县箭竹垭、平武县高庄坝、青川县董家沟等小型矿床，以及青川县石坝、青川县马公、朝天区陈家坝、北川县黄水沟、北川县云龙等矿点。

(四)奥陶系

与奥陶系有关的锰矿在省内有两个层位，所探获锰矿质量为省内最好的类型之一。矿化强度以晚奥陶世较强，中奥陶世较弱。

1. 中奥陶统巧家组

该层位锰矿为我省次要类型，所占比例小。具明显的层控特征，锰矿赋存于中奥陶世巧家组，含矿建造为碳酸盐岩建造，为东巴湾式锰矿。

该层位锰矿产出的构造环境为盐源—丽江被动大陆边缘(前陆逆冲带)，中奥陶世被动大陆边缘于古龙门山—锦屏山拗拉槽南段的盐源—峨边陆缘裂陷成锰沉积盆地，含矿地层为一套浅海-半深海的海湾相碳酸盐岩沉积。锰矿位于台沟相边缘，赋矿岩性特征为一套浅海相的含锰(铁)硅质灰岩、泥灰岩的岩石组合，成锰与藻类有一定的关系。目前已经探获盐边县东巴湾、盐边县盐水河、盐源县庄子沟等小型锰矿床，是我省优质锰矿之一。

2. 上奥陶统五峰组

该类型锰矿在本省占较重要地位，具明显的层控特征，主要产于晚奥陶纪五峰组，含矿建造为碳酸盐岩-碎屑岩建造，为轿顶山式锰矿。

含锰地层形成于古龙门山—锦屏山拗拉槽中段的泸定—峨边陆缘裂陷成锰盆地内。从古地理环境分析，成锰盆地处于川滇古陆与川中古陆之间的半局限海湾环境，锰矿位于开阔台地相外缘水下隆起附近的藻礁相及半局限台地相内藻席发育地段，与藻礁密切相关，赋矿岩性特征为碳酸盐岩→碎屑岩过渡的部位，与碳酸盐岩密不可分。目前已经探获汉源县轿顶山、金口河区大瓦山、洪雅县刘坪大岗等矿床，野牛山、窝子卡摩矿点等，是我省最主要的优质锰矿类型。

(五)二叠系

二叠系是21世纪新发现的含锰地层，该类型锰矿严格受晚二叠世卡翁沟组地层控制，具有明显的层控特征，在省内新发现有黄泥巴等锰矿床(点)。

含锰地层形成于上扬子陆块之西的龙门山—锦屏山断裂西侧之木里裂陷成锰盆地内，从古地理环境初步分析，成锰盆地处于上扬子陆块西缘被动边缘的浅海环境。该盆地含锰岩系为晚二叠世卡翁沟组，含矿建造为浅海—次深海相碎屑岩夹碳酸盐岩建造，岩性主要由黑色、灰色、浅灰色、灰白色炭质板岩、绢云母石英板岩、硅质板岩、千枚岩夹灰岩、大理岩化灰岩，局部夹锰矿条带组成。目前已经探获木里县黄泥巴等矿床，布当岗、药普、卡拉乡、查尔娃梁子等矿点，是我省近年新发现的优质锰矿类型。

（六）三叠系

该类型锰矿在本省占重要地位，具明显的层控特征，产于三叠纪菠茨沟组中，含矿建造为碳酸盐岩-碎屑岩建造，省内主要为虎牙式锰矿。

二叠纪末的基性火山活动事件，以及东吴运动，使古特提斯海总体开始由鼎盛走向萎缩消亡。但发生在三叠纪早期的（印支早期）马尔康盆地仍然为沉积区，形成了一套含锰碎屑岩建造，其中在靠近摩天岭古陆一侧的陆棚相，因陆源锰质丰富，并有海源锰质的补充，加之二者的物理化学性质差异等，在此局限的区域内，因上述两种锰质源的混合而导致条件的改变，破坏了化学平衡，进而形成锰矿的沉积，最终在此区域内形成了若干锰矿床。已经探获有平武县大坪、平武县老队部、松潘县火烧桥、黑水县下口、黑水县三支沟、平武县磨河坝、松潘县四望堡等中、小型矿床。

另外，义敦—沙鲁里岛弧带，晚三叠世为黑色砂泥质浊积岩、火山碎屑岩夹灰岩，局部含流纹质火山岩。地层多含有一定的锰，局部可富集形成锰矿点或矿化点，如产于图姆沟组下段黑色碎屑岩系中的德格县亚珠弄铁锰矿点，产于曲嘎寺组下段砂岩夹硅质岩、硅质角砾岩及灰岩透镜体中的巴塘县吉冲锰矿化点、乡城县正斗噶若锰矿化点。

三、火山活动及变质作用

1. 火山活动与成锰关系

我省锰矿主要为浅海、滨海相沉积型，属外生沉积矿床，似乎与岩浆活动无关系，但锰矿成矿物源来源有陆源、海源两种，有的矿床主要为陆源，次为海相远源火山物质；有的矿床其成锰的物源则可能以海相远源火山物质为主，陆源为辅，与岩浆岩活动存在一定的关系。从我省已开展过锰矿地质勘查所发现的矿床类型看，从地壳深部带来的锰质来源可能主要是与火山活动有关。

1）中元古代火山-次火山岩

分布于峨边—金口河地区峨边群，下部桃子坝组由玄武质火山熔岩、火山碎屑岩组成两个沉积旋回，柳担桥组由板岩、凝灰质板岩、玄武岩、玄武质火山角砾岩夹碳酸盐岩组成，其中的碳酸盐岩夹层常常有锰矿，锰矿产于火山-沉积岩系中，说明锰矿可能与火山喷发活动有一定的相关性。

分布于盐边古岛弧的盐边群，下部荒田组为玄武岩、安山岩，硅质板岩、硅质岩夹少量基性火山凝灰岩；渔门组为炭质板岩、炭硅质板岩夹凝灰质板岩、砂质板岩、碳酸盐岩，于灰岩段局部有锰富集，锰矿同样也产于火山-沉积岩系中。

位于扬子板块北侧的摩天岭地块，中元古代碧口群的桂花桥组，为古岛弧玄武岩-玄武安山岩火山岩组合，地层中含锰较高，可能为该区的锰矿提供了一定的物源。相邻的陕西省黎家营锰矿含锰火山沉积岩系早震旦世郭家坝组主要由板岩、钠长绢云绿泥片岩、紫色含锰硅质灰岩等组成，属火山-沉积变质锰矿。

2) 晚元古代南华纪火山-次火山岩

南华纪拉开了扬子陆块从罗迪尼亚超大陆裂离的序幕，开始新一旋回的大陆分合历史，处于裂解离散环境。在米仓山地区，澄江期岩浆活动以强烈的中酸性火山喷溢为特征，火地垭群的铁船山组为陆缘裂谷火山岩组合。大巴山地区的南华系南沱组为一套陆缘碎屑为主夹有少量火山碎屑的混合碎屑岩，以灰绿色、紫红色含砾凝灰质砂岩为主；其上的陡山沱组为锰矿的赋存层位，该期的火山活动，可能为此地区的锰矿形成提供了一定的锰质。

摩天岭地区，南华纪处后造山裂谷环境，形成木座组中古陆缘裂谷火山岩，也可能为区内锰矿提供了丰富的物质来源。

3) 华力西期火山-次火山岩

该时期的基性火山岩广布于义敦、理塘、道孚、岷江、攀西及峨眉山等几个岩浆岩带上。金沙江带以细碧岩及玄武岩为主，火山岩于早二叠世即开始喷发；义敦带以沉积岩-玄武岩-集块岩为主；理塘及道孚地区以熔岩为主；峨眉地区以各类玄武岩及火山碎屑岩为主，金河断裂带以西以海相枕状玄武岩为主，属以熔岩为主的裂隙式溢流；攀西地区为海陆交互相玄武岩，由玄武岩与玄武质、粗安质火山集块岩、熔岩组成多个爆发-溢流韵律，厚度逾千米；小江断裂带以东的峨眉地区属陆相拉斑玄武岩及偏碱性高原玄武岩。二叠纪末，在与扬子陆块结合部处在张性构造环境中，巴颜喀拉形成大石包组中的陆缘裂谷火山岩组合。该时期的各类火山活动，尤其是峨眉山玄武岩，分布面积大、范围广；由地域分布广泛的二叠纪基性火山岩的海解作用，加之陆解过程产生的大量锰质，为虎牙式锰矿提供了大量的成锰物源。

2. 变质作用与成锰关系

与变质作用有关的锰矿床主要分布于上扬子陆块西缘的峨边—金口河地区、攀西盐边地区。受区域变质作用的影响，温度、压力升高及富含挥发分的变质水渗入含矿层系，促使矿源层物质活化迁移再分配，并富集成矿，为沉积变质矿床。峨边—金口河地区的峨边群（Pt_2EB），以变质沉积碎屑岩为主，夹少量变质碳酸盐岩及酸—基性火山岩、火山碎屑岩，属区域动力变质低绿片岩相，其中枊担桥组中产出有"大白岩式"锰矿。

攀西盐边地区的盐边群（Pt_2Y），与峨边群相似，其中渔门组（Pt_2ym）为深灰色、灰黑色炭质绢云板岩、炭硅质板岩夹粉砂质板岩、砂质板岩、碳酸盐岩，局部碳酸盐岩地段产出有锰矿（茨竹箐锰矿），笔者暂将其归为"大白岩式"。

四、成锰盆地

矿产分布与大地构造环境关系密切。产于上扬子陆块西部边缘锰矿，主要与古弧盆系相关；产于北部边缘的锰矿，则与被动大陆边缘的断陷盆地有关；奥陶纪锰矿则与板块西部的板内裂陷盆地相关。根据含锰地层的分布和构造古地理环境，全省可划分出若干成锰盆地。发育于不同时代的成锰盆地，受北东、北西、南北向深大断裂带控制；其锰矿带的分布严格受盆地形态的控制。矿体的产出形态主要受后期褶皱控制，但褶皱规模、形态、完整性受区域性断裂的控制。一般褶皱形态相对简单、规模较大者，矿体的规模较大，延深也比较稳定。

（一）盆地类型

沉积盆地是地质历史中具有一定几何形态、沉积组合和构造特征的沉积区。研究沉积盆地形成、演化和成矿作用以及盆地内发生的重大地质事件为沉积盆地分析。在地史发展历程中曾经有过锰质沉积物堆积的沉积盆地，其成锰分布范围称之为成锰沉积盆地。

根据四川省已经探获锰矿资源量的矿床、矿点分布地区，参考侯宗林等（1997）的研究成果进行划分，省内可能存在 6 个成锰沉积盆地（表 4-3、图 4-2）。

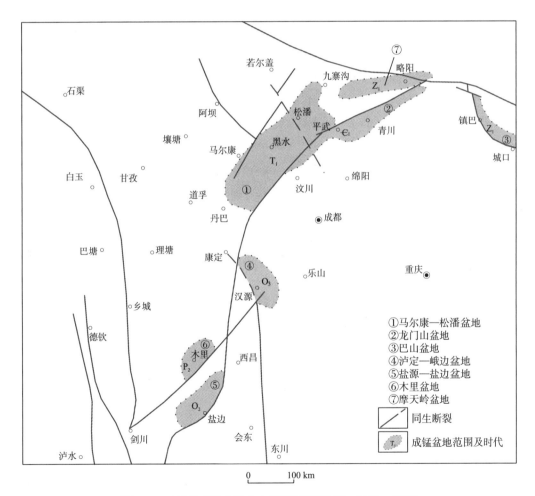

图 4-2　四川省成锰盆地分布图（据侯宗林等，1997，修编）

表 4-3　四川省主要成锰盆地

序号	盆地名称	盆地类型	地质时代	构造位置	成因	主要矿床
①	马尔康—松潘盆地	弧后	T_1	陆块边缘	拉张、断裂	大坪、老队部、火烧桥、四望堡、磨河坝、下口、三支沟
②	龙门山盆地	拗拉槽	ϵ_1	陆块边缘	断陷	石坎、马家山、平溪、箭竹垭
③	巴山盆地	被动陆缘裂谷	Z_1	陆块边缘	拉张、断裂	四川大竹河、四川田坝、重庆高燕、重庆大渡溪、重庆修齐、重庆上山坪、陕西屈家山、陕西水晶坪
④	泸定—峨边盆地	拗拉槽	O_3	陆块边缘	断陷	轿顶山、大瓦山、刘坪大岗
⑤	盐源—盐边盆地	拗拉槽	O_2	陆块边缘	断陷	东巴湾、盐水河
⑥	木里盆地	裂谷	P_2	陆块边缘	拉张、断裂	黄泥巴
⑦	摩天岭盆地	弧前	Z_1	陆块边缘	断陷	省内未发现矿产地，邻区陕西省有黎家营矿床

(二)成锰盆地特征

1. 马尔康—松潘成锰盆地

在特提斯海的可可西里—松潘周缘前陆盆地的东侧近摩天岭陆块，上扬子陆块的边缘地段，即为马尔康—松潘成锰盆地，其周缘为荷叶断裂、岷江断裂、雪山断裂、虎牙断裂、茂汶断裂所限。

特提斯洋加里东期处于隆升状态，从扬子板块向西离散。二叠世时期(华力西期)，发生强烈的拗陷(拉张断陷过程)，可能始于早二叠世晚期，一直延续到二叠世末，峨眉山玄武岩事件即在此时期形成。随着全面普遍的强烈拗陷，早二叠世特提斯洋的快速扩张，波及扬子板块的西缘，覆盖了包括龙门山岛链的广大范围。

晚二叠世，特提斯洋停止扩张，转而开始了南方冈瓦拉大陆向欧亚大陆的汇聚过程。中三叠世末印支运动早期，是盆地的性质变化的转折点，特提斯海开始由鼎盛走向萎缩消失。马尔康—松潘为前陆盆地发育区。晚三叠世末期印支运动晚期开始使全区隆起成陆，特提斯海域消失。

石炭世、二叠世，区内大部分地区均接受沉积，在平武、松潘、黑水、茂汶等地，浅海为碳酸盐相，沉积了大片碳酸盐岩。

早三叠世初期开始新一轮广泛的海侵，特提斯海几乎全是一片浅海，地壳沉降幅度差异不大，沉积区西南部为康滇古陆，南东为北东走向龙门山古岛链，东部摩天岭一带存在一个古生代隆起；黑水—平武一带，为浅海近滨相的一套碳酸盐岩与砂页岩的混合沉积，厚度一般较大(菠茨沟组下段)。

早三叠世晚期，由于江南古陆向北推进，上扬子海盆海侵范围较早期略有缩小；而上扬子海盆西部的松潘海盆，海水进一步加深，其古地理景观在原有面貌上发生差异明显的分化；岷江、雪山、虎牙等同生断裂控制了成锰盆地不同的沉积环境；北侧靠摩天岭古陆西侧，沉降幅度较大，以沉积碳酸盐岩为主（漳腊），晚期渐趋咸化；平武—松潘—黑水一带（菠茨沟组上段），沉降幅度十分不平衡，形成地堑、地垒式的古地理环境。陆源碎屑主要来自古陆、古岛链，搬运距离不太远，碎屑多呈次棱-次圆状。在这样一个特定的古地理环境中，沉积相、铁、锰矿产的展布受其控制。成锰盆地沉积中心位于黑水—松潘—平武一带，含矿地层菠茨沟组上部为浅海过渡相，由紫红、绿灰色砂质页岩、粉砂岩夹微晶灰岩组成，并夹赤-磁铁矿为主的薄层高磷质锰矿石和铁锰矿，属内陆棚微相。

该盆地系省内主要的虎牙式锰矿分布区，已经探获多个矿床，如大坪、老队部、火烧桥、磨河坝、下口、三支沟等。

2. 龙门山成锰盆地

该盆地位于上扬子陆块北缘龙门山被动陆缘的北段，北为摩天岭地块。可能为摩天岭弧前盆地基础上发展形成。盆地跨陕西省南部和四川省北部交界地区，呈北东—南西向展布，周围均以深大断裂为界，北为青川大断裂，南为江油—灌县大断裂所封闭。

早寒武世，盆地北侧为摩天岭古陆，南为扬子海。由于拉张作用，地壳发生沉降，盆地边界断裂具有较强的同沉积活动，它控制着盆地的范围、沉积的幅度、速率及其变化。随着海平面上升达到最大，在邱家河组沉积时期形成最大海泛期的锰、磷矿层。邱家河组为含锰炭硅质板岩、碳酸盐岩、硅质岩，属台地边缘浅海到半深海沉积岩相（陆棚-陆缘斜坡）。该盆地中有石坎式锰矿，已经探获石坎、马家山等矿床。

3. 巴山成锰盆地

在陕西南部、甘肃南部、四川北部三省交界的边缘地带的秦岭、巴山地区，由于后期构造的影响，中段被覆盖或断失，含锰岩系构成东西两个独立的地带。西带位于甘肃文县到陕西勉县，成长条带状分布，两侧为断裂所限；东带处于扬子陆块北部台缘凹陷带的中段北侧，为巴山成锰盆地（亦称镇巴—城口成锰盆地）。该盆地北西起于西乡县，向南东经四川万源市，延续到重庆市巫溪县境内。盆地两侧均为断裂所限，北侧为大巴山大断裂（观音堂—麻柳坝—城口—高观寺），南侧为镇巴断裂。

巴山成锰盆地位于扬子板块、华北板块之间的上扬子陆块北侧，为早震旦世南秦岭被动陆缘裂谷带中大巴山地堑发展起来的早震旦世裂谷盆地，它奠基于晋宁期陆缘弧的外带及弧前盆地。晚南华世在盆地靠陆一侧边缘则发育了一套冲积相的沉积，其中夹有冰水-冰海沉积（即大巴山区的南沱组）。由于拉张作用，地壳发生沉降，早震旦世全球海平面上升，地垒由陆地演化为碳酸盐台地，地堑则发展为堆积浊积岩硅灰泥沉积组合为主的盆地，其沉积物构成海侵体系域（即陡山沱组下部地层）。盆地边界断裂具有较强的同沉积活动，它控制着盆地的范围、沉积的幅度、速率及其变化。陡山沱晚期，随着海侵的进一步发展，海平面上升达到最大，沉积盆地进入饥饿期沉积，在陡山沱组上部形成最大海泛期的锰、磷矿层为特征的凝缩层。锰矿形成之后的灯影组为碳酸盐岩夹硅质岩沉积，系台缘或陆表海环境下的产物，代表向上变浅的高水位体系域。此后，同沉积断裂始终活动，形成了早古生代扬子板块北部特殊的被动大陆边缘。

　　该盆地含锰岩系赋存于陡山沱组地层中，产有被全国矿产资源潜力评价称为的巴山式锰矿。因沉积盆地所处的微环境差异，分为西段(西乡—镇巴)、东段(陕西麻柳坝—四川万源—重庆城口)两部分。西段为含锰杂色泥质岩系，一般为紫红色、灰-灰绿色，主要由石英、长石砂屑和白云母、水云母、绿泥石、赤铁矿等组成的条带状页岩、钙镁质粉砂质页岩及泥质白云质灰岩夹氧化锰-碳酸锰矿层，厚几米至几十米；产出屈家山式锰矿。东段为含锰磷质岩系，由黑色页岩(板岩)、含磷硅质黑色页岩(板岩)与碳酸锰矿层夹含磷硅泥质条带，或由黑色页岩(板岩)及含磷白云质硅泥质岩夹碳酸锰矿层与薄层磷块岩互层组成。为拉张裂陷盆地海湾相缺氧滞流的还原环境，属盆地边缘滨-浅海潮坪相。四川境内有大竹河式锰矿，重庆境内则称为高燕式锰矿。

　　该成锰盆地经历了复杂的地质作用过程，与成矿有关的地质事件有以下几种：

　　(1)同沉积断裂及其火山活动通过循环热水溶液提供的锰质来源的热事件；

　　(2)深水滞流盆地中与磷锰沉积有关的缺氧事件；

　　(3)在水下隆起附近的生物成锰或聚锰作用。

4. 泸定—峨边成锰盆地

　　上扬子陆块西缘的凉山—威宁—昭通碳酸盐台地，西为康滇基底断隆带，东为四川陆内前陆盆地，北为龙门山被动大陆边缘，其西部的龙门山—锦屏山地区为近南北向展布的陆内造山带。在早古生代，该地区总体为由陆缘碎屑岩建造和碳酸盐建造交替出现的沉积盆地，其中，泸定—峨边成锰盆地位于该沉积盆地的中部，其两侧均为断裂所限。

　　早奥陶世本区古地理格局为半局限滨、浅海的陆棚、潮坪和海湾环境。中奥陶世为高水位体系域的开阔台地灰岩相。晚奥陶世，随着拗拉槽由陆缘向陆内发展进入挠曲下翘阶段，沉积中心由南西向北东迁移到泸定—汉源一带，形成五峰期泸定—峨边陆缘裂陷成锰沉积盆地，沉积一套含锰黑色页岩系，代表该期海平面快速上升时最大海泛期低速率的沉积组合，西部盐源一带则沉积一套浅海相的硅质灰岩、泥灰岩、页岩的岩石组合。志留纪开始地壳上隆，川滇、川中古陆不断扩大，上述裂陷槽内陆源碎屑注入量增多，形成浅海陆架砂页岩沉积组合，从而结束该盆地的成锰历史。

　　晚奥陶世(原五峰期)泸定—峨边成锰盆地处于川滇古陆与川中古陆之间的海峡环境，由于受北西向泸定—峨边同生断裂的影响，盆地和岩相带均呈北西向展布；大致可分为浅海深水台盆相、台沟相、开阔台地相、半局限台地相、藻礁、滩坝泻湖相和滨(岩)岸陆屑滩相等岩相带。锰矿主要赋存在开阔台地相外缘水下隆起附近的藻礁相及半局限台地相内藻席发育地段。含锰黑色页岩系由黑色含钴页岩、炭质页岩、含锰灰岩、生物碎屑灰岩、白云质泥岩、硅质岩和菱锰矿层组成。富锰矿体主要分布在北东、北西向两组同生断裂交汇处，并严格受藻礁形态(以小环藻、点礁为主)所控制，如轿顶山、大瓦山、拉尔等含锰藻礁群。锰矿石类型以碳酸锰矿石为主，夹有氧化锰、硅酸锰的混合类型矿石，矿石中角砾状、撕裂构造发育，并见大量藻类生物遗迹组构，为碳酸锰优质(富)锰矿。

该区锰矿成矿作用明显受古构造(主要为同生断裂)及菌藻类生物-化学作用所控制:

(1)北西向泸定—甘洛、轿顶山—大瓦山、荥经—峨眉等同生断裂控制成锰盆地和岩相带的展布。

(2)沿北东向黑马断裂、金口河—龙池等古断裂两侧含锰岩系极为发育,在此范围内不同相带(滨岸-台沟)中均有锰矿分布,反映该组同生断裂可能为锰质来源的通道。

(3)北东、北西向两组断裂交汇部位为锰矿集中分布地段,形成轿顶山、大瓦山等锰矿床。

(4)台地边缘附近的藻礁亚相和藻席发育地段,由于生物-化学作用,成为优质富锰矿的储矿场所。

锰矿石明显富集 Co、Ni、Pb、Zn、Ba、Mo 等微量元素,Mn 与 Co 的相关系数为 0.85,Co/Ni>1.0,表明区内锰质以热水来源的可能性较大。锰矿的沉积发生在海平面相对上升阶段的饥饿期,锰的成矿作用与裂陷盆地北东向同生断裂产生的含锰热水、滞流、缺氧环境及菌藻类的生物-化学作用有关。

该盆地为省内重要优质富锰矿成矿区,系轿顶山式锰矿产地,已发现轿顶山、大瓦山、刘坪大岗等中、小型矿床等。

5. 盐源—盐边成锰沉积盆地

发育于龙门山—锦屏山地区的沉积盆地,分布于上扬子陆块四川西南部,其两侧均为断裂所限,东侧为金河—箐河大断裂,西侧为小金河断裂。盐源—盐边成锰盆地位于该沉积盆地的南部。

该盆地大地构造位置为康滇基底断隆带西侧,与盐源—丽江被动大陆边缘的结合部位,为龙门山—锦屏山拗拉槽(刘宝珺等,1994)的一部分,其基底为过渡壳。早奥陶世本区古地理格局承袭寒武纪末状态,沉积范围较为局限,一般为半局限滨、浅海的陆棚、潮坪和海湾环境。

中奥陶世由于拗拉槽裂前上拱阶段的断陷作用及裂陷拉张作用,在龙门山断裂的两侧发育一系列走滑裂陷盆地。形成向西开口的盐边—盐源陆缘裂陷成锰沉积盆地,锰矿形成于海平面上升的最大海泛期,为台沟边缘的一套含锰(铁)碳酸盐岩系。晚奥陶世由于海平面的下降,该成锰盆地区未沉积有晚奥陶世的地层,从而结束该盆地的成锰历史。

该区含锰岩系中含火山碎屑物质矿石明显富集 Co、Ni、Pb、Zn、Ba、Mo 等微量元素,Co/Ni>1.0,资料表明,本区锰质以热水来源的可能性较大。锰矿的沉积发生在海平面相对上升阶段的饥饿期,锰的成矿作用与裂陷盆地北东向同生断裂产生的含锰热水流及菌藻类的生物-化学作用有关。该盆地为省内重要优质富锰矿成矿区之一,系东巴湾式锰矿,已发现东巴湾、盐水河锰矿床等。

6. 木里成锰沉积盆地

该盆地为特提斯海的雅江残余盆地的一部分,位于可可西里—松潘周缘前陆盆地的南侧;其南东侧近上扬子陆块的边缘地段,即为木里成锰盆地,西为甘孜—理塘断裂,南东为锦屏山—小金河断裂所限。

早二叠世由于拉张作用，发生拉张断陷。边界断裂具有较强的同沉积活动，它控制着盆地东侧的范围和沉积的幅度、速率及其变化。卡翁沟组为含锰炭硅质板岩、碳酸盐岩、千枚岩，属台地边缘浅海到半深海沉积岩相（陆棚-陆缘斜坡）。

系省内黄泥巴式锰矿的成锰沉积盆地，已经探获黄泥巴矿床，发现布当冈、卡拉乡、药普等锰矿点。

7. 摩天岭成锰盆地

摩天岭盆地形成时代为中晚元古代，分布于陕、甘、川交界地区。该区南侧为上扬子陆块，北为华北板块，西邻松潘地块，为3个大地构造单元衔接部位的摩天岭地块中，呈北东东向，形态似三角形的盆地。盆地周围均以深大断裂为界，南界为勉县—阳平关—青川大断裂，北界为勉县—略阳—康县大断裂，西侧为白马断裂及虎牙断裂所封闭。

早元古代末，华北陆块与扬子陆块发生背向移离，出现裂谷带，后来发展为秦岭洋，其南、北两侧形成两个活动性大陆边缘。晋宁期，两陆块发生第一次会聚作用，在扬子陆块北缘形成完整的沟弧盆体系，由勉县—镇安深海沟、南秦岭岛弧海及川鄂边缘海（弧后盆地）组成。其北西缘海沟带外侧，形成一个北东向的弧前盆地，沉积一套火山-沉积岩系地层——碧口群，其岩层中含锰较高，局部富集有锰矿。至早震旦世沉积一套火山-沉积含锰岩系。秦岭洋壳不断沿深海沟向南俯冲、消减，碧口群含大量基性熔岩的浊积岩组合，代表俯冲带外侧的洋壳残片。该构造带基底性质为活动性到过渡性类型。整个盆地的构造沉积环境演化顺序是：裂谷火山碎屑岩相—海底火山熔岩相—海沟和海沟边缘斜坡重力流相—碳酸盐岩台地相。成锰作用发生在盆地演化后期的深沟向海沟边缘斜坡过渡的构造古地理环境中。

该区含锰岩系赋存在早震旦世郭家坝组地层中。含锰火山沉积岩系主要由板岩、钠长绢云绿泥片岩、紫色含锰硅质灰岩、硅质白云岩、灰质千枚岩等组成；锰矿位于其上部，呈似层状、透镜状产于含锰硅质灰岩之间，为优质氧化锰-硅酸锰矿，属火山沉积变质锰矿。

锰的成矿物质来源主要是与地质热事件有关的火山作用。锰质通过火山喷气、喷流直接进入海水，或海解先存的含锰火山物质，或通过各种断裂裂隙经循环热水带进海水。经过长期蕴集，锰集中于酸性介质的海水中。当海水向弱碱性、弱氧化条件转化，锰以含锰碳酸盐、低价氧化锰或含锰硅酸盐的形式沉积，含锰矿物与硅质灰岩一起构成含矿层。在后期构造运动、火山活动和区域变质过程中，特别是在某些断裂和侵入体接触带的动热变质条件下，由于开放性变质流体的参与，对原生矿物进行多期次、多阶段的改造作用，形成了独具特色的矿物组合和结构构造。

碧口群阴平组（原上亚群下岩组）地层中，火山沉积岩系主要由变质细碧岩、凝灰岩、钙质板岩、千枚岩、硅质灰岩、结晶灰岩呈韵律层组成，可能为区内锰矿的形成提供了一定的物源。

在盆地内不同的地区,其沉积环境、物质来源和后期变质作用的类型和强弱不尽相同,含矿性有所差异。陕西省境内有黎家营中型锰矿床等。四川境内尚未发现锰矿,但其含锰地层可能为区内后来的锰矿形成提供了物源。

第三节　四川省锰矿时-空分布规律

一、各时代锰矿的分布情况

1. 时代分布

四川省锰矿形成的时间跨度较大,最古老的成矿时间可追溯至中元古代,最晚的成矿时间可能结束于中生代早期,跨时约 10 亿年。省内锰矿主要产出于以下 6 个时代。

1)中元古代

中元古代锰矿为沉积变质型,为我省已经查明锰矿的成矿时代最早的锰矿,其主要出现在扬子陆块边缘变质岩分布地区的康滇基底断隆带,分布地域十分有限。

在峨边—金口河地区的峨边群栖担桥组中,发现并探获有锰矿(大白岩锰矿),现有工作仅探获资源量 42.38 万吨。

另外,在盐边地区的盐边群鱼门组中,探获一个锰矿点(茨竹箐锰矿),资源储量仅有 8.88 万吨。

上述两个地区的锰矿,本次统一称为"大白岩式"锰矿。可见,中元古代锰矿在省内虽然有产出,但在四川锰矿资源储量中所占比例小,现有勘查工作所探获的资源储量十分有限,仅有 51.26 万吨。

2)晚元古代

四川省境内分布于早震旦世的陡山沱组中的锰矿,为省内发现的海相沉积型锰矿之一。分布范围十分有限,仅见于我省北部的万源市境内(大竹河式锰矿),已经探获 2 个小型矿床,即大竹河、田坝锰矿床,探获资源量 122.37 万吨。

3)早寒武世

我省在早寒武世的邱家河组中发现的锰矿,也为海相沉积型锰矿(石坎式锰矿),其主要分布在我省北部的龙门山北段一带,已经探获有石坎、马家山、平溪、箭竹垭等矿床,现有工作共探获有资源量 548.36 万吨。

4)早、中奥陶世

省内奥陶世时期的中期、晚期均发现有锰矿。该时期锰矿均为省内质量好、含杂质少的优质类矿石,是我省主要的优质富锰矿,也是省内锰勘查工作程度最高、科研工作开展较多的锰矿。

其中晚奥陶世的五峰组中有轿顶山式锰矿，分布在四川南部的泸定—峨边一带，已经探获有轿顶山、大瓦山、刘坪大岗等矿床，探获资源量484.78万吨。

中奥陶世的巧家组有东巴湾式锰矿，分布在四川南部的盐源—盐边一带，现探获有东巴湾、盐水河等矿床，共探获资源量113.20万吨。

5）晚二叠世

我省二叠纪锰矿仅见于晚二叠世的卡翁沟组中，早、中二叠世未发现有锰矿。该时代形成的锰矿也是我省海相沉积型锰矿类型之一（黄泥巴锰矿），主要分布在扬子陆块西缘外侧、雅江残余盆地南东缘的木里盆地，是省内新发现的含锰地层，工作程度低。至目前为止，仅仅1个矿床经四川冶金系统普查，2014年已经探获资源量约203.91万吨。

6）早三叠世

省内在早三叠世发现有锰矿，中、晚三叠世中未发现锰矿，早三叠世的锰矿为虎牙式锰矿，是省内已经查明锰矿的成矿时代最晚、探获资源量最多的类型。锰矿比较集中地分布在扬子陆块北西缘外侧、可可西里—松潘周缘前陆盆地东缘的马尔康—松潘盆地。

锰矿赋存于菠茨沟组中，在四川北部地区的黑水、松潘、平武等县境内发现并探获有大坪、锰矿、老队部锰矿、火烧桥锰矿、四望堡锰矿、磨河坝锰矿、下口锰矿、三支沟锰矿等，现有工作探获资源量约3909.32万吨。

2. 主要成矿期

根据我省锰矿的时代分布，可以综合归纳为三个成矿期。

1）晋宁成矿期

该成矿期形成了结晶基底及褶皱基底变质岩中一系列海相火山-沉积变质型锰矿。主要含锰建造有基-中性火山-碎屑岩-碳酸盐岩等，含锰岩层多经历了变质作用改造。我省仅在上扬子陆块西部中元古代分布的局部地区，如峨边群地层分布的有限地区内，发现有（火山）沉积-变质型锰矿，如大白岩，该类型在省内分布极其有限，已探获资源量少，所占比例小。

2）澄江-加里东成矿期

该成矿期为本省优质、富锰成矿时期。锰矿分布在上扬子陆块（地台）边缘及陆内地区，系浅海-滨海相沉积锰矿。该期的锰矿资源严格受板块边缘和板内构造沉积盆地和受含锰地层控制，锰矿产于三个层位中。一是震旦系下统陡山沱组，分布于扬子地台北缘大巴山地区，产出有"大巴山式锰矿"（大巴山锰矿带），其主体在陕西镇巴、重庆城口，在我省万源地区亦分布有该类型锰矿，如大竹河、田坝；二是分布在扬子陆块北缘的寒武系下统邱家河组的浅海-半深海的碳硅质板岩、硅化灰岩、硅质岩中，产出有石坎式锰矿，如石坎、马家山、平溪、箭竹垭等；三是奥陶系上统五峰组含锰地层，分布在扬子陆块西缘的汉源-峨边一带，系滨海-浅海相沉积型锰矿，产出有轿顶山式锰矿，如轿顶山、大瓦山，系我省最早发现的优质富锰矿类型。

3)华力西-印支成矿期

该成矿期为本省扬子地台边缘西北缘、西缘地槽区海相沉积(变质)型铁锰矿、锰矿成矿时期,也是我省锰矿形成的主要成矿期。华力西晚期西部地区的雅江残余盆地,东侧上扬子陆块古陆经风化剥蚀形成丰富的锰矿物源,因海进这些锰质物源被带进雅江残余盆地内,并在现长枪穹窿的有限浅海-次深海环境,碎屑岩夹碳酸盐岩地段沉积形成了锰矿("黄泥巴式"锰矿),如黄泥巴锰矿床及卡拉乡、查尔娃梁子、药普矿点等。印支早期西部地区的阿尼玛卿—马尔康盆地内、在摩天岭古陆碧口群、龙门山岛弧等分布区域经风化剥蚀形成丰富的锰矿物源,因海进锰质物源被带进马尔康盆地内,沿摩天岭古陆的边缘西侧、龙门山岛弧的边缘北西侧等浅海环境,在碳酸盐岩向碎屑岩过渡的地段沉积形成了铁锰矿、锰矿(虎牙式锰矿),如平武、松潘境内的大坪、老队部、火烧桥、四望堡及黑水境内的下口、三支沟矿床等。

3. 与全国锰矿形成时代对比

据姚培慧等(1995)统计,我国已知的锰矿床,除白垩纪、侏罗纪及第三纪外,从前寒武纪到第四纪都有产出。其中以前寒武纪、泥盆纪的资源储量为最多,前寒武纪占全国总量的 31.08%,泥盆纪 29.16%,第四纪占 14.24%,二叠纪占 9.39%,三叠纪占 8.63%,石炭纪占 3.68%,奥陶纪占 1.84%,寒武纪占 1.53%,另外时代不清的占 0.45%。

与全国锰矿形成时代进行比较,总结我省锰矿具有以下特点:

(1)四川省锰矿形成时代与全国总体一致,省内锰矿从前寒武纪到三叠纪,不同时间段均有产出。

(2)前寒武纪虽然产出锰矿,但所占比例与全国比较明显偏小,主要原因系缺少新元古代南华系的锰矿,早震旦纪锰矿全国此类锰矿比例比四川省大,其次是中元古代虽有锰矿产出,但比例极小,而全国此时代锰矿的质量和规模比较大。

(3)四川省近年在木里二叠系中新发现了锰矿,但缺少石炭纪、泥盆纪的锰矿,而全国这三个时期锰矿比例达 42.23%。

(4)全国锰矿最晚至第四纪,且资源储量占 14.24%,而四川省到目前为止尚未发现早三叠纪之后的锰矿床,成锰结束时间比全国早。

(5)四川省三叠纪锰矿探获资源量占全省大于 70%,明显比较集中,而全国此时期锰矿比例仅为 8.63%,显然三叠纪为四川省最为重要的成锰时期,并且有别于国内其他地区,应作为四川省今后进行锰矿勘查的主要对象。

(6)从探获锰矿床规模看,全国锰矿床中广西下雷探获资源储量超过 1 亿吨,成矿时间为泥盆纪,贵州松桃道坨锰矿近年勘查取得突破性进展,探获资源储量超过 1 亿吨、时间为南华纪;而四川省已知锰矿床规模最大为虎牙式,成矿为早三叠纪,虽然现有规模仅为中型,随着工作程度和勘查深度的增加,有可能探获大型、超大型锰矿床。

二、锰矿的空间分布

纵观我省锰矿的分布格局就不难发现，我省锰矿比较集中地出现在扬子陆块边缘，部分见于松潘—甘孜造山带东缘。中元古界的锰矿仅分布在川西南康滇断隆带峨边群变质岩、盐边群变质岩的有限地区；震旦纪、寒武纪锰矿主要集中在龙门山、大巴山地区，奥陶纪锰矿在川西南康滇断隆带汉源—峨边地区、盐源—盐边地区；二叠纪锰矿分布在雅江残余盆地南东缘、锦屏山—小金河断裂之西的木里成锰沉积盆地区；三叠纪锰矿集中分布在西部马尔康—松潘成锰沉积盆地区。

中元古代锰矿(大白岩式)，分布于上扬子陆块西缘，范围有限，以峨边—金口河地区为主，盐边地区有少量分布，受上扬子陆块西缘康滇断裂带控制。

震旦纪锰矿(大竹河式)受扬子板块北缘的大巴山深大断裂、镇巴深大断裂控制，锰矿分布于两大断裂所控制的镇巴—城口断陷盆地(巴山成锰沉积盆地)之内。

寒武纪锰矿(石坎式)分布于扬子板块北缘龙门山北段，川、陕、甘三省交界的三角区，省内该时代的锰矿受龙门山断裂带控制，为青川断裂、江油断裂所控制的断陷盆地(龙门山成锰沉积盆地)之内，分布较局限。

中奥陶纪锰矿(东巴湾式)位于扬子板块西缘、金河—箐河断裂带所控制的断陷盆地(盐源—盐边成锰沉积盆地)之内，呈局限狭长带状分布。

晚奥陶纪锰矿(轿顶山式)位于扬子板块西缘、小江断裂之东的泸定—峨边断裂带所控制的断陷盆地(泸定—峨边成锰沉积盆地)之内，呈局限狭长带状分布。

晚二叠纪锰矿(黄泥巴)位于扬子板块西侧、巴颜喀拉地块南部雅江残余盆地南东缘的边缘海盆(木里成锰盆地)，受锦屏山—小金河断裂、甘孜—理塘断裂所控制，分布较局限。

从宏观上看，四川省锰矿主要与扬子板块有关，受扬子板块的形成、发展、裂解、汇聚控制，大竹河式、石坎式、轿顶山式、东巴湾式锰矿位于扬子板块边缘裂陷带的裂陷盆地(从槽台观点上为地台区，为地台边缘凹陷带或断陷带所控制的同生沉积盆地)。虎牙式锰矿则位于特提斯域内、为可可西里—马尔康前陆盆地之东缘马尔康—松潘成锰沉积盆地控制，黄泥巴锰矿位于雅江残余盆地之南东缘木里成锰盆地内，主要在近古陆一侧，为近陆缘的浅海陆棚相沉积形成，宏观上仍然为扬子板块西缘外侧(槽台观点为地台向地槽过渡的区域)。空间分布与含锰岩系出露范围吻合，矿床类型随着各组段岩石组合特征及成矿方式、成锰盆地的不同而异，显示受大地构造位置及相应的沉积、岩浆建造控制。

总之，本省锰矿在空间上与一定的地壳发展演化阶段内构造-沉积带、构造-火山岩带相吻合。在不同的大地演化阶段构成不同矿床类型组合的几何分带。

三、时-空分布规律

总体上看，四川省锰矿可大致归纳成三个成矿旋回，大地构造环境控制着不同时期锰矿的形成(表 4-4)。

表 4-4　四川省锰矿成矿时-空分布规律简表

成矿旋回	时　代		主要含矿建造	规模	空间分布		代表矿床
					Ⅲ级成矿构造区	地理分布	
第三成矿旋回	中生代	早三叠世	菠茨沟组-碳酸盐岩碎屑岩建造	大、中、小	可可西里—松潘前陆盆地	平武、松潘、黑水、九寨	大坪、老队部、火烧桥、下口
	晚古生代	晚二叠世	华力西运动(2.50亿年) 浅海-半深海碎屑岩夹碳酸盐岩建造	中、小	雅江残余盆地	木里	黄泥巴
		早、中二叠世					
		石炭世					
		泥盆世	加里东运动				
		志留世					
第二成矿旋回	早古生代	中、晚奥陶世(巧家、五峰期)	浅海相碳酸盐岩-碎屑岩建造	中、小	泸定-峨边、盐边-盐源裂陷盆地	汉源、洪雅、金口河、泸定荥经、峨边、盐边、盐源	轿顶山、大瓦山、刘坪大岗、东巴湾
		早寒武世(邱家河期)	浅海-半深海碎屑岩-硅质岩建造	中、小	龙门山台缘凹陷带	平武、青川	石坎、马家山、平溪、简竹垭
	新元古代	早震旦世(陡山沱期)	浅海碎屑岩-碳酸盐岩建造	大、中、小	大巴山台缘凹陷带	万源	大竹河、田坝
第一成矿旋回	古-中元古代	峨边群 柳担桥期	晋宁运动(8.0亿年) 变质中基性火山岩-硅化白云岩建造	小	康滇基底断隆带	峨边、金口河	大白岩

第一成矿旋回为中元古代沉积变质型锰矿，为本省已经查明的成矿时代最早的锰矿，但分布地域十分有限，主要见于扬子陆块边缘康滇基底断隆带的变质岩分布区，类型为"大白岩式"沉积变质型锰矿，已探明的资源量仅占全省锰矿比例的 0.94%。

第二成矿旋回为晚元古代—早古生代，为沉积型锰矿。该旋回形成的锰矿分布范围较广，含矿层位较多。①分布于大巴山地区的震旦系下统陡山沱组中产出有"大巴山式锰矿"，构成巴山锰矿带。该带主体在陕西镇巴、重庆城口境内，巴山锰矿带东带延入我省东北部的万源地区，亦分布有该类锰矿，本书命名为大竹河式，已探明的资源量仅占全省锰矿总资源量的 2.25%。②分布于扬子地台北缘龙门山—大巴山拗陷带内寒武系下统邱家河组中的锰矿主要见于平武—青川一带，为石坎式锰矿，探明资源储量占全省锰矿总资源量的 10.09%，目前矿床规模虽小，占省探明资源量的比例不大，但已经被开发利用；该类型锰矿与陕西省汉中天台山一带锰矿大致相当。③奥陶系中统巧家组中的锰矿分布在扬子陆块内带的盐源—盐边一带，探明储量占全省锰矿总资源量的 2.08%。④奥陶系上统五峰组含锰地层，分布在扬子陆块内带的汉源—峨边一带，探明储量占全省锰矿总资源量的 8.92%，该类型矿床规模虽然较小，但矿石质量好，是我省主要的优质富锰矿，也是省内勘查工作程度最高锰矿类型。

第三成矿旋回为晚古生代—早中生代，是四川省锰矿主要成矿时期。①分布在扬子陆块之西的巴颜喀拉地块西缘(槽台说将其归为冒地槽区)早三叠世地层分布地域跨度大，三叠系下统含锰地层菠茨沟组主要见于在平武—黑水地区，构成断续出露的矿带，工业矿床在带上分段出现，如平武大坪、老队部、磨河坝、松潘火烧桥、四望堡，黑水下口、三支沟等(铁)锰矿床，探明资源量 3909.32 万吨，占全省锰矿总资源量的 71.95%。②二叠系上统卡翁沟组含锰地层，分布在巴颜喀拉地块南缘的木里地区，探获资源量 203.91 万吨，占全省锰矿总资源量的 3.75%。以往勘查工作程度低，科研少，矿石品位偏低，但资源潜力大，是我省今后寻找锰矿、提高锰矿资源保障的主要方向。

从以上锰矿时空分布可以看出：①我省锰矿成矿期时限长，跨度大。从晋宁期到印支期在陆块(地台)区、造山(地槽)区有不同类型的锰矿生成。②在地壳漫长的发展演化过程中，由不同类型的锰矿建造构成若干个成矿高潮。其中晋宁期为与海相火山沉积岩有关的沉积变质型锰矿，是我省开始形成锰矿时期；澄江-加里东期，主要集中在震旦纪、寒武纪、奥陶纪，为上扬子陆块(地台)边缘浅海-滨海相碎屑岩-碳酸盐岩建造，或碳酸盐岩-碎屑岩建造中的沉积型锰矿。华力西-印支期为上扬子陆块西侧西藏—三江造山系东部边缘浅海-次深海环境中的沉积锰矿，其中华力西晚期扬子陆块西缘的被动陆缘(地槽)区碎屑岩夹碳酸盐岩建造中海相沉积型锰矿，为我省新发现成锰时期。印支期为我省成锰巅峰期，在扬子地台西北缘地槽区碳酸盐岩-碎屑岩建造中有海相沉积(变质)型铁锰矿。③在漫长的锰矿成矿期中，大体上总是定时地出现高潮期和间歇期，早期以海相火山沉积成矿作用为主，之后以陆缘物质风华成矿作用为主，海相火山物源沉积为辅。表现出明显的继承性和多旋回性，这与锰在地壳中的化学行为和地壳运动本身的不均衡性息息相关。

第四节　成矿区带划分

《中国成矿区带划分方案》(徐志刚等，2008)指出"成矿区带(又称成矿单元)是具有较丰富矿产资源及潜力的成矿地质单元。在某一成矿区带内往往具有主导的成矿地质环境、地质演化历史及与之相应的区域成矿作用，其内各类矿床组合往往有规律地集中分布，是反映矿产资源之区域性宏观分布特征及受控因素的。因此，成矿区带划分是区域成矿规律研究成果的集中表现和矿产勘查及预测评价的基础"。

一、成矿区带的划分

1. 四川省成矿区带划分

四川省矿产资源潜力评价评价项目(2013)按全国统一要求，重新划分了全省的成矿区带，该划分方案包括全国统一划分的 I 级成矿域 3 个，II 级成矿省 4 个，III 级成矿区带 11 个，并进一步划分出 IV 级成矿区带 45 个。其中，与锰矿有关的涉及了 5 个 III 级成矿区带(亚带)，7 个 IV 级成矿区带(图4-3)。

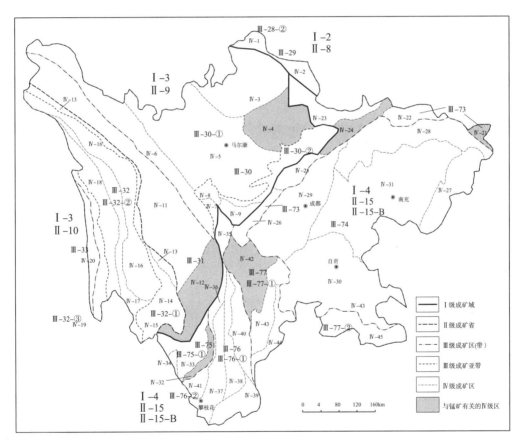

图 4-3 四川省成矿区带图

据四川省矿产资源潜力评价成果报告(胡世华等，2013)修改

2. 与锰矿有关的成矿区带(III级、IV级)

四川省锰矿主要涉及 5 个 III 级成矿区带(亚带)——松潘—平武 Au-Fe-Mn 成矿亚带

（Ⅲ-30-①），南巴颜喀拉—雅江 Li-Be-Au-Cu-Zn-水晶成矿带（Ⅲ-31），龙门山—大巴山（陆缘拗陷）Fe-Cu-Pb-Zn-Mn-V-P-S-重晶石-铝土矿成矿带（Ⅲ-73），盐源—丽江 Cu-Mo-Mn-Fe-Pb-Au-Ni-Pt-Pd 成矿亚带（Ⅲ-75-①），滇东—川南—黔西 Pb-Zn-Fe-REE-磷-硫铁矿-钙芒硝-煤和煤层气成矿亚带（Ⅲ-77-①）。

锰矿涉及 7 个Ⅳ级成矿区带——Ⅳ-4 黑水—松潘—平武 Au-Fe-Mn-成矿区，Ⅳ-12 九龙断块 Cu-Zn-Au-Ag-Li-Be 成矿带，Ⅳ-21 大巴山 Mn-Fe-煤-毒重石-石灰岩-高岭土成矿带，Ⅳ-24 广元—江油（仰天窝向斜两翼）Fe-Mn-Pb-Zn-S-Ag-铝土矿-砂金成矿带，Ⅳ-32 盐源盆地东缘裂谷带 Fe-Cu-Au-Mn-S 成矿带，Ⅳ-42 汉源—甘洛—峨眉 Pb-Zn-Mn-P-Cu-铝土矿成矿带，Ⅳ-41 盐边 Cu-Ni-Pb-Zn-Au-石墨成矿带。各Ⅳ级带特征如下。

1）黑水—松潘—平武 Au-Fe-Mn 成矿带（Ⅳ-4）

该带位于上扬子陆块北西缘，与三江造山系巴颜喀拉地块结合部位（Ⅱ级），属可可西里—马尔康前陆盆地区松潘边缘海沉积形成的锰矿（松潘甘孜地槽褶皱系）。虎牙断裂、雪山断裂控制了虎牙片区锰矿的形成、分布；虎牙式锰矿床及其矿化带主要赋存于下三叠统菠茨沟组（T_1b）一套碳酸盐岩-碎屑建造中，矿体产于碳酸盐岩向碎屑岩过渡的部位，并严格受其控制。已发现大坪、老队部、火烧桥、下口、三支沟、瓦钵梁子、徐古、磨河坝等矿床，以及黄龙寺、隆康、大草地、姑俄夸、卡尔寺、巴阿泽等矿点。

2）九龙断块 Cu-Zn-Au-Ag-Li-Be-Mn 成矿带（Ⅳ-12）

该Ⅵ级成矿带位于南巴颜喀拉—雅江带（Ⅲ-31）南部，大地构造位置属巴颜喀拉地块，带内以晚三叠世巨厚复理石沉积为主，在南部与上扬子陆块相邻的边缘地带，地层比较齐全。主要矿产有与花岗岩有关的伟晶岩锂铍铌钽矿（康定赫德）、与晚二叠世-侏罗纪变质穹隆有关的铜矿（九龙李五），以及岩浆热液型金矿（木里金山）等。近年在长枪穹窿西翼的黄泥巴地区于上二叠统卡翁沟组中发现沉积型锰矿，已发现黄泥巴矿床及布当冈、药普、卡拉乡等矿点。

3）大巴山 Fe-Mn-煤-毒重石-石灰岩-高岭土成矿带（Ⅳ-21）

该带地处扬子板块北缘，大巴山台缘拗陷带，受大巴山大断裂控制（断陷盆地）。为扬子地台北缘有名的巴山锰矿带东矿带，被动大陆边缘陆棚浅海相沉积型锰矿。含锰岩系为震旦系下统陡山沱组，锰矿赋存于顶部的碎屑岩向碳酸盐岩过渡的地段内，系碎屑岩-碳酸盐岩建造。以往勘查工作已经发现大竹河、田坝等小型矿床。

4）广元—江油（仰天窝向斜）Fe-Mn-Pb-Zn-S-Ag-Au-铝土矿成矿带（Ⅳ-24）

该带位于扬子陆块北缘，为龙门山茂县—汶川断裂（后山断裂）、北川—映秀断裂（中央断裂）所夹持的龙门山北段，西接松潘—甘孜褶皱带。构造环境为扬子板块北缘凹陷带（断陷盆地），系川甘陕三省交界的三角区域，宏观上为断裂所控制的板块北缘的凹陷区内，省内锰矿床主要赋存于下寒武统邱家河组中，受层位控制。已发现 6 个小型矿床（石坎、马家山等），6 个矿点（东河口、黄水沟、云龙等）。

5）盐源盆地东缘裂谷带 Fe-Cu-Au-Mn-S 成矿带（Ⅳ-32）

该成矿带位于盐源—丽江逆冲带东南缘金河—箐河断隆带（断裂带），盐源—丽江—金平Ⅲ级成矿带的东缘。东巴湾式锰矿分布于该带南段，受中奥陶世盐边—盐源—丽江凹陷盆地控制。含矿地层为中奥陶统巧家组中段，碳酸盐岩建造，为海相沉积型碳酸锰矿床。此外，该带中段有与晚二叠世基性-超基性岩浆喷发-侵入有关的铁、铜、硫铁矿，如矿山梁子铁矿、代石沟铜矿，北段有构造蚀变岩型金矿。

6）汉源—甘洛—峨眉 Pb-Zn-Mn-P-Cu-铝土矿成矿带（Ⅳ-42）

该带地处扬子板块峨眉—凉山盖层褶冲带西缘，西与康滇构造带相邻，锰矿分布于断陷盆地内，在断裂交汇处形成锰矿化集中区。含锰地层主要为上奥陶统五峰组，锰矿富集层位为碳酸盐岩向页岩过渡的地段，有轿顶山和大瓦山两个优质富锰矿，以及刘坪大岗、石板沟等矿床点。另一个次要含锰层位为中元古界峨边群（古弧后盆地）栅担桥组，于下段大理岩夹碎屑岩地段局部形成锰矿（大白岩）。

7）盐边 Cu-Ni-Pb-Zn-Au-石墨成矿带（Ⅳ-41）

该成矿带位于扬子古陆块西缘康滇前陆逆冲带西部，大地构造环境属古岛弧的弧前盆地。带内分布有基性-超基性岩型铜镍矿（盐边冷水箐）、沉积变质型石墨矿（盐边大箐沟），锰矿见于中元古代盐边群渔门组变质岩中，规模小（盐边茨竹箐）。

2. 成锰带

《中国重要矿产和区域成矿规律》（2015）一书根据有关资料，在全国圈定出 21 个成锰（区）带，其中与我省有关的有 3 个成锰带，即龙门山—大巴山成锰带、平武—松潘成锰带、泸定—汉源—盐边成锰带。

二、四川省锰矿成矿区带

四川省锰矿成矿区带划分主要依据锰矿的区域上与锰矿成矿作用有关的各类矿化信息，以及区域成矿的地质构造环境，以全省成矿区带划分方案为基础，根据锰矿相对集中程度，进一步划分出 10 个Ⅴ级区（图 4-4、表 4-5），参考矿产资源潜力评价命名及成矿密集区（简称矿集区）的概念，本书把Ⅴ级区称为矿集区。

表 4-5　四川省锰矿Ⅲ-Ⅴ级成矿（区）带表

Ⅲ级（成矿带或亚带）	Ⅳ级	Ⅴ级	矿床式
Ⅲ-30-① 松潘—平武 Au-Fe-Mn 成矿亚带	Ⅳ-4 黑水—松潘—平武 Au-Fe-Mn 成矿区	松潘小河—平武虎牙锰矿矿集区	虎牙式
		黑水锰矿矿集区	
		漳腊—漳扎锰矿矿集区	
Ⅲ-31 南巴颜喀拉—雅江 Li-Be-Au-Cu-Zn-水晶成矿带	Ⅳ-12 九龙断块 Cu-Zn-Au-Ag-Li-Be-Mn 成矿带	木里长枪锰矿矿集区	黄泥巴式

续表

Ⅲ级(成矿带或亚带)	Ⅳ级	Ⅴ级	矿床式
Ⅲ-73 龙门山—大巴山(陆缘拗陷)Fe-Cu-Pb-Zn-Mn-V-P-S-重晶石-铝土矿成矿带	Ⅳ-21 大巴山 Mn-Fe-煤-毒重石-石灰岩-高岭土成矿带	田坝-大竹河锰矿矿集区	大竹河式
	Ⅳ-24 广元-江油(仰天窝向斜两翼)Fe-Mn-Pb-Zn-S-Ag-铝土矿-砂金成矿带	平武-朝天锰矿矿集区 茂县—北川锰矿矿集区	石坎式
Ⅲ-75-① 盐源—丽江(陆缘拗陷)Cu-Mo-Mn-Fe-Pb-Au-Ni-Pt-Pd 成矿亚带	Ⅳ-32 盐源盆地东缘裂谷带 Fe-Cu-Au-Mn-S 成矿带	择木龙—国胜锰矿矿集区	东巴湾式
Ⅲ-77-① 滇东—川南—黔西 Pb-Zn-Fe-REE-磷-硫铁矿-钙芒硝-煤和煤层气成矿亚带	Ⅳ-42 汉源—甘洛—峨眉 Pb-Zn-Mn-P-Cu-铝土矿成矿带	泸定—荥经锰矿矿集区 汉源—金口河锰矿矿集区	轿顶山式

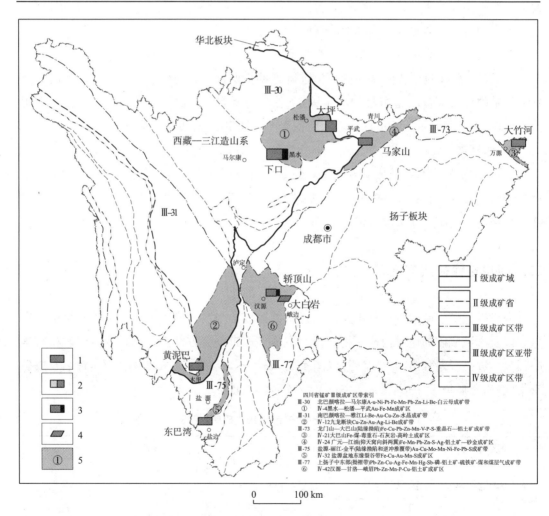

图 4-4　四川省锰矿成矿区带划分图

1. 沉积型锰矿；2. 沉积(变质)型铁锰矿；3. 沉积型钴锰矿；4. 沉积变质型锰矿；5. 锰矿Ⅳ级成矿区带分布范围及索引编号

1. 松潘小河—平武虎牙锰矿矿集区

该 V 级区位于四川省平武县、松潘县范围内，为虎牙式锰矿的主要集中分布区。成矿总体受龙门山断裂、雪山断裂、摩天岭古陆控制，含矿地层为下三叠纪菠茨沟组，主要岩性为绿泥石片岩、含铁、锰质片岩、硅化千枚岩、薄层灰岩或大理岩，从含矿地段看，锰、铁锰、铁矿即产于碳酸盐岩向碎屑岩建造过渡的部位中。区内已发现大坪、老队部、火烧桥、磨河坝、三尖石、四望堡、西沟、黄龙寺、大草地等矿床、矿点和二宝山、长槽、青羊包、三道坪等矿化点。

2. 黑水锰矿矿集区

该 V 级区位于黑水县南部，为虎牙式锰矿的分布区之一。大地构造位于扬子板块北西缘龙门山古岛链北西侧，成矿受瓦钵梁子背斜控制。含矿建造为三叠系下统浅海相碳酸盐岩-碎屑建造，含锰岩系为三叠系下统菠茨沟组上段绿泥片岩、绿泥千枚岩、薄层灰岩(大理岩)。该区发现有下口、三支沟、徐古、瓦钵梁子等中小型矿床。

3. 漳腊—漳扎锰矿矿集区

该 V 级区位于松潘县、九寨沟县范围内，为虎牙式锰矿的另一个分布区。锰矿的形成受断裂控制，并被断裂的后期活动破坏；含锰岩系为三叠系下统菠茨沟组上段，岩性为绿泥片岩、绿泥千枚岩、薄层灰岩(大理岩)等。在松潘县发现有箭安塘南、葫芦沟等矿点，香腊台、箭安塘北矿化点；九寨沟县西部有隆康矿点、达基寺矿化点，但总体上勘查工作程度均比较低。

4. 木里黄泥巴锰矿矿集区

该 V 级区位于四川省木里县范围内，近期发现有黄泥巴锰矿床。该区大地构造位置属扬子陆块之西的巴颜喀拉地块南部。含矿地层为二叠纪上统卡翁沟组上段，为一套浅海-半深海碎屑岩夹少量碳酸盐岩建造，含矿岩性为含锰硅质板岩夹碳酸盐岩。已知矿床、矿点均分布于长枪背斜西部地段。

5. 田坝—大竹河锰矿矿集区

该 V 级区位于万源市大竹河镇境内，为大竹河式锰矿分布区。大地构造位置地处扬子板块北缘，大巴山台缘拗陷带，受大巴山大断裂控制(断陷盆地)。区域上属扬子地台北缘巴山锰矿带东矿带，被动大陆边缘陆棚浅海相沉积型锰矿。含锰岩系为震旦系下统陡山沱组，锰矿赋存于顶部的碎屑岩向碳酸盐岩过渡的地段内，系碎屑岩-碳酸盐岩建造。已发现大竹河、田坝等小型矿床。

6. 平武—朝天锰矿矿集区

该 V 级区位于我省北部平武县、青川县范围内，为石坎式锰矿分布区。大地构造位置地处扬子板块北缘，龙门山—大巴山台缘拗陷带。含锰岩系为寒武系下统邱家河组，系碳硅质岩建造，岩性主要为黑色、灰色碳硅质板岩、粉砂岩、硅质岩、白云岩等，为浅海-半深海沉积锰矿。区内已有石坎、马家山、高庄坝、平溪、简竹垭、马公、石坝、东河口，及董家沟等矿床点。

7. 茂县—北川锰矿矿集区

该成矿区跨茂县和北川县，为龙门山成锰沉积盆地南段，与北东部的平武—朝天锰矿成矿区相邻，为石坎式锰矿分布区。大地构造位置属龙门山被动陆缘被断裂围限的构造断块，断裂控制了沉积盆地形态，也控制了锰矿的分布范围。含矿层邱家河组为碳硅质板岩、碳酸盐岩建造，由含锰炭硅质板岩、碳酸盐岩、硅质岩等组成。已知有茂县黄水沟、北川县云龙等矿点、矿化点。

8. 择木龙—国胜锰矿矿集区

该成矿区位于盐源—盐边成锰沉积盆地，为东巴湾式海相沉积型锰矿分布区。大地构造位置处于上扬子板块(地台)西南缘，盐源—丽江被动大陆边缘(基底逆推带)北段盐源台缘拗陷带内，金河—箐河大断裂控制沉积盆地形态及锰矿的分布，锰矿产于奥陶系中统巧家组中，岩性以燧石条带灰岩、瘤状灰岩、白云质灰岩为主，为碳酸盐岩建造。已知矿点、矿化点沿含矿构造带成带集中分布，已发现有盐边县东巴湾、盐水河、盐源县庄子沟等锰矿床，以及择木龙、水银厂、仙人洞等矿点、矿化点。

9. 汉源—金口河锰矿矿集区

该成矿区位于汉源—甘洛—峨眉三级成矿带(Ⅳ-42)东部，为轿顶山式锰矿集中分布区。该区大地构造位置属上扬子陆块凉山—威宁—昭通碳酸盐台地峨眉—凉山盖层褶冲带，泸定—峨边成锰盆地东部。含矿地层为晚奥陶纪五峰组，岩性为灰岩、生物碎屑结晶灰岩、泥灰岩等，断裂交汇部位控制锰矿分布，已经发现轿顶山、大瓦山、大岗等锰矿床，以及若干矿点。

10. 泸定—荥经锰矿矿集区

该成矿区位于Ⅳ-42汉源—甘洛—峨眉三级成矿带西部，轿顶山锰矿床北西，泸定—峨边成锰盆地西北部，泸定—甘洛断裂控制该区锰矿的展布。其成矿地质条件与东部的轿顶山锰矿相似，含矿地层为晚奥陶纪五峰组碳酸盐岩建造。

第五节　四川省锰矿床成矿系列

陈毓川等(2007)在《中国成矿体系与区域成矿评价》一书中提出"矿床的成矿系列是由四个不可分割的部分(即矿床的成矿系列的四要素)所组成的，即时间、空间(地质环境)、地质成矿作用和矿床组合，缺一不可"；强调"在一定的历史时期，一定的地质构造环境所构成的地质构造单元，一定的地质成矿作用和一组具有成因联系的矿床"。按照上述概念，《四川省矿产资源潜力评价成果报告》(胡世华等，2013)拟定了全省的矿产成矿系列划分方案，共厘定矿床成矿系列共计27个，亚系列66个，矿床式103个。《中国重要矿产和区域成矿规律》(陈毓川等，2015)一书厘定出我国与锰矿有关的矿床成矿系列11个，亚系列15个，矿床式23个。参考上述方案，本书初步厘定了我省与锰矿有关的矿床成矿系列。

按照地质历史时期，元古宙和古生代成矿体系是四川省东部主要成矿时期，大竹河式、石坎式、东巴湾式、轿顶山式等 4 种矿床类型，以及"大白岩式"锰矿均形成于该时期；中生代是四川省西部主要成矿时期，虎牙式锰矿，以及"黄泥巴式"锰矿均形成于该时期。按照成矿地质作用，四川省锰矿主要与海相沉积作用有关，部分与变质作用有关。按照构造环境全锰矿主要分布在四川东部的上扬子陆块西缘、北缘和西部松潘—甘孜褶皱带东缘。四川省锰矿矿床成矿系列见表 4-6。

表 4-6　四川省锰矿床成矿系列

时代	成矿旋回	成矿地质环境	成矿系列	矿床成矿（亚）系列	矿床式
中生代	印支—燕山期	岛弧带、火山喷发沉积	松潘—甘孜褶皱带与中生代岩浆、热液作用有关的稀有金属、Au 矿床成矿系列	松潘—平武构造带产于碎屑岩中的 Au、Fe、Mn 矿床成矿亚系列(Mz-23-1)	虎牙式铁锰矿
晚古生代	华力西期	裂谷	上扬子与晚古生代沉积作用有关的 Fe、Mn、Al、S、Sr、V、Ga、煤、膏盐、重晶石、磷矿床成矿系列	川滇黔晚二叠世与陆相玄武岩、海陆交互相沉积岩有关的 S、Mn、Fe、铝土矿、煤矿床成矿亚系列	"黄泥巴式"锰矿
早古生代	加里东期	陆棚（缘）海相碳酸盐、碎屑岩沉积	扬子陆块早古生代与海相沉积有关的石煤、磷、V、Ni、Mo、Mn、U、REE、PGE、重晶石、石膏、石盐矿床成矿系列	上扬子陆块西缘与中奥陶世沉积作用有关的 Fe、Mn（Co、Ni）矿床成矿亚系列	轿顶山式锰矿
					东巴湾式锰矿
				扬子北缘及南秦岭与早寒武世黑色页岩、硅质岩有关的 Ba、P、V、Mo、Mn、石煤成矿亚系列	石坎系式锰矿
新元古代	澄江期	陆块基底垂直升降	扬子陆块及周边地区新元古代与火山-热水-沉积作用有关的磷、Fe、Mn 矿床成矿系列组	上扬子与新元古代（热水）沉积（黑色岩系）-变质作用有关的重晶石、磷块岩、Mn、Ni、Mo、V、I、REE 矿床成矿亚系列	大竹河式锰矿
中元古代	晋宁期	陆块聚合（扬子与华夏对接）	扬子陆块西南部与中元古代火山-沉积变质改造作用有关的 Fe、Cu、Pb、Zn、REE 矿床成矿系列	川滇中元古代与火山-沉积变质改造有关的 Pb、Zn（Mn）矿床成矿亚系列	"大白岩式"锰矿

第五章 四川省锰矿资源潜力及找矿方向

第一节 四川省锰矿资源潜力

一、预测工作区

预测工作区是全国矿产资源潜力评价项目(2006～2013年)从编制有关专题研究图件的角度提出的概念,从字面上看是指"按照矿床类型具体划分预测区范围"。

四川锰矿主要类型为沉积型,又划分为5个预测亚类型(矿床式),即虎牙式海相沉积(变质)型锰矿、轿顶山式海相沉积型锰矿、东巴湾式海相沉积型锰矿、石坎式海相沉积型锰矿、大竹河式海相沉积型锰矿。另外,省内还有少量变质型锰矿,即大白岩沉积变质型锰矿。

本章主要对沉积型锰矿进行重点研究、预测。全省共分5个预测工作区,即虎牙式锰矿黑水—平武预测工作区(简称虎牙预测工作区),石坎式锰矿平武—青川预测工作区(简称石坎预测工作区),轿顶山式锰矿汉源—峨边预测工作区(简称轿顶山预测工作区),东巴湾式锰矿盐源—盐边预测工作区(简称东巴湾预测工作区),大竹河式锰矿万源预测工作区(简称大竹河预测工作区)。各个预测工作区的分布范围见前图2-3及表5-1。

表5-1 四川省锰矿预测工作区一览表

预测类型	矿床式	预测工作区		
		名　称	范　围	面积(km²)
沉积型	虎牙式	黑水—平武	平武县、黑水县、松潘县、九寨沟县	27600
	石坎式	平武—青川	平武县、青川县、北川县、茂县、朝天区	5200
	轿顶山式	汉源—峨边	汉源县、泸定县、洪雅县、峨边县、荥经县、金口河区	6500
	东巴湾式	盐源—盐边	盐源县、盐边县	2000
	大竹河式	万源	万源市大巴山地区	500

注:"大白岩式"锰矿(变质型)、近年新发现的"黄泥巴式"锰矿未进行资源潜力预测

二、资源量预测

1. 估算方法

根据全国潜力评价项目办 2010 年 21 号文的《预测资源量估算技术要求（2010 补充）》，其资源量预测估算方法均采用地质体积法。

预测资源量计算公式：

$$Q = S_体 \times H_预 \times \sin\beta \times K \times \alpha$$

式中，Q——最小预测的预测资源量；

$S_体$——含矿地质体面积；

$H_体$——含矿地质体延深；

β——含矿地质体倾角；

K——模型区含矿地质体含矿系数；

α——相似系数。

2. 模型区含矿系数

模型区即指典型矿床所在的最小预测区。

在区域预测要素图上圈定包括典型矿床及外围全部矿床、矿点的含矿地质体的范围，由计算机读取模型区的面积；其预测延深，采用典型矿床总延深；然后对模型区的资源量进行累计；含矿地质体的倾角（β）一般采用矿床的平均数据。

根据上述公式，计算出模型区的含矿系数，作为预测该矿床式的其他预测区的预测。

3. 最小预测区圈定方法

"最小预测区"是全国矿产资源潜力评价项目（2006～2013 年）根据矿产预测评价模型中矿床类型存在的必要条件，使用编图方法或计算机交互搜索模型圈定的。本书沿用这个名称。

最小预测区圈定采用以计算机软件圈定与专家综合评判相结合的方法，具体操作为：

（1）利用 MORAS 资源评价软件，以 MapGIS 为平台，以地质构造研究成果数据库为数据支撑，以Ⅳ成矿带为切入点，以评价模型（找矿模型）为指导，选择合适的资源评价方法，在 1∶5 万预测图上采用证据权法进行圈定，预测单元阈值确定采用概率分布法。

（2）专家综合评定：由地、物、化、遥专家，综合考虑地层、成矿建造、含矿岩系、含矿地质体、构造、蚀变、化探异常、物探（重力、磁力）异常、遥感信息等因素，利用 MORAS 软件圈定结果，对所圈最小预测区进行综合评判、优选和校正，最终确定最小预测区。

4. 最小预测区的边界条件

（1）已有的Ⅳ～Ⅴ级成矿带范围；

（2）含矿地层连续分布，并有一定厚度，可作为最小预测区边界参考界线；

（3）控矿的断裂构造或褶皱构造，根据构造产状，并用类比法考虑矿体产状和赋存标高，由地下投向地表，确定最小预测区参考边界；

（4）可考虑矿点、矿化点及其他找矿标志的分布范围，依此为最小预测区的参考边界；

（5）由物探、化探、遥感等资料推断的成矿远景区，经查证表明对成矿有利。此类异常范围可提供最小预测区参考边界。

（6）最小预测区规模：一般不超过 50km²。

5. 最小预测区分类

最小预测区分类主要依据：①预测依据是否充分，和典型矿床预测要素的匹配程度；②预测资源量的大小；③矿体埋藏深度等因素，将预测区分为 A、B、C 三类。

A 类：成矿条件十分有利，预测依据充分，成矿匹配程度高，资源潜力大或较大，预测资源量为大型的最小预测区，综合外部环境，经济效益明显的地区。

B 类：成矿条件有利，有预测依据，成矿匹配程度高，预测资源量为中型；成矿匹配程度低、预测资源量为大型的最小预测区；可获得经济效益，可考虑安排工作的地区。

C 类：具成矿条件其他预测区，有可能发现资源，可作为探索的地区或现有矿区外围和深部有预测依据，据目前资料认为资源潜力较小的地区。

6. 估算参数的确定

1）含矿地质体面积

（1）虎牙式锰矿的各个最小预测区，其含矿地质体面积为三叠系下统菠茨沟组、锰矿体分布地段或锰矿化范围或锰化探分布范围的共同区域。

（2）轿顶山式锰矿则为奥陶系上统五峰组、锰矿体分布地段或锰矿化范围或锰化探分布范围的共同区域。

（3）大竹河式锰矿则为震旦系下统陡山沱组、锰矿体分布地段或锰矿化范围或锰化探分布范围的共同区域。

（4）石坎式锰矿则为寒武系下统邱家河组、锰矿体分布地段或锰矿化范围或锰化探分布范围的共同区域。

（5）东巴湾式锰矿则为奥陶系中统巧家组、锰矿体分布地段或锰矿化范围或锰化探分布范围的共同区域。

2）含矿地质体预测延深

模型区采用典型矿床的延深数据，深部有钻孔等控制的则取最大深度，与模型区相近或条件极其相似的可以采用典型矿床的延深数据，深部无控制、距离模型区远的则与模型区进行比较，并充分考虑所处皱褶构造的部位及延深等，以相似程度进行取值。

3）含矿地质体倾角

各最小预测区的倾角，如果其内只有 1 个已知矿床（点），采用已知的矿床（点）相对应的报告所列矿体的倾角数据，如大坪最小预测区采用普查报告中的数据；如果其内有 2 个或以上已知矿床（点），采用已知的矿床（点）相对应的报告所列矿体倾角数据的平均值；如果最小预测区的矿点缺少倾角数据，本次工作无法查证、无法确切确定的，本次预测时则暂时采用区测资料中对该点最近处的产状数据，或相邻最小预测区的倾角数据。

4）含矿系数

每个矿床式的含矿系数，直接采用该矿床式典型矿床的含矿系数。虎牙式用大坪矿床计算的含矿系数，轿顶山式采用轿顶山矿床所计算得含矿系数，石坎式采用马家山矿床计算的含矿系数，大竹河式采用大竹河矿床计算的含矿系数。

5）相似系数

从含矿层的规模，最小预测区面积大小，与典型矿床的距离，化探异常分布范围、形态、峰值大小，成矿事实（有中、小型矿床、矿点、矿化）等方面进行综合分析、判断，与模型区进行对比确定。

7. 资源量预测结果

通过对 5 个矿床式的分析、研究，预测全省锰矿资源量为 25000 万吨（表 5-2）。预测资源量主要为虎牙式，次为石坎式。

表 5-2　四川省锰矿预测工作区预测资源量统计表

矿床式	预测工作区名称	已探获资源量（万吨）	预测资源量（万吨）
虎牙	黑水—平武	3909.32	20800
轿顶山	泸定—峨边	484.78	500
石坎	平武—青川	548.36	3000
大竹河	万源	122.37	400
东巴湾	盐源—盐边	113.20	300
合　计		5178.03	25000

需要说明的是：此处的"预测资源量"是"全国矿产资源潜力评价项目"特别约定的概念。其中包括：

334-1：已知矿田或已知矿床（大、中、小规模）深部及外围的预测资源量，以及最小预测区范围内已有具工业价值、并已经提交 334 以上类别资源量的矿产地的预测资源量。

334-2：最小预测区内同时具备直接（包括含矿层位、矿点、矿化点、重要找矿线索等）和间接找矿标志（物探、化探、遥感、自然重砂等异常）的预测资源量。

334-3：最小预测区内只有间接找矿标志的预测资源量。

1999 年 6 月 8 日国家质量技术监督局发布的"固体矿产资源/储量分类"（GB/T 17766—1999）提出的"预测的资源量（334）?"：依据区域地质研究成果、航空、遥感、地球物理、地球化学等异常或极少量工程资料，确定具有矿化潜力的地区，并和已知矿床类比而估计的资源量，属于潜在矿产资源，有无经济意义尚不确定。

从上述两者的表述，"预测的资源量（334）?"与"预测资源量"的含义是不尽一致的。潜力评价项目的"预测资源量"分类方案是对国家标准的进一步细分，"预测资源量"属于潜在的(可能的)，其经济意义尚不可知，其资源量数据的地质可信度比国家标准的"预测的资源量(334)?"的可信度要低。

第二节　四川省锰矿找矿方向

本次成矿规律研究和矿产预测结果表明，四川锰矿尚有较大找矿远景。从区域成矿规律和锰矿时、空分布特点看，成矿有利部位主要为特提斯域巴颜喀拉地块之可可西里—松潘周缘前陆盆地东缘的马尔康—松潘沉积盆地，滨太平洋扬子板块的上扬子陆块的北缘(米仓山—大巴山被动大陆边缘、龙门山被动大陆边缘)及西缘(盐源—丽江被动大陆边缘、凉山—昭通碳酸盐岩台地)。

从锰矿预测资源量看，首先为虎牙式锰矿，次为石坎式锰矿；从矿石质量看，优质者主要为轿顶山式锰矿，次为东巴湾式锰矿，另外可能还包括新发现的黄泥巴锰矿。

西部巴颜喀拉地块的马尔康—松潘沉积盆地内，为虎牙式锰矿，有松潘小河—平武虎牙锰矿矿集区、黑水锰矿矿集区，为四川锰矿已探获锰资源量最多的地区，并且矿床比较集中，找矿潜力大。

东部上扬子陆块的龙门山被动大陆边缘北段的断陷成锰沉积盆地，为石坎式锰矿的分布范围，有茂县—朝天锰矿矿集区，为四川锰矿已探获锰资源量居第二位的地区，找矿潜力较大。

东部上扬子陆块西缘的凉山—昭通碳酸盐岩台地，为轿顶山式锰矿、大白岩式锰矿，有泸定—荥经锰矿矿集区、汉源—金口河锰矿矿集区，为四川省锰矿勘查程度最高的类型，系四川省优质富锰矿的主要产地，轿顶山、大瓦山矿床已经被开采闭坑，应是我省今后寻找优质锰矿的主要对象。

东部上扬子陆块西缘的盐源—丽江被动大陆边缘，为东巴湾式锰矿，有择木龙—国胜锰矿矿集区，系四川省优质富锰矿的产地之一，东巴湾锰矿床已经被开采闭坑，应是我省今后寻找优质锰矿的对象之一。

西部巴颜喀拉地块南东边缘的木里沉积盆地内，已探获有黄泥巴锰矿，暂时划为木里锰矿矿集区，为四川锰矿近年新发现的含锰地区，可能找矿潜力较大，今后应加强其找矿勘查工作。

虎牙式锰矿的松潘小河—平武虎牙锰矿矿集区、黑水锰矿矿集区，石坎式锰矿的茂县—朝天锰矿矿集区，已经被列入四川省找矿突破行动计划。同时虎牙式锰矿、石坎式锰矿、轿顶山式和东巴湾式锰矿已经被列入"全国锰矿勘查工作部署方案"之中，并计划列为国土资源部中国地质调查局的未来计划项目之列。木里境内新发现的锰矿地区，已经被列入中国地质调查局的未来计划项目之中。

今后一段时间内锰矿的找矿方向也与上述计划方案基本一致，建议以探获新增锰矿资源量较大的类型为主，同时为满足冶金用锰对矿石质量的要求，兼顾优质锰矿的勘查。现根据前述矿集区划分及"预测资源量"分找矿远景区叙述如下。

1. 松潘小河—平武虎牙锰矿找矿远景区

该远景区为虎牙式海相沉积(变质)型锰矿，产于三叠系下统菠茨沟组上部。含矿层位于碳酸盐岩向碎屑岩过渡的部位、为碳酸盐岩+碎屑岩建造。锰矿体以及与之异体共生的铁矿体沿菠茨沟组的分布范围展布，北侧受雪山断裂、东侧虎牙断裂控制，矿体形态严格受所在次级皱褶的形态控制，锰矿呈层状、似层状产出(参见图 3-2)。雪山断裂、东侧虎牙断裂控制了马尔康—松潘成锰沉积盆地的东部边缘形态，同样控制了锰矿的分布范围。已发现矿床、矿点 13 个，其中有中型矿床 4 个(平武县大坪锰矿、平武县老队部锰矿、松潘县火烧桥锰矿、平武县磨河坝锰矿，实际上前两个矿床的锰矿体是相连的，因当时勘查工作布置而人为分开，如果将两者的已经探获资源储量相加，为 2317.26 万吨，已经为大型矿床)，小型矿床 3 个(平武县三尖石锰矿、松潘县四望堡锰矿、松潘县西沟锰矿)，锰矿点、矿化点 6 个(平武县药地梁、平武县青羊包、平武县三道坪、平武县二宝山、平武县大草地、松潘县黄龙寺)。小比例尺的航磁异常展现为低值异常分布区，与区内的铁矿有一定的关系。已知矿点、矿化点沿含矿构造带成带、成片集中分布，并与已知矿床点相对应，显示了锰矿的资源潜力较大，构成了重要的锰矿化集中区，展示了较好找矿前景。区内目标矿床类型、成矿作用明确，与区内分布出露的含矿层位关系密切，具有较好的找矿前景和潜力，具备寻找大型、超大型锰矿床的有利条件(同时可能具有中型铁矿的条件)，勘查以虎牙铁、锰矿勘查区(位于磨子坪倒转复向斜的倒转南翼，包括大坪、老队部、火烧桥矿床及大草地矿点，虽然老队部、火烧桥为详查，主要系矿山开采坑道对浅部的控制，实际勘查深度相当有限；大坪矿床近年普查钻探控制最大斜深 1865m，锰矿体、铁矿体仍然稳定延深；大草地工作程度低，地表、深部均未控制，仅为踏勘程度)，小河铁、锰矿勘查区(位于磨子坪倒转复向斜的北翼，包括四望堡矿床、西沟矿床、黄龙寺矿点。四望堡矿床浅部有坑道控制，西沟矿床有少量控制延深较小的坑道控制，矿床之间及矿点已有矿体分布，但以往工作少、控程度低)，磨河坝铁、锰矿勘查区(含矿地层受浑水沟—杨柳坪向斜、花海子复背斜控制，其内已有磨河坝、三尖石、二宝山、三道坪、长槽、青羊包等矿床点，仅磨河坝浅部有少量坑道控制，尚无钻探进行深部控制，其余以往投入勘查工作少，总体工作程度低)为重点，其中重点勘查以已经开发的矿床深部控制为首选，次为已有控制的矿床沿走向、延深进行控制；对矿点、矿床间的地段则先通过矿产远景调查、调查评价、再进行勘查为宜。可使锰矿找矿取得突破性进展，可望找到大型、超大型规模锰矿床，并可能使四川锰矿的资源量得到大幅增加，提高我省锰矿在全国的地位。

2. 黑水锰矿找矿远景区

该区为虎牙式锰矿的另一个主要找矿远景区。成矿受四美沟—瓦布梁子复背斜控制，已发现矿床、矿点 8 个，其中有中型矿床 1 个(黑水县下口锰矿)，小型矿床 3 个(黑水县瓦布梁子锰矿、黑水县徐古锰矿、黑水县三支沟锰矿），锰矿点、矿化点 4 个（黑水县姑俄夸、黑水县四美沟、黑水县巴阿泽、黑水县卡尔寺）。小比例尺的航磁异常展现为低值正异常分布区，与区内的铁矿或岩体有一定的关系。区内目标矿床类型、成矿作用明确，与区内分布出露的含矿层位关系密切，具有较好的找矿前景和潜力，具备寻找大型锰矿床的有利条件（同时可能具有中型铁矿的条件），勘查以已知矿床深部控制为主，对矿点和矿化地段宜先开展调查评价再进行勘查为宜。可使锰矿找矿取得突破性进展，可望找到大型规模锰矿床，增加四川锰矿的资源量。

3. 茂县—朝天锰矿找矿远景区

该远景区为石坎式海相沉积型锰矿，产于寒武系下统邱家河组。层位位于碳酸盐岩向碎屑岩过渡的部位，含矿为碳硅质板岩建造。锰矿体产出部位需夹碳酸盐岩，沿邱家河组的分布范围展布，青川断裂、北川—南坝断裂控制了龙门山成锰沉积盆地形态，同样控制了锰矿的分布范围。已发现矿床、矿点 12 个，其中有小型矿床 6 个（平武县石坎锰矿、平武县马家山锰矿、平武县平溪锰矿、平武县箭竹垭锰矿、平武县高庄坝锰矿、青川县董家沟锰矿），锰矿点、矿化点 6 个（青川县马公、青川县石坝、青川县东河口、朝天区陈家坝、茂县黄水沟、北川县云龙）。已知矿点、矿化点沿含矿构造带成带集中分布，构成了重要的锰矿化集中区，展示了较好找矿前景。与区内分布出露的含矿层位关系密切，具有较好的找矿潜力。勘查以中段已知锰矿集中地为重点，主要是在地表氧化锰分布地段对矿床的深部进行钻探控制，探索原生工业锰矿体赋存的可能性；对西段（茂县—北川）仅有矿点分布区，建议先开展矿产远景调查、调查评价，再进行勘查为宜，要以近年该段内已经有钻探探索的矿床为依托，从研究点开始，带动该区锰矿的找矿勘查。

4. 汉源—金口河锰矿找矿远景区

该远景区为轿顶山式海相沉积型锰矿，产于奥陶系上统宝塔组上段。锰矿位于碳酸盐岩向页岩过渡的部位，与藻类活动密切相关，北西向泸定—甘洛、轿顶山—大瓦山、荥经—峨眉等同生断裂控制泸定—峨边成锰沉积盆地形态，并控制了锰矿的分布范围。已发现矿床、矿点 6 个，其中有中、小型矿床 3 个（汉源县轿顶山锰矿、金口河区大瓦山锰矿、汉源县刘坪大岗锰矿），锰矿点、矿化点 3 个（洪雅县老矿山、汉源县窝子摩卡、汉源县石板沟）。已知矿点、矿化点沿含矿构造带成带集中分布，构成了重要的锰矿化集中区，展示了较好找矿前景。与区内分布出露的含矿层位关系密切，具有一定的找矿潜力。加强成矿规律的研究，以已知矿床附近的矿点、矿化地段为勘查的重点，建议先开展矿产远景调查、调查评价，再进行勘查为宜。争取我省优质锰矿找矿勘查的再次突破，为冶金工业急需大的优质锰矿提供优质资源。另外该区还有产于中元古代的大白岩沉积变质型锰矿，虽分布范围有限，工作时也应进行研究、考虑。

5. 泸定—荥经锰矿找矿远景区

该区为轿顶山式海相沉积型锰矿的另一个找矿潜力区，区内现仅有 2 个锰矿点，宏观上与轿顶山处于同一个成锰沉积盆地之内，具有相似的成锰条件，建议开展矿产远景调查、调查评价，再进行勘查为宜。争取我省优质锰矿找矿勘查的再次突破。

6. 择木龙—国胜锰矿找矿远景区

该区为东巴湾式海相沉积型锰矿，产于奥陶系中统巧家组中段。锰矿位于碳酸盐岩之中，与藻类活动有相关关系，近南北向金河—箐河等同生断裂控制盐源—盐边成锰沉积盆地形态，并控制了锰矿的分布范围。已发现矿床、矿点 7 个，其中有小型矿床 3 个（盐边县东巴湾锰矿、盐边县盐水河锰矿、盐源县庄子沟锰矿），锰矿点、矿化点 4 个（盐边县择木龙、盐边县水银厂、盐边县仙人洞、盐边县箐河）。已知矿点、矿化点沿含矿构造带成带集中分布，构成了重要的锰矿化集中区，展示了较好找矿前景。与区内分布出露的含矿层位关系密切，具有一定的找矿潜力。加强成矿规律的研究，以已知矿床附近的矿点、矿化地段为勘查的重点，建议先开展矿产远景调查、调查评价，结合勘查部署。争取我省优质锰矿找矿勘查的有一个类型的突破，增加优质锰矿资源量。

7. 木里长枪锰矿找矿远景区

该区锰矿产于二叠系上统卡翁沟组，暂定为海相沉积型。锰矿位于碎屑岩夹碳酸盐岩的部位，含矿建造为碳硅质板岩夹碳酸盐岩建造。锰矿体产出部位沿卡翁沟组分布范围展布，受小金河断裂西侧木里盆地控制。已经探获黄泥巴锰矿床并发现布当岗、卡拉乡、药普等锰矿点，构成了重要的锰矿化集中区，展示出较好的找矿前景。与区内分布出露的含矿层位关系密切，具有较好的找矿潜力。建议对已知矿床加快勘查进度，进行矿石选冶性能探索，加强成矿规律研究总结；已知矿点、矿化地段为勘查重点，建议先开展矿产远景调查、调查评价，适当开展预查、普查。争取我省锰矿找矿勘查在一定时期内有较大的突破，增加优质锰矿资源量，以满足省内冶金工业发展对锰矿的需求。

综上所述，四川省锰矿主攻类型综合排序为：虎牙式、石坎式、轿顶山式、东巴湾式、大竹河式。找矿远景区分类分级：松潘小河—平武虎牙锰矿找矿远景区（A），黑水锰矿找矿远景区（A），茂县—朝天锰矿找矿远景区（A），择木龙—国胜锰矿找矿远景区（B），泸定—荥经锰矿找矿远景区（B），汉源—金口河锰矿找矿远景区（B），木里长枪锰矿找矿远景区（B）。此外，我省在北部与邻省交界处还有少量锰矿，即漳腊—漳扎锰矿矿集区和田坝—大竹河锰矿矿集区，可列为 C 类找矿远景区。

从潜力评价预测结果可以看出，四川锰矿找矿远景大，潜在锰矿资源量达 25000 万吨。根据成矿地质背景、成矿条件时、空分布和成矿规模，结合四川省现有锰矿山企业的开采利用等因素，以及全国对锰矿的需求现状，建议四川省下一步锰矿找矿工作部署，以虎牙式、石坎式为工作重点，加大矿床深部及周边的勘查，尤其是向深部的勘查控制，不仅可以满足现有矿山企业的需求，同时可大幅度增加锰矿的资源储量，提高四川锰矿在全国的序列。加强优质锰矿的成矿规律研究，加大对已知矿床附近矿点的勘查，探获新的优质锰矿床，增加资源储量，解决冶金工业缺少优质锰资源的窘状，提升四川锰矿的矿石质量。对新发现的含锰矿层位，加强成锰规律、成锰条件的研究，加大勘查力度，扩大四川省锰矿的找矿目标靶区。

参 考 文 献

陈毓川，王登红，朱裕生，等. 2007. 中国成矿体系与区域成矿评价[M]. 北京：地质出版社.

陈毓川，王登红，等. 2010a. 中国西部重要成矿区带矿产资源潜力评估[M]. 北京：地质出版社.

陈毓川，王登红，陈郑辉，等. 2010b. 重要矿产和区域成矿规律研究技术要求[M]. 北京：地质出版社.

陈毓川，王登红，李厚民，等. 2010c. 重要矿产预测类型划分方案[M]. 北京：地质出版社.

陈毓川，王登红，等. 2015. 中国重要矿产和区域成矿规律[M]. 北京：地质出版社.

陈智梁，陈世瑜，等. 1987. 扬子地台西缘地质构造演化[M]. 重庆：重庆出版社.

邓隆武，朱莜敏，等. 1998. 层序地层学原理[M]. 北京：石油工业出版社.

地质矿产部区域地质矿产司. 1985. 中国锰矿地质文集[M]. 北京：地质出版社.

冯增昭，杨玉卿，金振奎，等. 1997. 中国南方二叠纪岩相古地理[M]. 北京：石油出版社.

冯增昭，彭勇民，金振奎，等. 2001. 中国南方寒武纪和奥陶纪岩相古地理[M]. 北京：地质出版社.

付勇，徐志刚，裴浩翔，等. 2014. 中国锰矿成矿规律初探[J]. 地质学报，88(12)：2192-2207.

国土资源部. 2003. 铁、锰、铬矿地质勘查规范(DZ/T 0200—2002)[M]. 北京：地质出版社

侯宗林，薛友智，黄金水，等. 1997. 扬子地台周边锰矿[M]. 北京：冶金工业出版社.

胡世华，胡朝云，杨先光，等. 2013. 四川省矿产资源潜力评价成果报告[R]. 成都：四川省地质调查院.

黄世坤，宋雄. 1985. 我国锰矿类型、控矿因素及成因探讨[J]. 地质与勘探，21(10)：1-7.

季金法，等. 1984. 湖南早震旦世沉积碳酸盐锰矿床中蓝藻化石的发现与成矿作用意义//沉积学和有机地球化学学
　术会议论文集[M]. 北京：地质出版社. 215-216.

金玉玕，尚庆华，侯静鹏，等. 2000. 中国地层典(二叠系)[M]. 北京：地质出版社.

黎彤. 1992. 锰的成矿地球化学特征及其资源预测[J]. 矿床地质，11(4)：301-306.

黎彤，倪守斌. 1990. 地球和地壳的化学元素丰度[M]. 北京：地质出版社.

李厚民，陈毓川，李立兴，等. 2012. 中国铁矿成矿规律[M]. 北京：地质出版社.

刘宝珺，曾允孚. 1980. 岩相古地理基础和工作方法[M]. 北京：地质出版社.

刘宝珺，等. 1980. 沉积岩石学[M]. 北京：地质出版社.

刘宝珺，李文汉，等. 1994. 层序地层学研究与应用[M]. 成都：四川科学技术出版社.

刘宝珺，许晓松，夏文杰，等. 1994. 中国南方岩相古地理图集(震旦纪—三叠纪)[M]. 北京：科学出版社.

刘宝珺，余光明，魏沐潮，等. 1994. 岩相古地理学教程[M]. 成都：四川科学技术出版社.

刘红军，唐瑞清，胡江，等. 1994. 扬子地台西缘及其邻区优质锰矿成矿规律及成矿预测[R].

刘家铎，张成江，刘显凡，等. 2004. 扬子地台西南缘成矿规律及找矿方向[M]. 北京：地质出版社.

刘士钊. 1980. 湖南早震旦世沉积碳酸锰矿床中发现蓝藻化石[J]. 地质与勘探，04.

吕志成，薛建玲，周圣华，等. 2014. 危机矿山接替资源找矿勘查案例[M]. 北京：地质出版社：450-461.

马永生，陈洪德，王国力，等. 2009. 中国南方构造—层序岩相古地理图集(震旦纪—新近纪)[M]. 北京：科学出版社.

孟祥化，葛铭. 1993. 内源盆地沉积研究[M]. 北京：石油出版社.

孟祥化，葛铭，等. 1993. 沉积盆地与建造层序[M]. 北京：地质出版社.

裴荣富. 1995. 中国矿床模式[M]. 北京：地质出版社.

曲红军. 1988. 轿顶山式锰矿岩相古地理特征及成矿规律探讨[J]. 地质与勘探，11：7-13.

曲红军. 1993. 川西南奥陶纪锰矿沉积学与轿顶山式锰矿找矿前景研究报告[R].

曲红军，唐述文，夏四平，等. 1987. 四川省峨边—汉源—泸定地区晚奥陶世五峰期岩相古地理特征及锰矿成矿预测研究报告[R].

四川省地质调查院. 2003. 四川盆地西缘优质锰矿资源评价成果报告[R].

四川省地质局 106 地质队. 1965 年. 四川省汉源县六〇一矿区钴锰矿床勘探地质报告[R].

四川省地质矿产局. 1990. 四川省区域矿产总结(黑色金属分册)[R].

四川省地质矿产局. 1991. 四川省区域地质志[M]. 北京：地质出版社.

四川省地质矿产局. 1997. 四川省岩石地层[M]，北京：中国地质大学出版社.

四川省地质矿产勘查开发局川西北队. 2006. 四川省平武县磨河坝锰矿区普查地质报告[R].

四川省地质矿产勘查开发局川西北队. 2007. 四川省松潘县四望堡锰矿区普查地质报告[R].

四川省地质矿产勘查开发局川西北队. 2008. 四川省松潘县火烧桥锰矿详查地质报告[R].

四川省国土资源厅. 2007. 四川省地质勘查规划[R].

四川省国土资源厅. 2015. 四川省矿产资源 2014 年年报[R].

四川省绵阳专区地质局地质大队. 1960. 四川县平武县马家山铁锰矿床详查报告书[R].

四川省冶金地质勘查局 604 队，2003. 四川省万源市田坝锰矿区 2 号矿体地质普查报告[R].

四川省冶金地质勘查局 604 队. 2006. 重庆市城口县上山坪锰矿普查地质报告[R].

四川省冶金地质勘查局 604 队. 2006. 四川省青川县董家沟锰矿普查地质报告[R].

四川省冶金地质勘查局 604 队. 2008. 四川省平武县大坪锰矿床普查地质报告[R].

四川省冶金地质勘查局水文队. 2008. 四川省黑水县瓦钵梁子锰矿普查报告[R].

四川省冶金地质勘查局水文队. 2008. 四川省黑水县下口(优质)锰矿普查报告[R].

四川省冶金地质勘查院. 2003. 陕西镇巴—重庆城口优质锰矿评价地质报告[R].

四川省冶金地质勘查院. 2008. 四川省万源市大竹河锰矿详查地质报告[R].

四川省冶金地质勘探公司 602 队. 1975. 平武石坎锰矿区普查(深部)评价报告[R].

宋叔和，康永孚，涂光炽，等. 1989. 中国矿床[M]. 北京：地质出版社.

涂光炽，等. 1984. 中国层控矿床地球化学(第一卷)[M]. 北京：科学出版社.

涂光炽，王秀璋，陈光沛，等. 1989. 中国层控矿床地球化学研究[J]. 化学通报，10：18-21.

汪啸风，陈旭，陈孝红，等. 1996. 中国地层典(奥陶系)[M]. 北京：地质出版社.

汪啸风，陈孝红，等. 2005. 中国各地质时代地层划分与对比[M]. 北京：地质出版社.

王立亭，陆彦邦，赵时久，等. 1994. 中国南方二叠纪岩相古地理与成矿作用[M]. 北京：地质出版社.

王杏芬. 1989. 四川大瓦山锰矿床的藻菌成因机理[J]. 地质与勘探，12：8-11.

王尧，戴永定，陈孟莪. 1999. 重庆城口锰矿床的地质特征及其成因的再认识[J]. 地质科学，34(4)：451-462.

魏江川，刘绍东，王雁，等. 1994. 四川城口优质(富)锰矿成矿规律及成矿预测[R].

吴蔚钰. 1985. 陆地锰矿床在时间和空间分布规律的探讨[J]. 中国锰业，02.

吴应发，朱洪发，朱忠发，等. 1994. 中国南方三叠纪岩相古地理与成矿作用[M]. 北京：地质出版社.

伍光谦. 1987. 四川省虎牙式铁锰矿床含锰岩系岩相古地理特征[J]. 地质与勘探，6：8-13.

夏文杰，等. 1992. 中国南方震旦纪岩相古地理论文集[M]. 成都：成都科技大学出版社.

夏文杰，杜森官，徐新煌，等. 1994. 中国南方震旦纪岩相古地理与成矿作用[M]. 北京：地质出版社.

项礼文，朱兆玲，李善强，等. 1999. 中国地层典(寒武系)[M]. 北京：地质出版社.

肖克炎，等. 2007. 全国重要矿产总量预测技术要求[R]. 中国地质调查局印发.

邢裕盛，张鹏远，高振家，等. 1996. 中国地层典(新元古界)[M]. 北京：地质出版社.

徐志刚，陈毓川，王登红，等. 2008. 中国成矿区带划分方案[M]. 北京：地质出版社.

许志琴，卢一伦. 1986. 东秦岭造山带的变形特征及构造演化[J]. 地质学报，60(3)：237-247.

许志琴，侯立玮，王宗秀，等. 1992. 中国松潘—甘孜造山带的造山过程[M]. 北京：地质出版社.

雅安地区第一地质队. 1959. 汉源县轿顶山锰矿勘探地质报告[R].

杨先光，李刚. 2008. 四川省平武县大坪铁锰矿地质特征及找矿潜力浅析[J]. 西南冶金地质经济，2：24-29.

杨先光，刘强，等. 2005. 重庆市城口县大渡溪锰矿区成矿远景初探[J]. 西南冶金地质经济，3：1-5.

杨先光，郭萍，陈东国. 2012. 四川省锰矿成矿规律与找矿前景[J]. 四川地质学报，32(39)：33-37.

姚培慧，林镇泰，杜春林，等. 1995. 中国锰矿志[M]. 北京：冶金工业出版社.

冶金部地质局川鄂分局606队. 1958. 四川平武松潘铁锰矿虎牙矿区详查地质总结报告书[R].

冶金工业部西南地质勘查局，冶金工业部天津地质研究院. 1995. 扬子地台周边及其邻区优质锰矿成矿规律及资源
　　评价[R].

冶金工业部西南地质勘查局601队. 1994. 四川省盐边县东巴湾锰矿详查地质报告[R].

冶金工业部西南地质勘查局604队. 1995. 四川省城口县大渡溪锰矿普查地质报告[R].

冶金工业部西南地质勘查局609队. 1989. 四川省金口河区大瓦山锰矿区详查地质报告[R].

冶金工业部西南地质勘查局水文队. 1993. 四川省黑水县德石沟锰矿三支沟矿段详查地质报告[R].

冶金工业部西南冶金地质勘探公司609队. 1987. 四川省金口河区大瓦山锰矿微相研究报告[R].

冶金工业部西南冶金地质勘探公司科研所. 1988. 西南地区低磷富锰矿成矿规律及成矿预测研究报告[R].

冶金工业部西南冶金地质勘探公司科研所. 1986. 四川省黑水地区低磷锰矿含锰岩系岩相古地理特征及成矿预测[R].

叶连俊. 1955. 中国锰矿的沉积条件[J]. 科学通报，11.

叶连俊. 1963. 外生矿床陆源汲取成矿论[J]. 地质科学，2.

叶连俊，陈其英. 1989. 沉积矿床多因素多阶段成矿论[J]. 地质科学，2：109-126.

叶连俊，范德廉，等. 1993. 生物成矿作用研究[M]. 北京：海洋出版社.

叶天竺，等. 2007. 全国矿产资源潜力评价项目·技术要求总论[R]. 中国地质调查局印发.

叶天竺，张智勇，等. 2010. 成矿地质背景研究技术要求[M]. 北京：地质出版社.

殷继成，何廷贵，等. 1993. 四川盆地周边及邻区震旦亚代地质演化与成矿作用[M]. 成都：成都科技大学出版社.

袁见齐，朱上庆，翟裕生，等. 1985. 矿床学[M]. 北京：地质出版社.

曾良鏄，吴荣森，罗代锡，等. 1992. 四川省寒武纪岩相古地理及沉积层控矿产[M]. 成都：四川科学技术出版社.

翟裕生. 1994. 矿田构造学概论[M]. 北京：冶金工业出版社.

翟裕生，邓军，彭润民，等. 2010. 成矿系统论[M]. 北京：地质出版社.

张恭勤，侯宗林，等. 1996. 扬子地台北缘锰矿成矿规律及典型矿床　中国南方锰矿地质[M]. 成都：四川科学技术出版社.

张建东，胡世华，秦宇经，等. 2015. 四川省地质构造与成矿[M]. 北京：科学出版社.

张九龄. 1982. 国内外锰矿床主要类型地质特征及找矿方向[J]. 地质与勘探，02.

赵东旭. 1992. 四川城口陡山沱组的 Epiphyton 锰质叠层石[J]. 科学通报，20：1873-1875.

赵东旭. 1994. 川北高燕锰矿的锰质岩类型和生物成矿作用[J]. 岩石学报，10(2)：171-183.

赵家骧，刘佑馨. 1956. 中国外生锰矿质的初步探讨[J]. 地质学报，04.

郑发模. 1990. 城口震旦系岩石学特征及沉积环境分析[J]. 成都地质学院学报，17(4)：81-89.

重庆市国土资源和房屋管理局. 2012. 重庆市锰矿资源潜力评价成果报告[R].

周名魁，王汝植，李志明，等. 1994. 中国南方奥陶—志留纪岩相古地理与成矿作用[M]. 北京：地质出版社.

朱裕生，肖克炎，宋国耀，等. 2007. 中国主要成矿区(带)成矿地质特征及矿床成矿谱系[M]. 北京：地质出版社.